Artur Landt

Canon EOS 400D

Profiworkshop

Artur Landt

Canon EOS 400D

Profiworkshop

VERLAG PHOTOGRAPHIE

Impressum

Bibliografische Information Der Deutschen Bibliothek:
Die Deutsche Bibliothek verzeichnet diese Publikation in der
Deutschen Nationalbibliografie; detaillierte bibliografische Daten
sind im Internet über http://dnb.ddb.de abrufbar.

Die Produktabbildungen stammen von den Herstellern der abgebildeten Produkte, wobei ihre Herkunft
gegebenenfalls auch in den Bildunterschriften vermerkt ist. Verlag und Autor danken den Firmen für die
Überlassung von Bildmaterial, Screenshots und Monitorbilder vom Autor.

Verlag und Autor danken Bettina Steeger und Guido Krebs von Canon Deutschland für die Bereitstellung
der Leihgeräte sowie für das umfangreiche Bild- und Informationsmaterial.

Bilder auf der Titelseite:
Artur Landt, Canon

Autor und Verlag haben sich bemüht, die Sachverhalte und Gerätefunktionen korrekt
wiederzugeben und zu interpretieren. Trotzdem können bei aller Sorgfalt Fehler nicht
völlig ausgeschlossen werden. Wir sind unseren Lesern deshalb stets dankbar für
konstruktive Hinweise. Eine Haftung der Autoren bzw. des Verlages für Personen-, Sach-
und Vermögensschäden ist ausgeschlossen.

Warennamen werden ohne Gewährleistung der freien Verwendbarkeit benutzt.

1. Auflage

© 2007 by Verlag Photographie, D-82205 Gilching, www.verlag-photographie.de
Satz und Layout: EDV-Fotosatz Huber/Verlagsservice G. Pfeifer, Germering

Alle Rechte vorbehalten. Reproduktionen, Speicherung in Datenverarbeitungsanlagen,
Wiedergabe auf elektronischen, fotomechanischen oder ähnlichen Wegen, Funk und
Vortrag – auch auszugsweise – nur mit Genehmigung des Copyrightinhabers.

Printed in EU

ISBN (10) 3-933131-93-6
ISBN (13) 978-3-933131-93-5

Inhaltsverzeichnis

Inhaltsverzeichnis 5
Vorwort: Die Kamera und das Buch 7

A. KAMERATECHNIK 9

Der elektronische Bildsensor 10
Das optische Tiefpassfilter 12
Bildprozessor und Farbinterpolation 14
Auflösung und Bildgröße 16
Die Dateiformate 18
Farbräume und Bildstile 20
Der Weißabgleich 22
Die Lichtempfindlichkeit 24
Dunkelstrom und Bildrauschen 26
Artefakte und Bildfehler 28
Sucher und Monitor 30
Die Stromversorgung 32
Die Speicherkarten 34
Kartenpflege und Datenrettung 36
Die Individualfunktionen 38
Die Bildbetrachtung 40

B. AUFNAHMEPRAXIS 41

Das Autofokus-System 42
AF-Messfelder und AF-Speicherung 44
AF-Hilfslicht und manuelle Fokussierung 46
Grundlagen der Belichtungsmessung 48
Mehrfeldmessung 50
Selektiv- und Integralmessung 52
Belichtungskorrekturen 54
Variable Programmautomatik 56
Blendenautomatik mit Zeitvorwahl 58
Zeitautomatik mit Blendenvorwahl 60
Nachführmessung und Schärfentiefenautomatik 62
Vollautomatik und Porträtprogramm 64
Landschafts- und Makroprogramm 66
Die anderen Motivprogramme 68
Die Blitzbelichtungsmessung 70
Blitzkorrekturen und Blitzspeicherung 72
Kamerablitz und Synchronisationsmodi 74
Der Rote-Augen-Effekt 76
Blitzsteuerung in den Kreativprogrammen 78
Blitzsteuerung in den Motivprogrammen 80
Entfesseltes Blitzen und Blitzanlagen 82
Objektmodulation durch Licht und Schatten 84

C. WECHSELOBJEKTIVE ... 85

Digitaleignung und Digitalobjektive	86
Brennweite und Anfangsöffnung	88
Bildwinkel und Verlängerungsfaktor	90
Mechanische Grundelemente	92
Die Bildschärfefehler	94
Farbfehler und Verzeichnung	96
Schärfentiefe und Beugung	98
Der extreme Weitwinkelbereich	100
Der moderate Weitwinkelbereich	102
Der Standardbereich	104
Der moderate Telebereich	106
Der extreme Telebereich	108
Makro-Objektive	110
Objektive mit Bildstabilisator	112
Tilt&Shift-Objektive	114
Fisheye- und Spiegellinsen-Objektive	116
Tele-Extender	118
Brennweitenabhängige Bildgestaltung	120
Brennweiten- und Perspektivenvergleich	122
Die Gesetze der Perspektive	124
Die perspektivische Darstellung	126
Der Tanz um das Motiv	128

D. ZUBEHÖR ... 129

Kleine Filterkunde	130
Neutrale Aufnahmefilter	132
Farbige Aufnahmefilter	134
Polarisationsfilter	136
Makrozubehör	138
Blitzgeräte der EX-Serie	140
Mobile Festplattenspeicher	142
Fototaschen	144
Sonnenblenden	146

E. MOTIVBEREICHE ... 147

Akt- und Beautyfotografie	148
Porträtfotografie	150
Reise- und Reportagefotografie	152
Landschafts- und Architekturfotografie	154
Sport- und Tierfotografie	156
Stilllife-, Food- und Sachfotografie	158
Digitale Fotografie im Beruf	160
Hobbys und Sammelleidenschaft	162

F. BILDAUSGABE ... 163

Datenübertragung	164
Einfache Bildoptimierung	166
Die helle Dunkelkammer	168
Drucken in Fotoqualität	170
Bildpräsentation und Archivierung	172
Lexikon	174
Register	176

Vorwort: Die Kamera und das Buch

Die üppig ausgestattete Canon EOS 400D bietet die digitale Technik der Oberklasse zum Preis der Basisklasse in einer Relation, die man als Durchbruch bezeichnen kann. Eine D-SLR-Kamera mit einem 10 Megapixel Sensor für weniger als 800 Euro ist ein deutliches Signal an die Käufer – aber auch an die Konkurrenz. Eine Canon-Premiere feiert die integrierte Reinigungs-Einheit, die Staub und Schmutzpartikel vom Tiefpassfilter entfernt.

Der große, hoch auflösende 2,5 Zoll TFT-Monitor mit 230.000 Pixel und 160° Blickwinkel, der sonst nur die teureren Modelle EOS 1D Mark II N, EOS 5D und EOS 30D ziert, ist auch bei der EOS 400D im Arbeitseinsatz. Auch andere Highlights, wie der DIGIC-II-Prozessor und die E-TTL II Blitzsteuerung wurden von den Profikameras des Hauses übernommen. Die Liste der serienmäßigen Annehmlichkeiten ist sehr lang, hier nur die wichtigsten Punkte: Lupenbetrachtung direkt nach der Aufnahme, erweiterte Histogrammanzeige, mehrere Bildrotationseinstellungen, differenzierte Batterieanzeige in vier Stufen, Print/Share-Taste und verbesserte Direktdruck-Funktionen.

Die EOS 400D bietet mit der Bildstil-Funktion eine Art „digitale Filmwahl" für verschiedene Aufnahmesituationen. Sechs motivoptimierte Modi stehen zur Auswahl: Standard, Porträt, Landschaft, Neutral, Natürlich und Monochrom (Schwarzweiß) sowie drei anwenderdefinierte Modi. Bei jedem Bildstil sorgen vordefinierte Werte für Schärfe, Kontrast, Farbsättigung und Farbton (bei Monochrom Filter und Tonung) für eine motivspezifische Abstimmung, die tatsächlich eine gewisse Ähnlichkeit mit der Wahl diverser Filme in der analogen Fotografie hat.

Das Vorgängermodell EOS 350D ist bislang die meistverkaufte digitale Spiegelreflexkamera der Welt. Mit der EOS 400D will Canon jedoch eine neue Bestsellermarke schaffen und setzt bei der Ausstattung noch eins drauf. Foto: Canon

Die EOS 400D bietet High-Tech vom Feinsten. Fotos: Canon

Vorwort: Die Kamera und das Buch

Das Design betont die technische Präsenz der EOS 400D und ist kein Selbstzweck, denn die Form folgt der Funktion. Fotos: Canon

Ein Dutzend Belichtungsprogramme stehen zur Auswahl – vier für Profis und acht für Anfänger oder Technikmuffel. Das AF-Modul der EOS 400D arbeitet, wie das der EOS 5D und der EOS 30D, mit neun AF-Sensoren. Mit den drei Messarten, Mehrfeld-, Integral- und Selektivmessung, lässt sich jede Motivsituation belichtungstechnisch in den Griff bekommen. Persönlich konfigurieren kann man die EOS 400D mit 11 Individualfunktionen mit 29 Einstelloptionen.

Wer die EOS 400D im Fotoalltag gekonnt einsetzen will, findet in diesem Profiworkshop einen stark nutzwertorientierten Ratgeber, der Sie, liebe Leserinnen und Leser, in die Geheimnisse der anspruchsvollen Fotografie einweiht. Die theoretischen und technischen Sachverhalte werden stets vor dem Hintergrund ihrer praktischen Anwendung geschildert. Das Buchkonzept ist klar, übersichtlich und systematisch strukturiert, sodass Sie sich auf jeder Stufe Ihres fotografischen Könnens auf Anhieb darin zurechtfinden. Die Themen werden auf einer Doppelseite komplett behandelt. Dadurch erhalten Sie auf einen Blick sämtliche Informationen und Fotobeispiele zum jeweiligen Thema, ohne umblättern zu müssen. Auf jeder Doppelseite sind Infokästen mit Praxis-Tipps und BasisWissen zu finden, die den didaktischen Aufbau des Buchs unterstreichen. Statt dem üblichen, schwer verdaulichen „Informationsbrei" bekommen Sie leicht verdauliche „Informationshäppchen" serviert.

Wir haben die groteske Situation, dass die Medien seiten- und kapitelweise erklären, wie man in aufwändigen Arbeitsschritten ein schiefes Bild entzerrt, anstatt den Fotografen zu erklären, dass es viel einfacher und besser ist, die Kamera bei der Aufnahme korrekt auszurichten. Ganz nach dem Motto: „Das mache ich alles nachher im Photoshop", sind überall große Arien über die Bildbearbeitung zu finden. Auch im digitalen Fotoalltag bildet eine akkurate Aufnahmetechnik jedoch das beste Fundament für ein qualitativ hochwertiges Bild. Von einer scharfen, korrekt belichteten und ausgerichteten Aufnahme lassen sich bessere Ausdrucke als von einer nachträglich geschärften und korrigierten machen. An diesem Punkt setzt das vorliegende Buch mit der Intention an, die Kameratechnik, die Aufnahmepraxis und die Bildbearbeitung in das richtige Verhältnis zueinander zu setzen. Angesichts der zahlreichen Bildbearbeitungsprogramme und der üppigen Medienpräsenz der Bildbearbeitung ergibt sich die Notwendigkeit, die Prioritäten bei der Kameratechnik und der Aufnahmepraxis zu setzen, ohne freilich die Bildbearbeitung aus den Augen zu verlieren.

Dr. Artur Landt

A. Kameratechnik

- Der elektronische Bildsensor 10
- Das optische Tiefpassfilter 12
- Bildprozessor und Farbinterpolation 14
- Auflösung und Bildgröße 16
- Die Dateiformate 18
- Farbräume und Bildstile 20
- Der Weißabgleich 22
- Die Lichtempfindlichkeit 24
- Dunkelstrom und Bildrauschen 26
- Artefakte und Bildfehler 28
- Sucher und Monitor 30
- Die Stromversorgung 32
- Die Speicherkarten 34
- Kartenpflege und Datenrettung 36
- Die Individualfunktionen 38
- Die Bildbetrachtung 40

Kameratechnik

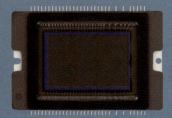

Der elektronische Bildsensor

Als Herzstück der Digitalkamera ist der elektronische Bildsensor maßgeblich an der Bildqualität beteiligt und liefert durch seine Leistungsdaten entscheidende Kaufargumente. Der CMOS-Sensor der EOS 400D hat eine effektive Auflösung von 10 Megapixel.

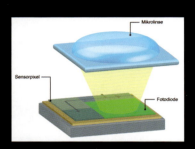

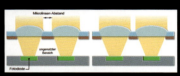

Weitwinkel-Mikrolinsen bündeln das eingefangene Licht auf die Diodenoberflächen, was die Lichtausbeute deutlich verbessert und den Wirkungsgrad erhöht.
Grafiken: Canon

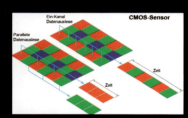

Die parallele Datenauslese beim CMOS-Sensor der EOS 400D erhöht die Auslesegeschwindigkeit enorm.
Grafik: Canon

Die Staubreinigungseinheit schüttelt die Schmutzpartikel ab. Foto: Canon

Elektronische Bildsensoren wandeln das einfallende Licht in eine elektrische Ladung um, die dann verstärkt wird und die Bildinformation liefert. Canon gilt als weltweit führend bei den CMOS-Sensoren für die digitale Fotografie (Complementary Metal-Oxide Semiconductor). CMOS-Sensoren sind preiswerter als CCD-Sensoren (Charged Coupled Devices) herzustellen, weil dafür die Fertigungsstraßen und -verfahren aus der herkömmlichen Halbleiter-Produktion eingesetzt werden. Auch die Kosten für eine zusätzliche Ausleseelektronik entfallen, weil jedes einzelne CMOS-Pixel seine eigene Verstärkereinheit hat, was das Ausleseverfahren deutlich verkürzt und vereinfacht. Darüber hinaus erfolgt bei der EOS 400D die Datenauslese parallel, was die Auslesegeschwindigkeit zusätzlich erhöht. Der Stromverbrauch der CMOS-Sensoren ist geringer als bei den CCDs.

Der 22,2 x 14,8 Millimeter große CMOS-Sensor der EOS 400D hat eine effektive Auflösung von 10 Megapixel. Aus der Formatdiagonalen ergibt sich eine KB-Brennweitenäquivalenz von 1,6-fach. Die Pixelgröße von 5,7 Mikrometer liegt immer noch über der Auflösung der über 60 EF-Objektive für analoge Kleinbild-Kameras. Diese können praktisch an der EOS 400D verwendet werden (zur Digitaleignung siehe auch Seite 86). Vor jeder einzelnen Fotodiode (Pixel) sind Hochleistungs-Mikrolinsen der neuen Generation mit größeren Weitwinkel-Elementen in einem geringen Abstand angebracht. Sie bündeln das eingefangene Licht auf die Diodenoberflächen, was die Lichtausbeute deutlich verbessert und den Wirkungsgrad erhöht, sodass weniger Signalverstärkung auf dem Weg zum Bildprozessor erforderlich ist. Das führt trotz relativ kleiner Diodenflächen zu einem hervorragenden Signal-Rausch-Verhältnis.

Sensor-Pflege

Beim Objektivwechsel können Staubkörner oder Fusseln in den Innenraum eindringen und sich beim Auslösen mit der Zeit auf das Tiefpassfilter oder dem Bildsensor ablagern. Auch Abriebstaub, der von älteren Gehäusedeckeln, den Verschlusslamellen oder den Mechanismen für den Verschluss und dem Rückschwingspiegel stammt, wird vom Sensor magisch angezogen.

Die EOS 400D ist mit der ersten in der Kamera integrierten Sensor-Reinigungs-Einheit des Hauses ausgestattet. Sie entfernt Staub und Schmutzpartikel vom Tiefpassfilter. Die antistatische Beschichtung des Tiefpassfilters und neue, abriebfeste Kunststoffe beim Gehäusedeckel reduzieren zwar die Gefahr der Staubablagerungen. Da aber auch beim Objektivwechsel dennoch Verunreinigungen eintreten können, sorgen beim Ein- und Ausschalten der Kamera Ultraschallvibrationen etwa eine Sekunde lang dafür, dass die Staubkörnchen vom Tiefpassfilter abgeschüttelt werden. Eine Auffangvorrichtung aus Industrieklebstoff fängt die Schmutzpartikel auf und

Der elektronische Bildsensor

> ### ➤ BasisWissen: Was ist ein Pixel?
>
> Das Kunstwort **Pixel** steht für *Picture Element* und bezeichnet die kleinste Bildeinheit, in der eine digitale Bilddatei aufgelöst, genauer: aufgezeichnet, bearbeitet, dargestellt und ausgegeben werden kann. Ein Pixel ist als kleinster Bildpunkt eines digitalen Bildes immer quadratisch. Seine Dimension ist keine normierte Maßeinheit, sodass es unterschiedliche Pixelgrößen gibt – bei der EOS 400D sind es 5,7 x 5,7 Mikrometer.

bindet sie dauerhaft. Das verhindert, dass loser Staub sich an anderen Stellen in der Kamera absetzt – was übrigens bei Systemen passiert, die den in der Kamera eingebauten Bildstabilisator als „Rüttelmechanik" nutzen, aber den abgeschüttelten Staub nicht binden. Der Rüttelvorgang kann bei der EOS 400D im Einstellmenü auch manuell gestartet oder ganz abgeschaltet werden (Menüoption *Sensorreinigung: Automatisch*).

Eine Sensorverschmutzung erkennt man sehr einfach. Die Schmutzpartikel sind normalerweise größer als die LEDs und überlagern mehrere Pixel, was sich durch schwarze Flecken im Bild bemerkbar macht. Sie treten immer an der gleichen Stelle in allen Bildern auf. Die Diagnose ist einfach: Das Objektiv wird manuell auf unendlich gestellt und eine gleichmäßige, strukturlose weiße Fläche (Papier) bei unscharfem Fokus aus etwa 10 Zentimeter Entfernung mit kleiner Blendenöffnung formatfüllend fotografiert. Das Bild betrachtet man am Monitor in Originalgröße (Ansicht 100% oder *tatsächliche Pixel*). Wenn die dunklen Punkte immer an der gleichen Stelle im Bild zu sehen sind, dann dürfte eine Sensorverschmutzung vorliegen. Die verunreinigten Stellen sind relativ einfach zu lokalisieren, weil das Bild auch auf einem digitalen Sensor seitenverkehrt und Kopf stehend entsteht: Rechts oben im Bild ist also links unten auf dem Sensor.

Bei hartnäckigem Schmutz kann auch das Software basierte Dust-Delete-Data-System Abhilfe schaffen, bei dem anhand einer Referenzaufnahme einer weißen Fläche die mitgelieferte Digital-Photo-Professional-Software die Staubkörner nach der Aufnahme automatisch retuschiert. Das Referenzbild für die Staublöschungsdaten ist eine winzige Datei, die den Fotos angehängt und für die automatische Retusche genutzt wird (Menüoption *Staublöschungsdaten*).

Die Selbstreinigung erfolgt beim Ein- und Ausschalten der Kamera.

Das Referenzbild für die Staublöschungsdaten wird für die automatische Retusche genutzt.

Die manuelle Sensorreinigung bei hochgeklapptem Spiegel ist auch möglich, wenn auch nur Feinmotorikern zu empfehlen (siehe PraxisTipp: Putzteufel). Bei aktivierter Menüoption *Sensorreinigung: Manuell* klappt der Spiegel hoch und der Verschluss wird geöffnet, sodass der Bildsensor beziehungsweise das vorgelagerte Tiefpassfilter freigegeben wird. Die Stromversorgung darf während der Reinigung nicht unterbrochen werden, sonst schließt der Verschluss vorzeitig und kann beschädigt werden. Daher ist immer ein voller Akku oder das optionale Netzteil ACK-D20 einzusetzen.

> ### ➤ PraxisTipp: Putzteufel
>
> Bei starker Verschmutzung des Sensors oder des Tiefpassfilters, die von der kameraeigenen Reinigungseinheit nicht beseitigt werden kann, ist eine größere Putzaktion fällig. Grobmotoriker sollten die Reinigung dem Kundendienst überlassen, das ist immer noch preiswerter als ein neuer Sensor und man ist auf der sicheren Seite. Das zu wissen ist für alle wichtig, die den Sensor selber reinigen wollen. Wer es trotzdem versuchen will, tut es auf eigene Gefahr. Lose Partikel lassen sich mit einem Blasebalg aus sicherer Entfernung wegblasen. Die mechanische Berührung des Bildsensors ist zwar grundsätzlich zu vermeiden, aber fest haftende Verschmutzungen lassen sich beispielsweise mit dem Kinetronics SpeckGrabber Pro (www.kaiser-fototechnik.de) entfernen, einem filigranen Reinigungsstift. Viele Fotografen schwören auf die spezielle, schnell und ohne Rückstände trocknende Reinigungsflüssigkeit Eclipse und die steril verpackten Sensor-Swabs für alle gängigen Sensorgrößen (www.micro-tools.de, dort wird alles für die Sensorreinigung angeboten).

Das optische Tiefpassfilter

Ein dreischichtiges optisches Tiefpassfilter ist dem Bildsensor vorgelagert. Seine Sperrfrequenz ist offenbar gut gewählt, denn es verringert Farbverschiebungen und Moiré-Artefakte. Ganz frei von Bildstörungen ist die EOS 400D aber nicht.

Der dreischichtige Aufbau der optischen Tiefpassfilters in der Explosionsdarstellung. Grafik: Canon

Die Position des optischen Tiefpassfilters unmittelbar vor dem CMOS-Sensor ist in der Grafik sehr gut zu sehen. Grafik: Canon

Die Sperrfrequenz des dreischichtigen Tiefpassfilters ist offenbar sehr gut gewählt, denn in der Horizontalen und Vertikalen sind so gut wie keine Farbartefakte in den Testbildern zu sehen. Foto: Artur Landt

Durch die Größe, Dichte und Anordnung der Pixel ergibt sich bei jedem Bildsensor eine bestimmte „Abtastfrequenz" für die digitale Erfassung des Motivs. Sehr wichtig in diesem Zusammenhang ist auch der Pixel-Pitch, der als Abstand der Pixel-Mittelpunkte die Wellenlänge oder die Frequenz des Bildsensors bestimmt. Wenn das „Grundraster" des Motivs nicht mit dem „Abstastraster" des Sensors übereinstimmt, entstehen Aliasing-Artefakte, wie Moiré oder Treppeneffekt (Artefakte sind unerwünschte Kunstprodukte, Verzerrungen, örtliche Bildstörungen). Die „Abtastfrequenz" des Sensors bestimmt, ab welcher Detailgröße die Aliasing-Artefakte unterdrückt werden oder auftreten. Die physikalischen Zusammenhänge werden durch das Shannon-Abtasttheorem beschrieben, das übrigens auch für die gesamte digitale Audio- und Video-Wiedergabe gilt. Es besagt, dass die Abtastfrequenz keine höheren Frequenzen als die Nyquist-Frequenz enthalten darf, die genau der Hälfte der Abtastfrequenz entspricht. Höhere Abtastraten werden sofort mit Aliasing-Artefakten quittiert.

Kompliziert? Keineswegs, es ist wie in einem Westernfilm: Die Postkutsche fährt langsam los und die Räder drehen sich in Bewegungsrichtung. Dann tauchen die ersten Indianer auf und die heftig gepeitschten Pferde ziehen die Postkutsche immer schneller. Ab einer bestimmten Geschwindigkeit sieht man, dass sich die Räder rückwärst drehen, obwohl die Pferde die überfallene Kutsche weiter nach vorne ziehen – und dass die Speichen ein Moiré-Muster bilden. Die Geschwindigkeit, bei der dieser „Aliasing-Eindruck" entsteht, ist, sehr vereinfacht ausgedrückt, die Nyquist-Frequenz.

Die Aliasing-Artefakte werden mit Tiefpassfiltern bekämpft (engl. Low-pass filter). Im Idealfall müsste die Filterflanke extrem steil und genau auf die Nyquist-Frequenz des jeweiligen Sensors abfallen. Diese Präzision lässt sich mit optischen Tiefpassfiltern nicht oder nur mit einem unverhältnismäßig hohen Aufwand realisieren. Auf jeden Fall bestimmt die Dicke und der Aufbau des Filters die Sperrfrequenz. Wenn die Filterung bei zu kleinen Details ansetzt, dämpft sie auch die Bildschärfe. Setzt sie zu hoch ein, kann sie die Artefakte nicht ausreichend herausfiltern. Das gilt auch für den Fall, dass störende Frequenzanteile per Filtersoftware entfernt werden. Denn auch die smarteste Software kann nicht zuverlässig entscheiden, ob die zu entfernenden Anteile zu einem Artefakt oder zu einer Bildinformation gehören. Wenn die Software-Filterung unterhalb der Nyquist-Frequenz ansetzt, dämpft sie auch die Bildschärfe. Setzt sie zu hoch ein, kann sie die Artefakte nicht ausreichend herausfiltern. Und genau das ist das große Problem sämtlicher optischer oder softwarebasierter Anti-Aliasing-Filter: Die Tiefpassfilterung bleibt immer ein Kompromiss zwischen Aliasing-Bekämpfung und Schärfedämpfung.

Das Tiefpassfilter der EOS 400D ist aus drei Schichten aufgebaut (in der Fotografie ist die Bezeichnung **das** Filter korrekt). Das erste Filter polarisiert das einfallende Licht linear und trennt

Das optische Tiefpassfilter   13

> **PraxisTipp: Null-Einstellung**
>
> Wer seine Bilder nachträglich am PC bearbeiten will, sollte im Kamera-Menü den neutralen Bildstil wählen oder selbst einen einprogrammieren, bei dem die Regler für Schärfe, Kontrast, Farbsättigung und Farbton in der Null-Position sind. Denn je weniger die kamerainterne Software das Bild verarbeitet, desto mehr Möglichkeiten hat man bei der Bildbearbeitung am Computer mit einem Bildbearbeitungsprogramm.

die Bilddetails in der Horizontalen, wobei eine Verschiebung um genau einen Pixel stattfindet. Das zweite Filter wird Phasenplatte genannt und polarisiert das bereits linear polarisierte Licht zirkular. Das dritte Filter polarisiert das einfallende Licht wieder linear im 90° Winkel zum ersten Filter und trennt die Bilddetails in der Vertikalen, ebenfalls mit einer Verschiebung von einem Pixel. Die Spreizung des einfallenden Lichts um je einen Pixel in vertikaler und horizontaler Richtung führt zu einer gezielten Unschärfe, die Moiré-Artefakte weitgehend beseitigt. Der DIGIC II Prozessor kompensiert die leichte Unschärfe durch eine extrem komplexe Folge von Algorithmen, mit denen die feinsten Bilddetails und die Kanten aufbereitet werden. Das erste Tiefpassfilter ist antistatisch beschichtet und wird durch ein Piezo-Element in hochfrequente Schwingungen versetzt, um den Staub abzuschütteln. Das hält das Tiefpassfilter sauber.

Die Scharfzeichnung der Kanten ist bei allen Ausrichtungen recht zurückhaltend. In der Vertikalen und Horizontalen ist eine geringe Überstrahlung an den hellen Seiten kontrastreicher Kanten zu sehen. An aufsteigenden diagonalen Kanten machen sich Farbsäume leicht bemerkbar.
Fotos: Artur Landt

Die Testaufnahmen, die der Autor im Rahmen seines chARTests durchführt, zeigen im JPEG-Format bei höchster Qualitätsstufe und in der Grundeinstellung der Kamera (Bildstil *Neutral*, alle Regler auf Null) lediglich an sehr feinen diagonalen Strukturen schwaches Helligkeitsmoiré und etwas deutlicher sichtbare Aliasing-Artefakte. Die Sperrfrequenz des Tiefpassfilters ist gut gewählt, denn in der Horizontalen und Vertikalen sind so gut wie keine Farbartefakte zu sehen. Die recht aggressive Aufbereitung der kleinsten Motivdetails erhöht den visuellen Schärfeeindruck der direkt aus der Kamera ausgedruckten Bilder, verfälscht aber die Detailwiedergabe. Die sehr feinen Strukturen könnten etwas aufgemotzt wirken. Die geringen magenta-grünen Farbinterferenzen, die vor allem in der aufsteigenden Diagonale (von links unten nach rechts oben) in Erscheinung treten könnten, werden durch das Demosaicing der Farbinterpolation erzeugt.

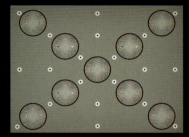

Chart für die Ermittlung der Artefakte (Aliasing, Moiré, etc.), der Auflösung, der kamerainternen Detailaufbereitung, der Zentrierung und der Verzeichnung. Foto: Artur Landt

> **BasisWissen: Testverfahren**
>
> Beim chARTest von Dr. Artur Landt werden für die Beurteilung der Bildqualität von digitalen Aufnahmesystemen spezielle Hochkontrast-Charts der Firma Anders Uschold Digitaltechnik eingesetzt. Die Durchlicht-Testtafeln im Format 60 x 90 Zentimeter werden mit einer hellen diffusen Lichtquelle bis Lichtwert 13 gleichmäßig beleuchtet. Die Auswertung der Testbilder erfolgt visuell an kalibrierten und profilierten Monitoren, wobei auch diverse Photoshop-Tools zum Einsatz kommen, wie beispielsweise Pipette, Gradationskurve, Histogramm. Pro Prüfling werden weit über Hundert Testaufnahmen in den Brennweitenextremen und der mittleren Brennweite gemacht. Die Bestimmung der Auflösung erfolgt anhand von extrem hoch auflösenden modulierten Siemenssternen, die eine Beurteilung der Schärfe- und Kontrastleistung im gesamten Bildfeld bei sämtlichen Strukturausrichtungen ermöglichen. Die kamerainterne Scharfzeichnung und Detailaufbereitung sowie die diversen Aliasing-, Moiré- und Kompressionsartefakte bewerten wir auch im Hinblick auf die nachträgliche Bildbearbeitung am PC. Das Bildrauschen wird bei allen Empfindlichkeiten im gesamten Helligkeitsbereich (0–255) ermittelt. Bei der Vignettierung ist neben dem absoluten Wert auch der Verlauf des Helligkeitsabfalls zu berücksichtigen. Die Messung der Verzeichnung wird im Ausdruck mit einem Messmikroskop durchgeführt. Bei der Reaktionsschnelligkeit wird die Auslöseverzögerung mit Autofokus als Mittelwert der Messungen mit einer Monitor-Stoppuhr in den Brennweitenextremen ermittelt.

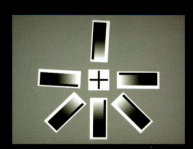

Chart für die Ermittlung der Kantenscharfzeichnung, der Komprimierungsartefakte und des Rauschens. Foto: Artur Landt

Bildprozessor und Farbinterpolation

Die den Fotodioden des Bildsensors vorgelagerten Farbfilter bewirken, dass jedes Pixel nur für eine der drei Grundfarben empfindlich ist. Für die vollständige Farbendarstellung durch Farbinterpolation ist der leistungsstarke DIGIC II Prozessor zuständig.

Das Demosaicing

Die Pixel des CMOS-Sensors sind, wie bei jedem Bildsensor, farbenblind, sodass hauchdünne Filterflächen für die drei Grundfarben auf die Sensorenoberfläche aufgedampft werden. Dadurch entsteht ein Mosaik mit quadratischen Pixeln, von denen 50% für Grün und je 25% für Blau und Rot empfindlich sind (sogenanntes Bayer Pattern). Eine Ausnahme bildet nur der Foveon X3-Direktsensor, bei dem die drei Farbauszugsfilter übereinander angeordnet sind. Bei allen anderen Bildsensoren ist jeder Pixel nur für eine der drei Grundfarben empfindlich, sodass für eine vollständige Farbendarstellung die zwei fehlenden Farbinformationen aus benachbarten Bildpunkten gewonnen werden müssen. Die Auflösung der Mosaik-Struktur in eine vollständige Farbendarstellung wird als Demosaicing bezeichnet. Das Demosaicing könnte theoretisch durch Farbintegration erfolgen, wobei dann drei Pixel für einen einzigen vollständigen Farbbildpunkt erforderlich wären. Das aber würde die Auflösung um zwei Drittel verringern. Daher wird üblicherweise das Demosaicing durch Farbinterpolation durchgeführt. Dabei werden die zwei fehlenden Farbinformationen mit komplizierten Algorithmen aus benachbarten Bildpunkten dazu gerechnet, sodass die Auflösung unverändert bleibt. Die Farbinterpolation kann jedoch zu einem mehr oder weniger ausgeprägten Weichzeichnereffekt sowie zu Moiré-Effekten und Farbartefakten führen. Das zu kompensieren, übernimmt der DIGIC II Prozessor, der auch für die Farbinterpolation zuständig ist. Diese Aufgaben bewältigt der DIGIC II Prozessor der EOS 400D mit Bravour. Die Testaufnahmen zeigen lediglich in der aufsteigenden Diagonalen (von links unten nach rechts oben) magenta-grüne Farbinterferenzen, die durch das Demosaicing der Farbinterpolation erzeugt werden.

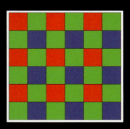

Da die Fotodioden des Bildsensors farbenblind sind, werden Farbfilter auf die Sensorenoberfläche aufgedampft. Dadurch entsteht ein Mosaik mit quadratischen Pixeln, von denen 50% für Grün und je 25% für Blau und Rot empfindlich sind (sogenanntes Bayer Pattern). Grafik: Canon

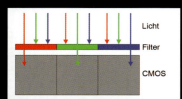

Das Filtermosaik bewirkt, dass jeder Pixel nur für eine der drei Grundfarben empfindlich ist. Die Auflösung des Filtermosaiks in eine vollständige Farbendarstellung wird als Demosaicing bezeichnet. Grafik: Canon

Der DIGIC II Bildprozessor

Der extrem leistungsfähige DIGIC II Prozessor (Digital Image Core) der zweiten Generation, der auch bei den Topmodellen EOS-1Ds Mark II und EOS-1D Mark II N im Arbeitseinsatz ist, wurde ohne Funktionseinschränkungen auch in die EOS 400D eingebaut. Anders als bei Kameras anderer Hersteller, ist der DIGIC II Prozessor der EOS 400D als Teil der Hardware in die Schaltkreise der Kamera integriert und kann die Aufgaben mehrerer Prozessoren übernehmen. Die vom CMOS-Sensor übertragenen Daten werden mit komplizierten Algorithmen und einem hohen Rechenaufwand zu qualitativ hochwertigen Bildern verarbeitet. Dabei muss der DIGIC II Prozessor auch die Farbinterpolation und den Weißabgleich bei jeder JPEG-Aufnahme erledigen. Der Highspeed-Prozessor ist so leistungsfähig, dass er die enormen Datenmengen zwischen den

Die recht aggressive Aufbereitung der kleinsten Motivdetails erhöht den visuellen Schärfeeindruck der direkt aus der Kamera ausgedruckten Bilder, verfälscht aber die Detailwiedergabe. Die geringen magenta-grünen Farbinterferenzen, die vor allem in der aufsteigenden Diagonalen (von links unten nach rechts oben) in Erscheinung treten könnten, werden durch das Demosaicing der Farbinterpolation erzeugt. Foto: Artur Landt

Bildprozessor und Frabinterpolation 15

> ➤ **PraxisTipp: Software-Update**
>
> Auf der Website www.canon.de/Support oder http://de.software.canon-europe.com/Cameras sind nicht nur Aktualisierungen für die Firmware, sondern auch für die Twain und WIA Treiber sowie für die auf der EOS Digital Solution Disk mitgelieferten Programme zu finden, wie EOS Utility, ZoomBrowser, Digital Photo Professional. Bei Redaktionsschluss waren die neuesten Versionen auf der CD, aber gelegentliches Surfen kann nicht schaden.

Aufnahmen im Pufferspeicher lesen, verarbeiten, komprimieren, schreiben kann – und das bei einer Bildfrequenz von 3 Bildern pro Sekunde und 27 JPEG-Aufnahmen in Folge bei voller Auflösung. Somit sind eine hohe Bildqualität und eine präzise Farbwiedergabe in Echtzeit möglich. Die blitzschnelle Verarbeitungszeit verlängert die Akku-Betriebsdauer, weil der ganze Ablauf viel kürzer dauert.

Firmware-Update

Die Firmware ist eine im Kamera-Computer fest installierte Software, die unter anderem das Betriebssystem enthält und aktualisiert werden kann. Bei Redaktionsschluss lag kein Update für die EOS 400D Firmware vor. Es kann sich jedoch lohnen, auf der deutschen Website www.canon.de/Support immer wieder nach Updates Ausschau zu halten. Denn mit einem Firmware-Update wird die Digitalkamera auf den neuesten Stand gebracht. Das betrifft jedoch meistens Funktionserweiterungen, selten wird die Kamera schneller oder besser dadurch. Üblicherweise wird die Update-Datei von der deutschen oder der internationalen Canon-Website (www.canon.co.jp/Imaging/BeBit-e.html) auf den PC heruntergeladen und dann per USB-Kabel an die EOS 400D übertragen. Alternativ kann man sie auch auf eine Speicherkarte abspeichern und die Aktualisierung von der Karte starten. Allerdings ist diese an sich einfache Prozedur nicht ganz ungefährlich und, das sollte man wissen, sie erfolgt auf eigenes Risiko. Die Unterbrechung der Stromzufuhr bei erschöpftem Kamera-Akku oder ein Computer-Absturz während des Updates kann sogar einen Totalausfall der Kamera verursachen. Das Herunterladen und Überspielen einer falschen Update-Datei, die für ein anderes Modell gedacht ist, kann ebenfalls schlimme Folgen haben. Daher ist vor dem Firmware-Update zu überlegen, ob man die Funktionserweiterungen tatsächlich benötigt oder nicht. Auf der sicheren Seite ist man, wenn man die Kamera vom Canon-Service aktualisieren lässt.

Der enorm leistungsfähige DIGIC II Prozessor ist eine hauseigene Canon-Entwicklung. Foto: Canon

Falsches Firmware-Update kann den Totalausfall der Kamera verursachen. Im Zweifelsfall lieber die Finger davon lassen.

> ➤ **BasisWissen: Was bedeutet Interpolation?**
>
> Die Interpolation ist eine künstliche Erhöhung der Bildauflösung durch Hinzufügen von zusätzlichen, nicht im ursprünglichen Bild enthaltenen Pixel. Die Interpolation durch Pixelwiederholung verdoppelt die Pixelanzahl durch das einfache Kopieren sämtlicher Pixel und verschlechtert die Bildqualität drastisch. Bei der bilinearen Interpolation werden die Pixel nicht kopiert, sondern aus je vier angrenzenden Pixel neu berechnet, sodass die Qualitätsminderung nicht so ausgeprägt ist. Das beste Verfahren ist jedoch die bikubische Interpolation, bei der durch sehr komplexe Algorithmen acht benachbarte Pixel zur Neuberechnung herangezogen werden. Bei der Farbinterpolation werden grundsätzlich keine neuen Pixel dem Bild hinzugefügt, sondern lediglich die fehlenden Farbinformationen für die gesperrten Grundfarben bei jedem einzelnen Pixel der Kamera ergänzt.

16 Kameratechnik

Auflösung und Bildgröße

Die Auflösung und die Bildgröße sind zwar nicht die einzigen, aber letztendlich doch entscheidende Parameter für Bildqualität. Sind sie falsch eingestellt, beeinträchtigen sie die Qualität.

Die Bildgröße wird in Pixel angezeigt. Die Komprimierungsstufen sind mit einem glatten Viertelkreis (Fein) oder einer dreistufigen Treppenform (Normal) markiert.

Die an der Kamera eingestellte Bildgröße und das Dateiformat bestimmen maßgeblich die Druckqualität. Für höchste Qualitätsansprüche ist die höchste Bildauflösung gerade gut genug. Foto: Canon

Die Auflösung

Physikalisch betrachtet, ist die Auflösung, genauer: das Auflösungsvermögen die Fähigkeit eines aufzeichnenden oder abbildenden Mediums, feinste und dicht beieinander liegende Details des Aufnahmeobjektes aufzulösen und getrennt wiederzugeben. Bei Objektiven wird das Auflösungsvermögen in Linienpaaren pro Millimeter (Lp/mm) oder in Gitterperioden pro Millimeter (Per/mm) ausgedrückt. In der digitalen Fotografie bezeichnet die Auflösung die Anzahl der Bildpunkte, in die ein Bild zerlegt werden kann. Der Begriff Auflösung wird jedoch im digitalen Alltag in unterschiedlicher Weise gebraucht. Grundsätzlich bezieht er sich auf die Anzahl der Bildpunke (Pixel oder Dots), die je nach Anwendung entweder in horizontaler und vertikaler Richtung im ganzen Bildfeld oder nur in einer bestimmten Maßeinheit gezählt wird. Ähnlich wird auch bei einem Bildschirm die Auflösung angegeben, zum Beispiel 1280 x 1024 oder bei einem Notebook-TFT-Monitor 1920 x 1200 Punkte. Bei einem Monitor kann man aber auch die Auflösung in dpi (dots per inch) finden, üblich sind, je nach System 72 oder 96 dpi. Das ist auch die Maßeinheit für Drucker, wobei für qualitativ hochwertige Ausdrucke auf Fotopapier 300 dpi erforderlich sind. Die Punktdichte bezeichnet auch bei Scannern die Auflösung, hier jedoch als ppi (Pixel per inch). Ein Flachbettscanner arbeitet beispielsweise mit 2400 ppi, ein Filmscanner mit 5400 ppi. Damit die Verwirrung vollständig ist, wird die Auflösung der Scanner immer öfters auch in dpi angegeben. Auf jeden Fall ist es sinnvoll, zwischen der Auflösung bei der Aufnahme, Bilderfassung, Wiedergabe und Druckausgabe zu unterscheiden, denn Bild- und Druckpunkte sind verschiedene „Baustellen".

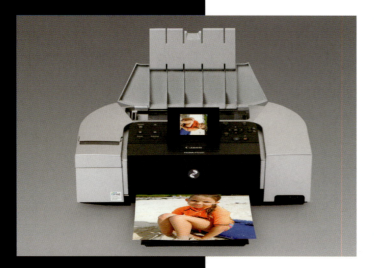

Die Auflösung digitaler Fotokameras wird heutzutage nur noch in Megapixel, also in Millioneneinheiten angegeben. Konstruktionsbedingt lassen sich jedoch nicht alle Pixel eines Bildsensors für die Aufnahmen nutzen. Der CMOS-Bildsensor der EOS 400D hat insgesamt 10,5 Millionen Pixel, von denen sich jedoch nur rund 10,1 Millionen effektiv nutzen lassen. Für die eigentliche Bildaufzeichnung werden bei der EOS 400D maximal 3888 x 2592 Pixel verwendet, was einer effektiven Auflösung von 10.077.696 Pixel entspricht. Folglich findet man im Datenblatt die Auflösung mit 10,5 Megapixel, die effektive Auflösung jedoch mit 10,1 Megapixel korrekt angegeben, wobei eine gewisse Aufrundung zulässig ist.

Da jedoch die Pixelgröße nicht normiert ist, haben diverse Bildsensoren unterschiedlich große Pixel. Neben der Pixelgröße spielt

> **BasisWissen: Zweierlei Maß?**
>
> Das analoge Kleinbildformat ist 24 x 36 Millimeter groß, die gängigen Bildformate für Papierbilder oder Ausdrucke sind 9 x 13, 10 x 15, 13 x 18, 18 x 24 oder 20 x 30 Zentimeter. Der CMOS-Sensor der EOS 400D misst 22,2 x 14,8 Millimeter und hat eine Auflösung von 3888 x 2592 Pixel. Das bedeutet nicht, dass der Sensor im Hochformat eingebaut ist, sondern lediglich, dass es in der digitalen Fotografie üblich ist, die lange Seite zuerst zu nennen.

auch der Pixel-Pitch eine entscheidende Rolle bei der tatsächlichen optisch-physikalischen Auflösung. Als Pixel-Pitch wird der Abstand der Pixel-Mittelpunkte bezeichnet (und nicht die Breite des lichtunempfindlichen Stegs zwischen den Pixeln). Der Pixel-Pitch bestimmt die Wellenlänge oder die Abtastfrequenz des Bildsensors und somit auch die Auflösung und die Beugung.

Die Bildgröße

Wenn die 10,1 Megapixel Kamera ein Bild mit 3888 x 2592 Pixel liefert, dann gibt die Anzahl der Bildpunkte nicht nur die effektive Auflösung, sondern auch die Bildgröße an. Das unkomprimierte, unbearbeitete RAW-Format steht nur in der Höchstauflösung von 3888 x 2592 Pixel zur Verfügung – alles andere würde die Bildqualität beeinträchtigen. Beim JPEG-Format lassen sich drei Bildgrößen: Large 3888 x 2592 Pixel, Medium 2816 x 1880 Pixel und Small 1936 x 1288 Pixel mit jeweils zwei Komprimierungsstufen, Fein und Normal, einstellen. Die Einstellungen sind im ersten Menü-Punkt unter *Qualität* zu finden. Die Auflösung wird in Pixel angezeigt, die Komprimierungsstufen sind mit einem glatten Viertelkreis (Fein) oder einer dreistufigen Treppenform (Normal) markiert. Die EOS 400D beherrscht sogar die Parallelaufzeichnung der Bilder in beiden Formaten, wobei nur die höchste JPEG-Stufe zusätzlich zum RAW-Format zur Verfügung steht. Damit kann man beispielsweise für höchste Qualitätsanforderungen ein Bild im RAW-Format und ein JPEG-Bild für den schnellen Zugriff gleichzeitig speichern. Wer seine Bilder nur im JPEG-Format aufnimmt, sollte unbedingt immer die größte Bildgröße und die höchste Bildqualität einstellen (siehe PraxisTipp).

Das Dialogfenster Bildgröße im Adobe Photoshop zeigt die Daten einer Aufnahme mit der EOS 400D in JPEG Large an – sie entsprechen genau den mathematischen Berechnungen im Infokasten.

> **PraxisTipp: Auflösung und Ausgabeformat**
>
> Die spannende Frage, ob die 10,1 Megapixel der EOS 400D nicht zu viel des Guten sind, lässt sich pragmatisch beantworten, indem man von dem angestrebten Ausgabeformat ausgeht. Wenn man höchste Ansprüche an die Bildqualität stellt, ist für qualitativ hochwertige Fotoausdrucke eine Druckauflösung von 300 dpi erforderlich – und ein Inch hat bekanntlich 2,54 cm. Wenn man 300 durch 2,54 teilt, kommt man auf 118,11 (das kann man auch auf 120 aufrunden). Um die Bildauflösung und die Ausgabegröße in die richtige Relation zu bringen, kann man folgende Formel anwenden:
>
> Ausgabeformat in cm x 118,11 = Bildgröße in Pixel
>
> oder
>
> Bildgröße in Pixel : 118,11 = Ausgabeformat in cm
>
> Wenn man die drei Bildgrößen der EOS 400D zugrunde legt, ergeben sich folgende Werte für die Ausgabegröße:
>
> | Large: | Medium: | Small: |
> |---|---|---|
> | 3888 Pixel : 118,11 = 32,92 cm | 2816 Pixel : 118,11 = 23,84 cm | 1936 Pixel : 118,11 = 16,39 cm |
> | 2592 Pixel : 118,11 = 21,95 cm | 1880 Pixel : 118,11 = 15,92 cm | 1288 Pixel : 118,11 = 10,90 cm |
>
> Bei der Höchstauflösung von 3888x2592 Pixel kommt man auf ein Ausgabeformat in Fotoqualität von etwa 22x33 cm. Das sind bereits die nach oben aufgerundeten Werte, die keine Ausschnittsvergrößerungen mehr zulassen. Außerdem stimmen die Seitenverhältnisse zwischen Sensorabmessungen und gewünschten Druckformaten nicht immer überein. Das bedeutet nichts anderes, als dass die 10,1 Megapixel der EOS 400D gerade gut genug sind für qualitativ hochwertige Fotoausdrucke im DIN A4 Format. Daher macht es wenig Sinn, eine 10,1 Megapixel Kamera zu kaufen und JPEG-Bilder in niedrigster Auflösung und höchster Kompressionsstufe aufzunehmen. Und wenn für Internetanwendungen möglichst kleine Bilddateien gefragt sind, dann kann man ja die Bilder auf die gewünschte Größe skalieren ohne dass in diesem Fall der Qualitätsverlust durch die Neuberechnung auffällt.

Die Dateiformate

Jedes digitale Bild wird in einem Dateiformat gespeichert, das nach festegelegten Regeln definiert, wie die Daten auf dem Speichermedium abgelegt werden. Das Dateiformat hat einen großen Einfluss auf die Bildqualität, die Farbtiefe und die Dateigröße.

Die EOS 400D bietet zwei Aufnahmeformate, JPEG und das verbesserte RAW-Format mit der Endung .cr2 (Canon RAW 2. Generation). Die Einstellungen sind im ersten Menü-Punkt *Qualität* zu finden. RAW (raw = roh) ist ein Aufnahmeformat, das aus unkomprimierten und unbearbeiteten Rohdaten besteht. Auf dem Computermonitor sehen die RAW-Bilder zunächst etwas enttäuschend aus, denn sie entsprechen genau dem Stadium ihrer Entstehung auf dem Kamerasensor. Die RAW-Datei enthält nur jeweils einen Bildpunkt für jeden effektiv nutzbaren Pixel des Sensors. Man sieht also die Bilder genauso, wie der Sensor sie aufgezeichnet hat. Wenn man nun die JPEG-Bilder zum Vergleich hinzuzieht, lässt sich das Ausmaß der Korrekturen erkennen, die bereits in der Kamera durchgeführt wurden, wie Weißabgleich, Scharfzeichnung, Farbsättigung, Helligkeit-, Kontrast- und Tonwert-Ausgleich. All diese Korrekturen muss nun die Fotografin oder der Fotograf anschließend am Computer in einem entsprechenden Bildbearbeitungsprogramm durchführen. Das beansprucht freilich seine Zeit, doch man kann die Korrekturen auf dem großen Bildschirm Schritt für Schritt verfolgen und nach Wunsch bestimmen. Die mitgelieferte Canon Photo Professional Software bietet eine effiziente Plattform für die Bearbeitung und Konvertierung der RAW-Dateien. RAW ist das ideale Aufnahmeformat für alle, die keine Verluste bei der Bildqualität in Kauf nehmen wollen. Die Übertragungsgeschwindigkeit ist hoch, weil die kamerainterne Bildverarbeitung ausbleibt. Die im RAW-Format aufgenommenen Bilder lassen sich sogar mit einer Farbtiefe von bis zu 48 Bit auf den Computer übertragen, sodass sie sich für die anschließende Bildbearbeitung hervorragend eignen.

Wer das Optimum an Bildqualität aus seinen Aufnahmen herausholen möchte, entscheidet sich für das unkomprimierte, unbearbeitete RAW-Format. Allerdings belegt es relativ viel Speicherkapazität und die nachträgliche Bildbearbeitung am PC erfordert ihren Zeittribut. Fotos: Artur Landt

Das JPEG-Format (Dateiextension .jpg; Joint Photographic Experts Group), von Hause aus eher ein Kompressionsverfahren, ist mittlerweile ein weitverbreitetes Aufnahme- und Archivformat, bei dem die Bilddateien mehr oder weniger stark komprimiert werden. Bei der EOS 400D lassen sich im JPEG-Format drei Bildgrößen: Large 3888 x 2592 Pixel, Medium 2816 x 1880 Pixel und Small 1936 x 1288 Pixel mit jeweils zwei Komprimierungsstufen, Fein und Normal, einstellen. Die beste JPEG-Bildqualität wird in der Auflösung Large und der geringsten Komprimierungsstufe Fein erreicht. Denn grundsätzlich gilt: Je geringer die Kompression, desto höher die Bildqualität und desto größer die Bilddatei beziehungsweise je höher die Kompression, desto geringer die Bildqualität und desto kleiner die Bilddatei. Das JPEG-Verfahren arbeitet mit einer diskreten Kosinus Transformation (DCT, Discrete Cosinus Transformation), die, je nach Größe der Ausgabedatei, bei höheren Kompressionsfaktoren zu einem recht ausgeprägten Datenverlust und somit zu einer schlechteren Bildqualität führt. Beim JPEG-Kompressionsverfahren wird das Bild in Blöcken von 8x8 Pixel aufgeteilt, in dem ähnliche Farben (Chrominanz) zu einem einzigen Farbton und gleichzeitig ähnliche Helligkeitswerte (Luminanz) zu einem einzigen zusammengefasst werden. Die Helligkeits- und die Farbinformationen lassen sich unabhängig voneinander analysieren und quantisieren (nicht: quantifizieren).

> **BasisWissen: JPEG 2000**
>
> Das Format JPEG 2000 arbeitet mit der Wavelet-Transformation, die für eine wesentlich bessere Kompressionsleistung sorgt und höhere Kompressionsraten von bis zu 400:1 ermöglicht. Es besteht die Option zwischen verlustfreier oder verlustbehafteter Kompression. Aufgrund der enorm hohen Rechenleistung für die Kompressionsalgorithmen steht JPEG 2000 vorerst nur für Bildbearbeitungsprogramme, nicht für Kameras zur Verfügung.

Die Qualität im JPEG-Format Large/Fine kann sich sehen lassen und gilt als pragmatischster Kompromiss zwischen Bildqualität und Speicherbelegung (Bildausschnitt links). Je geringer das Aufnahmeformat und je größer die Komprimierung, desto schlechter fallen die Bildergebnisse aus (Bildausschnitt rechts). Fotos: Artur Landt

Weil das menschliche Auge empfindlicher auf Helligkeits- als auf Farbunterschiede reagiert, reduziert der JPEG-Algorithmus bei der Quantisierung die Luminanz-Werte weniger als die Chrominanz-Werte. Dennoch werden mit zunehmendem Kompressionsfaktor immer mehr Helligkeits- und Farbwerte zu einem einzigen zusammengefasst. Daher treten durch den Verlust an Bildinformation bei höheren Komprimierungsstufen bestimmte Bildfehler auf, die als Artefakte bezeichnet werden. Der häufigste Kompressionsfehler ist die blockartige Darstellung der Pixelquadrate, wobei der Betrachter den Eindruck hat, die 8 x 8-Blöcke mit jeweils 64 Pixel würden nicht mehr nahtlos aneinander passen. JPEG erzeugt sogar in niedrigster Komprimierungsstufe relativ kleine Dateien und eignet sich seht gut für digitale Fotoaufnahmen. JPEG kann von Internet-Browsern direkt angezeigt werden und empfiehlt sich auch für die Handhabung der fertigen Bilder (Archivieren, Versenden, Drucken), ist jedoch kein Format für die Bildbearbeitung. Denn bei jeder Veränderung und erneuten Speicherung werden die Daten komprimiert, was die Gefahr von Kompressionsfehlern erhöht. Die Bilder lassen sich mit einer Farbtiefe von bis zu 36 Bit aufnehmen.

> **PraxisTipp: Pragmatischer Speicheransatz**
>
> Wer seine Bilder als Poster in Ausstellungsqualität vergrößert sehen will, sollte sich schon bei der Aufnahme für das RAW-Format entscheiden, das die Bilder unkomprimiert oder verlustfrei komprimiert abspeichert. Das Ausbleiben der Komprimierung schützt vor Kompressionsfehlern, belegt aber relativ viel Speicherplatz. Die Bearbeitung der Rohdaten mit der mitgelieferten Canon Photo Professional Software oder mit einer geeigneten Photoshop-Version ist zwar nicht sehr kompliziert, nimmt aber, vor allem wenn die Fotoausbeute eines ganzen Urlaubs bearbeitet werden muss, jede Menge Zeit in Anspruch. Pragmatisch orientierte User entscheiden sich für das JPEG-Format in der Bildgröße Large und der Komprimierung Fein, bei dem die ganze Prozedur erheblich schneller und einfacher geht. JPEG-Dateien beanspruchen durch Komprimierung wesentlich weniger Speicherplatz und die Kamera ist schneller wieder aufnahmebereit. Erkauft wird all das mit gewissen Abstrichen bei der Bildqualität. Bei geringster Komprimierung (Fein, Komprimierung etwa 12:1 bei Large) ist der Qualitätsverlust allerdings kaum, wenn überhaupt sichtbar. Das nahezu verlustfrei komprimierende JPEG 2000 steht für Aufnahmezwecke noch nicht zur Verfügung, sodass JPEG Large/Fine als pragmatischer Kompromiss zwischen Bildqualität und Speicherbelegung gilt.

Farbräume und Bildstile

Durch die Wahl des Farbraums lässt sich das Farbmanagement den Anforderungen der späteren Bildbearbeitung und Bildausgabe optimal anpassen. Mit der Bildstil-Funktion können wichtige Aufnahmeparameter nach Wunsch verändert werden.

Im roten Kamera-Menü kann man die zwei Farbräume für die Aufnahmen einstellen: sRGB und Adobe RGB.

Im Schwarzweißmodus lassen sich qualitativ hochwertige Bilder aufnehmen, die den aus Farbaufnahmen transformierten mindestens ebenbürtig sind. Allerdings kann man in Schwarzweiß aufgenommene Bilder nicht ohne weiteres in Farbbilder umwandeln. Auch die Filter- und Tonungswirkung lässt sich am PC-Bildschirm genauer bestimmen – daher ist bei all diesen Einstellungen Vorsicht geboten.

Der Farbraum

Den Begriff darf man wörtlich nehmen: Ein würfelförmiger Raum, dessen drei Achsen aus den drei Grundfarben Rot, Grün, Blau in jeweils 256 Abstufungen bestehen, wird als Farbraum bezeichnet. Die Farbstärke hat Werte zwischen 0 und 255. Im RGB-Farbraum wird jede Farbe durch die Kombination verschiedener Mengen der drei Grundfarben durch Addition erzeugt. Die additive Farbmischung ist bei lichtsendenden Geräten, wie Projektoren und Monitoren üblich. Bei reflektierenden Flächen, wie Papierausdrucken und Fotoabzügen, erfolgt die Farbmischung durch Subtraktion der Grundfarben Yellow, Magenta, Cyan. Da bei der subtraktiven Mischung im CMY-Farbraum kein tiefes Schwarz dargestellt werden kann, wird ein zusätzlicher Schwarz-Kanal mit der Bezeichnung K hinzugefügt, sodass man vom CMYK-Farbraum spricht. An der EOS 400D lassen sich im Kamera-Menü zwei Farbräume für die Aufnahmen einstellen: sRGB und Adobe RGB. Beide Variationen des RGB-Farbraums sind für eine Monitorbetrachtung bei 6500 Kelvin gedacht, unterscheiden sich jedoch durch den Farbumfang. Die in sRGB aufgenommenen Bilder lassen sich mit einem höheren Kontrast und einer stärkeren Farbsättigung am Computer-Monitor betrachten, der kleinere Farbumfang bleibt jedoch hinter den mit einem guten Fotodrucker darstellbaren Farben zurück. Adobe RGB hat einen höheren Farbumfang und eignet sich sehr gut für qualitativ hochwertige Druckergebnisse, aber die Bilder sehen am Monitor etwas flau aus. Zwar ist generell zu bedenken, dass nicht alle Ausbelichtungsdienste oder Fotodrucker mit Adobe RGB arbeiten können oder wollen, weil sRGB einen wesentlich höheren Verbreitungsgrad hat. Bei der Konvertierung in den CMYK-Farbraum, der den Standard im professionellen Druck darstellt, schneidet Adobe RGB wesentlich besser als sRGB ab, weil sich der Farbraum nahezu verlustfrei umwandeln lässt. Daher muss bei der Wahl des Farbraums an der EOS 400D jeder für sich entscheiden, ob er mehr Wert auf eine brillante Bildschirmpräsentation oder auf optimale Druckergebnisse legt.

Bildstil-Funktion

Die mit der EOS 400D aufgenommenen Bilder zeigen bereits in der Grundeinstellung eine hohe Farbsättigung und Farbdifferenzierung. Mit der im Kamera-Menü abrufbaren Bildstil-Funktion können wichtige Aufnahmeparameter in Anlehnung an die analoge Filmwahl nach Wunsch verändert werden, wobei sechs motivoptimierte Modi abrufbar sind: Standard, Porträt, Landschaft, Neutral, Natürlich und Monochrom (Schwarzweiß). Weitere drei Speicherplätze können mit benutzerdefinierten Einstellungen belegt werden. Bei jedem Bildstil sorgen vordefinierte Werte für Schärfe, Kontrast, Farbsättigung und Farbton für eine motivspezifische Abstimmung, die tatsächlich eine gewisse Ähnlichkeit mit der Wahl diverser Filme in der analogen Fotografie hat. Vom Schwarzweiß-Modus abgesehen, stehen bei jedem Bildstil-Modus vier Einstelloptionen zur Verfügung, mit

Farbräume und Bildstile

> **PraxisTipp: Grundabstimmung der Bildstile**
>
> Damit Sie wissen, was Sie einstellen: **Standard**: mehr Schärfe und Brillanz. **Porträt**: bessere, differenziertere Wiedergabe der Hauttöne. **Landschaft**: kräftige, gesättigte Wiedergabe von Grün und Blau. **Neutral**: neutrale Wiedergabe wie bei den EOS-1D/Ds-Topmodellen. **Natürlich**: fotometrisch korrekte Wiedergabe für die exakte Reproduktion der Farben. **Schwarzweiß**: mit Optionen für Filtersimulation und Tonungseffekten.

denen man die Schärfe, die Farbsättigung, den Kontrast und den Farbton individuell verändern kann. Bei aktivierter Menüebene lassen sich durch Druck auf die JUMP-Taste die Detaileinstellungen für Schärfe, Kontrast, Farbsättigung und Farbton abrufen und mit einem Regler in jeweils acht oder neun Stufen individuell einstellen. Dadurch sind mehr als 5800 Konfigurationen möglich.

Schärfe, Einstellbereich 0 bis +7: Bereits in der Nulleinstellung erfolgt eine diskrete Nachschärfung, die mit jeder Plus-Einstellung zunimmt und die Nachbearbeitung am PC erschwert. Grundsätzlich treten mit zunehmender Einstellung die unschönen Kantensäume als Folge der Scharfzeichnung vor allem bei feinen Bilddetails auf, sodass bei Motiven mit filigranen Details so wenig wie möglich nachgeschärft werden sollte.

Kontrast, Einstellbereich −4 bis +4: Mit Plus-Einstellungen lassen sich flaue Motive im Bild aufpäppeln. Bei kontrastreichen Motiven kann eine Minus-Einstellung verhindern, dass die „Lichter ausbrennen" und die „Schatten absaufen". Die Kamera arbeitet dann weicher, sodass sowohl die hellen als auch die dunklen Bildpartien mit Detailzeichnung wiedergegeben werden.

Farbsättigung, Einstellbereich −4 bis +4: Die Farbsättigung ist eher eine Geschmackssache. Wer bunte, plakative Bilder mag, kann mit Plus-Eingaben arbeiten, wer eher zarte Pastelltöne mag, greift zu Minus-Einstellungen. Wer keine Vorlieben hat, kann dennoch bei flauen Motiven mit Plus-, bei bunten Motiven mit Minus-Einstellungen fotografieren.

Farbton, Einstellbereich −4 bis +4: Auch der Farbton unterliegt dem persönlichen Geschmack und Farbempfinden, sodass man im Zweifelsfall mit der Null-Einstellung nichts falsch macht.

Die hauseigene Digital Photo Professional Software unterstützt ebenfalls die Bildstil-Funktion bei der Konvertierung der RAW-Dateien am PC. Die Filtersimulation im Schwarzweiß-Modus wird im Zubehör-Kapitel behandelt, weil sie die gleiche Wirkung hat, wie die entsprechenden Aufnahmefilter. Auch die Wirkung ist vergleichbar mit der Tonung der Schwarzweiß-Abzüge in der Laborschale und kann nach Gusto eingestellt werden (Sepia, Blau, Violett, Grün oder keine Tonung).

Ein durch zu starke Scharfzeichnung verhunztes Bild ist kaum noch zu retten. Wer seine Bilder in einem Bildbearbeitungsprogramm bearbeiten will, sollte den neutralen Bildstil wählen, bei dem die Regler für Schärfe, Kontrast, Farbsättigung und Farbton in der Null-Position sind.

Photoshop-Muffel und Fotografen, die ihre Bilder direkt aus der Kamera ausdrucken möchten, können mit behutsamen Plus-Einstellungen bessere Bildergebnisse erreichen.

> **BasisWissen: Farbtiefe**
>
> Die Farbtiefe bestimmt, wie viele Farben (aber auch wie viele Graustufen) im Bild dargestellt werden können. Mit 8 Bit lassen sich 256 Farben darstellen. Rein rechnerisch genügen 8 Bit pro Farbkanal, also insgesamt 24 Bit (8 Bit x 3 Farbkanäle = 24 Bit) für 16,777 Millionen Farbtöne, was der Echtfarben-Darstellung entspricht (true colour, 256 x 256 x 256 = 16.777.216). Mit 36 oder 48 Bit lassen sich jedoch wesentlich ausgeglichenere, feiner abgestufte Farbverläufe und eine sehr differenzierte Wiedergabe in den Lichtern und Schatten realisieren. Das gilt auch dann, wenn die Bildbearbeitungsprogramme die Farbtiefe wieder auf 24 Bit reduzieren. Ja mehr noch: diese Qualitätsreserven bieten erst die Voraussetzung für stufenlose, homogene Helligkeits- und Farbverläufe auch nach den Tonwert- und Farbkorrekturen am PC.

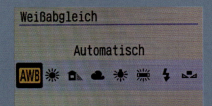

Der Weißabgleich

Der Weißabgleich kann die durch das Aufnahmelicht verursachten Farbverschiebungen automatisch oder per manueller Eingabe kompensieren. Mit gezielten Einstellungen lassen sich professionelle Bildergebnisse mit neutraler Farbwiedergabe realisieren.

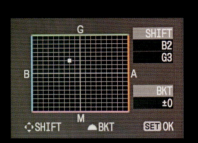

Manuelle Weißabgleichskorrektur mit den Kreuztasten, das Koordinatensystem zeigt an: Blau 2, Grün 3.

Jede Abweichung der Farbtemperatur des Aufnahmelichts von der Farbsensibilisierung des Bildsensors wird mit einer nicht neutralen Farbwiedergabe mit einer vorherrschenden Farbdominanten, vulgo Farbstich, quittiert. Das merkt man aber erst im aufgezeichneten Bild am kalibrierten Monitor, denn die Farbtemperatur vor Ort lässt sich nicht genau einschätzen. Die menschliche Farbwahrnehmung ist sowohl physiologisch als auch psychologisch bedingt und unterliegt Täuschungen. Die Anpassung des Auges an die Veränderung der Farbtemperatur läuft automatisch und unbewusst ab, sodass nur ein Farbtemperaturmesser genaue Auskunft über die spektrale Zusammensetzung des Aufnahmelichts geben kann. Die raffinierten Weißabgleichsfunktionen der EOS 400D machen jedoch die Farbtemperaturmessung überflüssig.

Mit dem automatischen Weißabgleich gelingen weitgehend farbneutrale Aufnahmen bei natürlichem Tageslicht. Bei Mischlicht oder Kunstlicht können allerdings mehr oder weniger ausgeprägte Farbabweichungen entstehen – das gilt übrigens auch für Profikameras, ist also keine EOS 400D-Schwäche. Die Farbstiche lassen sich zwar mit etwas Erfahrung in einem Bildbearbeitungsprogramm an kalibrierten und profilierten Monitoren korrigieren, was aber, je nach Anzahl der Bilder, Größe der Dateien und Leistungsfähigkeit des Computers eine durchaus zeitaufwändige Angelegenheit sein kann.

Für Standardsituationen gibt es sechs feste Voreinstellungen, die sowohl mit Piktogrammen als auch mit Worten und Kelvin-Angaben angezeigt werden: Tageslicht (ca. 5200 K), Schatten (ca. 7000 K), Wolkig (ca. 6000 K), Kunstlicht (ca. 3200 K), Leuchtstoffröhren (ca. 4000 K) und Blitz (keine Kelvin-Angabe).

Sie lassen sich, genauso wie der automatische Weißabgleich, nach Antippen der mit WB markierten unteren Kreuztaste auf dem Monitor einstellen. Bei Mischlicht oder bestimmten Kunstlichtarten, die von der Voreinstellung der Kamera abweichen, können all diese Optionen mehr oder weniger daneben liegen. Eine gewisse Belichtungssicherheit lässt sich mit einer Weißabgleichskorrektur oder einer Weißabgleichsreihe erzielen. Diese wirkungsvollen Korrekturoptionen werden im Menü-Punkt *WB-Korrektur* aufgerufen. Auf dem Rückseitenmonitor erscheint ein Koordinatensystem mit vier Richtungen: Grün (G) und

> **BasisWissen: Farbtemperatur**

Bei den Voreinstellungen für Standardsituationen wird die Farbtemperatur in Kelvin angezeigt.

Als Farbtemperatur wird die spektrale Energieverteilung einer Lichtquelle bezeichnet. Die Maßeinheit für die Farbtemperatur ist das Kelvin, abgekürzt K (nach dem Physiker William Lord Kelvin of Largs). Die frühere Bezeichnung Grad Kelvin (°K oder K°) ist nicht mehr gebräuchlich. Die Kelvinskala beginnt am absoluten Nullpunkt (−273,15°C), sodass folgende Umrechnung abgeleitet werden kann (abgerundet): K=°C+273. Das rötlich-warme Licht einer 100 Watt Glühlampe hat einen hohen Anteil von langwelligen roten Strahlen und eine Farbtemperatur von etwa 2800 K. Beim sogenannten mittleren Tageslicht ist bei einer Farbtemperatur von 5500 K der Anteil der roten, grünen und blauen Strahlung gleich groß. Das bläulich-kühle Licht eines hellblauen Himmels hat einen großen Anteil von kurzwelligen blauen Strahlen und kann eine Farbtemperatur von über 10.000 Kelvin erreichen. Auf der Kelvinskala weist also ein Licht, das wir als kühl empfinden, eine höhere Farbtemperatur als wärmeres Licht auf, was in der Praxis jedoch unseren wahrnehmungspsychologischen Gewohnheiten etwas widerspricht, die ein wärmeres Licht mit einem höheren Temperaturwert assoziieren. Die Farbtemperatur kann auch in Mired angegeben werden (MIcroREciprocal Degrees). Der Mired-Wert wird errechnet, indem man 1.000.000 durch den Kelvin-Wert teilt. Ein hoher Mired-Wert entspricht somit einem wärmeren Licht und umgekehrt.

Der Weißabgleich   23

> **PraxisTipp: Filter für Referenzaufnahmen**
>
> Die ExpoDisc Digital White/Warm Balance Filter (www.kocktrade.de) sind mit einer Schnappvorrichtung für Filtergewinde von 58 bis 82 mm erhältlich. Größere Filter können vor das Objektiv gehalten werden. Die Referenzaufnahme mit vorgesetztem Filter entsteht bei abgeschaltetem Autofokus. Das ist einfacher als die Messung einer Graukarte und führt zum gleichen Ergebnis, weil die Filter nur 18% des einfallenden Lichts durchlassen.

Akzeptables Ergebnis mit dem automatischen Weißabgleich, das sich leicht korrigieren lässt.

Die Aufnahme mit der Festeinstellung für Kunstlicht entspricht in etwa dem automatischen Weißabgleich.

Korrekter Weißabgleich nach der Referenzaufnahme einer Graukarte, der aber die warme Lichtstimmung der Lampenbeleuchtung neutral und somit kühl wiedergibt. Fotos: Artur Landt

Manueller Weißabgleich anhand der formatfüllenden Referenzaufnahme einer Graukarte.

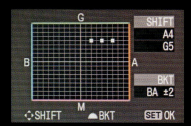

Weißabgleichsreihe mit zweistufiger horizontaler Axialverschiebung, vom Korrekturwert Amber 4, Grün 5 ausgehend.

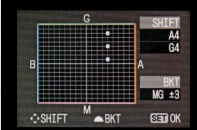

Weißabgleichsreihe mit dreistufiger vertikaler Axialverschiebung, vom Korrekturwert Amber 4, Grün 4 ausgehend.

Magenta (M) in der Vertikalen, sowie Blau (B) und Gelb (A, Amber) in der Horizontalen. Für jede der vier Farben stehen neun Stufen zur Verfügung, sodass 360 Farboptionen für die Korrektur möglich sind. Der Stufenabstand beträgt etwa 5 Mired (siehe BasisWissen). Mit den vier Kreuztasten lässt sich der Korrekturpunkt an jeder beliebigen Stelle des Farbkoordinaten-Systems setzen. Mit dem Einstellrad wird die Bracketing-Funktion für den Weißabgleich abgerufen, mit der zusätzlich zu der als neutral eingestuften Farbtemperatur je eine Aufnahme mit axialer Verschiebung in Richtung Magenta und Grün oder Blau und Gelb automatisch entsteht. Der Abstand der flankierenden Belichtungen lässt sich in drei Farbtemperatur-Stufen eingeben. Bei eingestellter Weißabgleichskorrektur gilt dieser Koordinatenpunkt als Ausgangswert für die flankierenden Belichtungen. Im RAW-Format ist kein Weißabgleich-Bracketing möglich. Die Funktion lässt sich zwar im Kamera-Menü aktivieren, bleibt jedoch ohne Wirkung.

Der manuelle Weißabgleich wird anhand der formatfüllenden Aufnahme einer Graukarte mit 18 Reflexion (genauer: Remission) durchgeführt. Die Graukarte oder ein weißes Blatt Papier wird unter den gleichen Lichtverhältnissen wie das Motiv abfotografiert. Das wird oft „Weißpunkt setzen" genannt, was nicht immer korrekt ist. Denn als Weißpunkt wird der hellste Bereich in einem Bild bezeichnet, und der muss nicht zwangsläufig weiß sein. Auf jeden Fall definiert man mit der Referenzaufnahme die Fläche oder Farbe, die unter den gegebenen Lichtverhältnissen von der Kamera als Neutralgrau interpretiert werden soll. Anhand der Referenzaufnahme (siehe auch PraxisTipp) wird der manuelle Weißabgleich in der Kamera vorgenommen: Im Menü-Punkt *Man. Weißabgl.* wird das Referenzbild ausgewählt und mit der SET-Taste bestätigt. Der manuelle Weißabgleich muss auch auf dem oberen Display eingeschaltet werden, woran auch die entsprechende Anzeige auf dem Monitor erinnert.

Die Lichtempfindlichkeit

Die an der Kamera eingestellte Empfindlichkeit hat einen großen Einfluss auf die Bildqualität sowie auf die erreichbare Blende und Verschlusszeit. Die EOS 400D ist mit einem Empfindlichkeitsbereich von ISO 100 bis ISO 1600 bestens ausgestattet.

Eine hohe ISO-Einstellung ist wichtig für verwacklungsfreie Freihandaufnahmen bei wenig Licht, erhöht aber das Bildrauschen. Allerdings ist ein leicht verrauschtes Bild einem verrissenen vorzuziehen.
Foto: Artur Landt

Wenn man die Lichtempfindlichkeit eines Bildsensors erklären will, sind zwei Aspekte zu berücksichtigen: Einerseits lässt sich seine jeweils eingestellte Empfindlichkeit in Analogie zur Filmempfindlichkeit definieren – mit allen fototechnischen und praktischen Konsequenzen, die das impliziert. Andererseits arbeitet und reagiert ein Sensor anders als ein Film, sodass elektronische Faktoren eine entscheidende Rolle spielen.

Die analoge Lichtempfindlichkeit

Die Lichtempfindlichkeit ist eine wichtige Kenngröße eines jeden Films, die üblicherweise in ISO-Werten angegeben wird. Die an der Digitalkamera eingestellten ISO-Werte (siehe BasisWissen) haben prinzipiell die gleichen Auswirkungen wie in der analogen Fotografie. Sowohl für Filme als auch für Sensoren gilt: Für brillante Landschafts- oder Architekturaufnahmen mit guter Detail- und Farbwiedergabe oder für Großvergrößerungen eignet sich die niedrige Empfindlichkeit von ISO 100 sehr gut. Tier- und Sportfotografen werden sich, je nach Lichtverhältnissen und Anfangsöffnung des Teleobjektivs, eher für eine höhere Empfindlichkeit entscheiden, etwa ISO 200 bis ISO 400. Konzert- und Theaterfotografen bevorzugen ISO 800 oder im Extremfall ISO 1600.

Eine niedrige Empfindlichkeit ist grundsätzlich einzustellen:
- wenn höchste Ansprüche an die Bildqualität gestellt werden
- bei hellem Umgebungslicht
- generell, um durch längere Verschlusszeiten eine verwischte Bewegungswiedergabe zu erreichen
- bei großen Blendenöffnungen, wenn eine geringe Ausdehnung der Schärfentiefe gewünscht wird

Eine hohe Empfindlichkeit ist prinzipiell einzustellen:
- bei schwachem Umgebungslicht
- wenn kurze Verschlusszeiten erforderlich sind, um einen Bewegungsablauf „einzufrieren"
- bei Teleobjektiven, um die brennweitenbedingte Verwacklungsgefahr durch kurze Verschlusszeiten zu minimieren
- bei kleinen Blendenöffnungen, wenn eine große Ausdehnung der Schärfentiefe gewünscht wird
- um die Blitzreichweite zu vergrößern

> **PraxisTipp: Selbst Hand anlegen**
>
> Die gewünschten ISO-Werte selbst einstellen und nicht der Automatik in den Motivprogrammen überlassen, die bei wenig Licht entweder den Kamerablitz zündet oder die Empfindlichkeit so lange erhöht, bis der Kehrwert der Brennweite als Verschlusszeit erreicht wird. Grundsätzlich immer mit ISO 100 fotografieren und nur in Notfällen die Empfindlichkeit erhöhen, denn ein verrauschtes Foto ist immer noch besser als ein verrissenes.

Denn sowohl bei Filmen als auch bei Sensoren greifen immer noch die „analogen" Zusammenhänge: Eine lange Verschlusszeit erhöht die Verwacklungsgefahr. Bei langen Brennweiten sind kurze Verschlusszeiten erforderlich, um die brennweitenbedingte Verwacklungsgefahr zu verringern. Schwaches Umgebungslicht verlangt nach großen Blendenöffnungen und nach langen Verschlusszeiten. Eine kleine Blendenöffnung ist wichtig für eine große Ausdehnung der Schärfentiefe, impliziert aber lange Verschlusszeiten und erhöht die Gefahr des Verreißens. Ja sogar die analoge Faustregel gilt: Je höher die Empfindlichkeit, desto grobkörniger und flauer die Bildergebnisse. Und je niedriger die Empfindlichkeit, desto schärfer, kontrastreicher, farbgesättigter die Aufnahmen. Allerdings liegen beim Sensor die Ursachen dafür ganz im elektronischen Bereich.

Die Rauschunterdrückung bei Langzeitbelichtungen muss im Kamera-Menü aktiviert werden.

Die digitale Grundempfindlichkeit

Der CMOS-Bildsensor der EOS 400D hat eine Grundempfindlichkeit von ISO 100. Alle höheren Empfindlichkeiten werden durch elektronische Signalverstärkung erreicht. Das ist vergleichbar mit dem analogen Pushen, wenn ein 100er Film mit ISO 800 belichtet und verlängert entwickelt wird. Dadurch wird aber aus einem 100er noch kein echter 800er, die Qualitätseinbußen sind sichtbar. Beim CMOS-Sensor der EOS 400D lassen sich die elektronischen Bildfehler, die bei höherer Empfindlichkeit durch die Signalverstärkung entstehen oder vergrößert werden, mit der ausgeklügelten Kamera-Software mehr oder weniger gut ausgleichen. So bietet die EOS 400D über die Individualfunktion 02 eine Rauschunterdrückung bei Langzeitbelichtungen mit drei Optionen: 0= Aus, 1= Automatisch und 2= An. Allerdings bewirkt die Rauschunterdrückung einen gewissen Verlust an Bildschärfe. Daher gilt für höchste Ansprüche an die Bildqualität nach wie vor: Bei niedrigen Empfindlichkeiten fallen die Ergebnisse der Farbinterpolation besser aus und bei hohen Empfindlichkeiten erhöht der Dunkelstrom das Helligkeits- und Farbrauschen.

> **BasisWissen: Die ISO-Werte**
>
> Das Maß für die Lichtempfindlichkeit der Filme und Bildsensoren wird in ISO-Werten angegeben (International Standard Organisation). Die ISO-Werte sind eine Art Kombination aus den früher üblichen ASA- und DIN-Angaben. Ein Film oder ein Sensor mit ISO 100/21° hat 100 ASA respektive 21 DIN. Die ISO- und ASA-Werte sind eine arithmetische Zahlenreihe, bei der eine Verdopplung der Zahl eine Verdopplung der Empfindlichkeit bedeutet. Die DIN-Werte sind eine logarithmische Zahlenreihe, bei der jede einzelnen Zahl dem Drittel einer Belichtungseinheit entspricht. Ein Unterschied von drei Zahlen bedeutet eine Verdopplung der Empfindlichkeit. In der digitalen Fotografie sind nur noch die ISO-Werte gebräuchlich. Der CMOS-Bildsensor der EOS 400D hat einen Empfindlichkeitsbereich von ISO 100 bis ISO 1600 und ist bei Einstellung auf ISO 200 doppelt so empfindlich wie bei ISO 100 und halb so empfindlich wie bei ISO 400. Die ganzen Stufen der ISO-Reihe sind: ISO 100, ISO 200, ISO 400, ISO 800, ISO 1600.

Dunkelstrom und Bildrauschen

Das Rauschen wird als unerwünschtes Störsignal wahrgenommen, bei dem in der Farbe oder Helligkeit abweichende Pixel in homogenen Bildflächen sichtbar werden. Der Dunkelstrom, eine Restladung im Sensor, kann das Rauschen erhöhen.

Der Dunkelstrom

Der Dunkelstrom ist eine Restladung, die in den Pixeln eines Bildsensors auch dann verbleibt oder entsteht, wenn kein Licht auf die Sensorelemente fällt. Das hat verschiedene thermische Ursachen. Dunkelstrom kann erzeugt werden durch die Wärmebewegungen der Atome in den einzelnen Sensorelementen oder durch die Temperatur der Sensoroberfläche. Beispielsweise bei Serienaufnahmen oder langen Belichtungszeiten verbrauchen CCD-Sensoren viel Strom, was zu einer Erwärmung der Halbleiterelemente führt. Der CMOS-Sensor der EOS 400D kommt mit weniger Energie aus und ist somit in diesem Punkt weniger anfällig. Zu hohe Außentemperaturen können jedoch ebenfalls den Sensor erwärmen. Ein Temperaturanstieg von 6° bis 8° bewirkt eine Verdoppelung des Dunkelstroms. Diese Erkenntnis wird seit den Zeiten des Kalten Kriegs bei den Sensoren der Fernerkennungssysteme, vulgo Spionagesatelliten, in der Form von thermoelektrischen Kühlelementen eingesetzt (Peltier-Elemente).

Den Dunkelstrom (*dark current*) kann man durch spezielle Test- und Messverfahren als Dunkelbild (*dark frame*) fotografisch aufzeichnen. Wenn das einfallende Licht nicht wesentlich stärker als der Dunkelstrom ist, entsteht eine Bildstörung, die als Helligkeits- und Farbrauschen in den dunklen oder monochromen Flächen sichtbar wird. Man sprich in diesem Zusammenhang auch von einem schwachen Signal-Rausch-Verhältnis. Bei Erhöhung der Emp-

Um das Rauschen nicht unnötig zu verstärken, sollte man die Empfindlichkeit nicht stärker erhöhen, als zum Vermeiden der Kameraverwacklung unbedingt erforderlich.
Foto: Artur Landt

Insgesamt muss man der EOS 400D bei allen Empfindlichkeiten ein vorbildliches Rauschverhalten attestieren. Bei ISO 100 bis ISO 400 ist kein nennenswertes Rauschen festzustellen. Bei ISO 800 und vor allem bei ISO 1600 ist mit einer moderaten Zunahme des Farbrauschens zu rechnen. Testaufnahmen: Artur Landt

> **PraxisTipp: Gegenmaßnahmen**
>
> Fünf Tipps, die das Rauschen verringern: 1. Niedrigste Empfindlichkeit manuell einstellen, nur bei Verwacklungsgefahr über ISO 100 gehen. 2. Rauschunterdrückung bei längeren Verschlusszeiten als 1/2 s aktivieren. 3. Kurze Verschlusszeiten verringern den Dunkelstrom und damit das Rauschen. 4. Serienaufnahmen und Erwärmung der Kamera nach Möglichkeit vermeiden. 5. Bei JPEG nur die geringste Kompressionsstufe Fein einstellen.

findlichkeit von ISO 100 auf beispielsweise ISO 800 werden nicht nur die schwachen Signale sondern auch das Rauschen elektronisch verstärkt. Durch komplizierte Rechenvorgänge im Kameracomputer lässt sich der Signal-Rausch-Abstand etwas vergrößern. Die Gefahr dabei ist jedoch, dass die softwareseitige Rauschunterdrückung auch ein Teil des Signals überdeckt und somit die Bildschärfe etwas dämpft.

Das Bildrauschen

Das Rauschen (*noise*) tritt als unerwünschtes Störsignal in diversen Varianten auf, beispielsweise als Helligkeitsrauschen, Farbrauschen und Kompressionsrauschen. Die Erhöhung ihrer digitalen Grundempfindlichkeit quittieren die Bildsensoren mit zufällig auftretenden Farb- und Helligkeitsabweichungen in homogenen grauen oder farbigen Flächen. Das können helle Flecke in dunklen Bereichen oder dunkle Flecken in hellen Bildpartien sein. Es kann auch vorkommen, dass mehrere Pixel in einer Graufläche bunt erscheinen. In welchem Ausmaß und ab welcher Empfindlichkeit das Helligkeits- und Farbrauschen auftritt, hängt von der Art und Güte des Bildsensors sowie der Leistungsfähigkeit der Auslesesoftware ab.

Das Rauschen tritt aber unabhängig von der eingestellten Empfindlichkeit bei Langzeitbelichtungen oder bei längeren Verschlusszeiten als 1/2 Sekunde auf. Dabei leistet die kamerainterne Rauschunterdrückung gute Dienste. Die Individualfunktion 02 „Rauschunterdrückung bei Langzeitbelichtungen" bietet drei Optionen: 0 = Aus, 1 = Automatisch und 2 = An. Dabei ist jedoch zu bedenken, dass die Rauschunterdrückung einen gewissen Verlust an Bildschärfe bewirkt. Die Erwärmung des Bildsensors durch Serienaufnahmen oder eine zu hohe Außentemperatur kann ebenfalls das Rauschen erhöhen, indem es den Dunkelstrom verstärkt. Das durch Kompressionsfehler verursachte Rauschen wird hauptsächlich in zwei Formen bildwirksam: als Farbrauschen oder als Mosquito Noise. Die Mosquito-Stiche sehen aus wie dünne Striche oder Haarbüschel, die bei scharfen Kanten und kontrastreichen Übergängen oder bei ringförmigen Objekten auftreten. Auch das Hervorheben von 8 x 8-Pixelblöcken ist das Ergebnis einer zu hohen Kompressionsstufe bei der verlustbehafteten JPEG-Komprimierung.

> **BasisWissen: Eine empfindliche Sache**
>
> Über die Frage, ob Bildsensoren überhaupt eine „fotografische" Empfindlichkeit im herkömmlichen Sinn haben, lässt sich trefflich streiten. Zwar ist die Lichtempfindlichkeit in der Fotografie international genormt und durch ISO-Werte genau festgelegt. Darauf kann auch ein Bildsensor kalibriert werden, indem man die Differenz zwischen Dunkelstrom und der kleinsten für die Anregung der Sensorpixel erforderlichen Lichtintensität unter Laborbedingungen misst. Aber zwei weitere Probleme tauchen bei der Bestimmung der tatsächlichen Empfindlichkeit eines Bildsensors auf. Der Dunkelstrom ist keine Konstante, sondern steigt und sinkt temperaturabhängig. Ein Temperaturunterschied von etwa 7° bewirkt eine Halbierung oder eine Verdoppelung des Dunkelstroms. Hinzu kommt noch, dass nicht alle Pixel eines Bildsensors die gleiche Empfindlichkeit haben (PRNU= Pixel Response Non Uniformity).

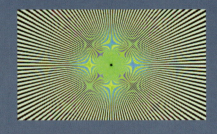

Artefakte und Bildfehler

Aus der Architektur und dem Workflow des Bildsensors oder aus der Dateikomprimierung resultieren elektronische Bildfehler. Aber auch die Vignettierung beeinträchtigt die Bildqualität. Wer die Fehlerquellen kennt, kann die Bildfehler verringern.

Aliasing: Das Aliasing verleiht glatten Objektkanten ein treppenstufiges Aussehen. Davon betroffen sind vor allem schräge Linien sowie Kurven, weil sie von der vertikalen und horizontalen Pixelanordnung des Bildsensors abweichen. Damit wäre auch die Ursache des Bildfehlers genannt. Wenn ein Bild auf dem Computer-Monitor den Treppeneffekt zeigt, muss er nicht zwangsläufig auch im Ausdruck zu sehen sein. Denn gerade Monitore haben eine ausgeprägte Aliasing-Neigung.

Testbeispiel mit einer anderen Kamera: An feinen schrägen Strukturen machen sich Aliasing- und Moiré-Artefakte bemerkbar.
Foto: Artur Landt

Blooming: Das Blooming ist eine Erscheinung, die praktisch nur CCD-Sensoren betrifft, sie sei aber der Vollständigkeit halber erwähnt. Wenn die auf die einzelnen Pixel eines CCD-Sensors einfallende Lichtmenge ihre Sättigungsgrenze überschritten hat, läuft die überschüssige elektrische Ladung auf die benachbarten Bildelemente über. Weil CMOS-Sensoren nicht zeilen- und spaltenweise geschaltet sind, sondern einzeln angesteuert werden, sind sie weitgehend frei vom „Ausblühen" der Lichter. Das Überlaufen von Licht auf benachbarte Bildbereiche macht sich vor allem bei ausgeprägtem Gegenlicht bemerkbar. Auch Spitzlichter oder stark reflektierende metallische Gegenstände können ein Überstrahlen der Lichter bewirken. CCD-Sensoren der neuen Generation haben zwar einen besseren Überlaufschutz, doch frei von Blooming-Erscheinungen sind sie nicht. Daher ist man mit dem CMOS-Sensor der EOS 400D auf der sicheren Seite.

Moiré: Das Moiré, ein alter Bekannter aus dem klassischen Druckbereich, kommt auch in der digitalen Fotografie vor. Dabei handelt es sich um Störmuster oder Alias-Frequenzen (Alias = der andere), die durch Überlappung von meist regelmäßigen Mustern und Strukturen entstehen. Bei der Aufnahme können die Punkt- oder Linienstrukturen des Motivs vom gitterförmigen Pixelraster des Bildsensors abweichen. Das kann ab einer bestimmten Größenordnung Moiré verursachen. Ein gutes Beispiel dafür sind feine Textilstrukturen, Stoffmuster, Fliegengitter und Siebe, die fast immer mit Moiré wiedergegeben werden.

Der CMOS-Sensor kann seine Stärken auch bei schwierigen Motiven ausspielen. Die Lichter und ihre Spiegelung in den Schaufenstern sind frei von Blooming-Erscheinungen – das Licht läuft nicht auf benachbarte Pixel über.
Foto: Artur Landt

> **PraxisTipp: Fehlerbekämpfung**
>
> **Blooming:** Der CMOS-Sensor der EOS 400D ist zwar nicht davon betroffen, aber grundsätzlich gilt, Gegenlichtaufnahmen und Lichtquellen im Bild vermeiden. Bei hohen Kontrasten kann die Blitzaufhellung das Ausfransen der Konturen an Hell-Dunkel-Kanten reduzieren.
> **Aliasing:** Anti-Aliasing-Anwendungen in der Kamerasoftware oder Bildbearbeitungsprogrammen können die Kanten glätten, indem sie Pixel interpolieren. Nach der Anti-Aliasing-Behandlung wirken die Kanten glatter aber auch weniger scharf.
> **Moiré, Farbmoiré:** Anti-Aliasing, aber nur bedingt, weil oft die Schärfedämpfung ausgeprägter ausfällt als die Aliasing-Filterung.
> **Vignettierung:** Nicht bei offener Blende fotografieren, sondern um zwei Stufen abblenden. Bei sehr starker Randabdunklung ist auch der Einsatz eines neutralgrauen konzentrischen Verlauffilters (Ausgleichfilter) sinnvoll.

➤ BasisWissen: Microlens shifting

Die den Sensor-Pixeln vorgelagerten Mikrolinsen sind im Randbereich angewinkelt oder leicht verschoben positioniert (microlens shifting). Dadurch werden auch schräg einfallende Lichtstrahlen auf die lichtempfindliche Pixelfläche gelenkt und die Lichtausbeute wesentlich erhöht. Das kompensiert die Vignettierung und verbessert die Kontrastübertragung im Randbereich, was der Bildqualität zugute kommt.

Farbmoiré: Das Farbmoiré oder Chroma-Aliasing betrifft Flächensensoren mit Bayer-Mosaikmuster, also auch den CMOS-Sensor der EOS 400D (siehe Demosaicing, Seite 14). Da jede Farbe eine eigene spektrale Frequenz hat, ergeben sich daraus unterschiedliche Abtastraten und -frequenzen für die drei Grundfarben, die zu unterschiedlicher Moiré-Bildung in den einzelnen Farben führen können.

Vignettierung: Die Vignettierung geht vor allem auf das Konto der Objektive, kann aber auch durch Abschattung an den Fassungsrändern der den Sensorpixeln vorgelagerten Mikrolinsen verursacht werden, wenn die Randstrahlen sehr schräg einfallen. Die Vignettierung ist ein Helligkeitsabfall der Randstrahlen, genauer: der schräg einfallenden Strahlenbündel, der sich am Bildrand und vor allem in den Bildecken auswirkt. Man unterscheidet zwischen einer natürlichen und einer künstlichen Vignettierung. Die natürliche Vignettierung ist auf geometrische Gesetze zurückzuführen und bewirkt in der Bildebene einen Helligkeitsabfall zum Bildrand hin, der mit der vierten Potenz des Kosinus des Feldwinkels zunimmt. Dieser Satz ist als „Kosinus-hoch-vier-Gesetz" bekannt: $E(w) = E \times \cos^4 w$, wobei $E(w)$ für die Beleuchtungsstärke einer Bildfläche unter dem Feldwinkel w, und E für die Beleuchtungsstärke in der Bildmitte, also in der optischen Achse steht. Die natürliche Vignettierung lässt sich weder konstruktiv, noch durch Abblenden reduzieren. Die einzige Möglichkeit, die natürliche Vignettierung zu reduzieren, ist der Einsatz eines neutralgrauen konzentrischen Verlauffilters (Ausgleichfilter). Die Auswirkungen der natürlichen Vignettierung sind aber sehr gering und nur bei extremen Bildwinkeln wahrnehmbar. Die künstliche Vignettierung wird hervorgerufen durch die Beschneidung des Strahlengangs an den Fassungsrändern eines Objektivs. Betroffen davon sind die schräg einfallenden Strahlenbüschel, die ohnehin einen längeren Weg als die paraxialen (axennahen) zurücklegen müssen. Eine für die jeweilige Brennweite zu große Gegenlichtblende oder eine zu dicke Filterfassung können ebenfalls eine Abschattung am Bildrand hervorrufen. Dass auch die Fassungsränder der Mikrolinsen an der Randabdunklung beteiligt sein können, haben wir bereits erwähnt. Die künstliche Vignettierung ist normalerweise wesentlich größer als die natürliche und zeigt meistens einen spontanen, abrupt einsetzenden Helligkeitsabfall. Diese Erscheinung ist vor allem bei offener Blende bei Objektiven anzutreffen, die nur den kleineren Bildkreis des Sensors auszeichnen. Denn oft wird sowohl bei den Original- als auch bei den Fremdobjektiven der Bildkreis zu eng auf die Sensorabmessungen gerechnet. Ein optischer Bildstabilisator im Strahlengang der EF-S-Objektive kann mitunter Vignettierung hervorrufen. Bei Objektiven, die das volle Kleinbildformat auszeichnen, werden die Randstrahlen beim kleineren CMOS-Sensor der EOS 400D beschnitten und somit nicht bildwirksam. Die künstliche Vignettierung lässt sich durch Abblenden um etwa zwei Stufen reduzieren. Auch eine partielle Erhöhung der Empfindlichkeit für die Randbereiche des Sensors ist übliche Praxis und kompensiert wirksam die Vignettierung – erhöht aber gleichzeitig etwas das Rauschen am Bildrand.

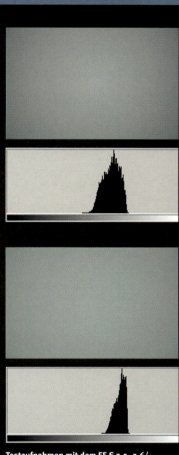

Testaufnahmen mit dem EF-S 3,5–5,6/ 18–55 mm II an der EOS 400D: In der kurzen Brennweite macht sich eine starke Randabdunklung bei offener Blende bemerkbar, die sich durch Abblenden um zwei Stufen etwas reduzieren lässt. Fotos: Artur Landt

Kameratechnik

Sucher und Monitor

Der Reflexsucher ist ausreichend hell und brillant, sodass man das Motiv bei der Aufnahme gut beurteilen kann. Der große, hoch auflösende Rückseitenmonitor erleichtert die Menünavigation und die Bildbetrachtung nach der Aufnahme.

Der Reflexsucher

Bei einer D-SLR-Kamera (Digital Single Lens Reflex), wie der EOS 400D, wird das vom Objektiv erzeugte Bild über einen Spiegel zum Pentaspiegelsucher geleitet. Das seitenrichtige und aufrechtstehende Sucherbild entspricht im gesamten Entfernungsbereich dem Bildfeld, während bei Sucherkameras sich mit kürzer werdender Aufnahmedistanz, durch den Abstand zwischen Sucher und Objektiv bedingt, der Parallaxenfehler bemerkbar macht. Dann stimmt der Sucherausschnitt nicht mit dem Bildausschnitt überein. Dabei wird der im Sucher sichtbare obere Bildrand nicht abgebildet, sodass beispielsweise Personen ohne Kopf auf dem fertigen Bild zu sehen sind. Bei Kompaktkameras ist die Beurteilung der Schärfe und der Schärfentiefe mit der Lupenfunktion auf dem Monitor nur nach der Aufnahme und auch dann nicht mit der letzten Präzision möglich. Bei der EOS 400D kann sowohl die Schärfe als auch, bei gedrückter Abblendtaste, die Ausdehnung der Schärfentiefe auf der Sucherscheibe recht genau visuell betrachtet werden. Die Sucheranzeigen informieren klar und übersichtlich über aufnahmerelevante Daten, wie Blende, Verschlusszeit, manuelle Weißabgleichs-, Blitz- oder Belichtungskorrektur, Blitzbereitschaft, Belichtungsspeicherung und Anzahl der verbleibenden Aufnahmen im Pufferspeicher.

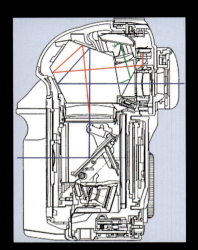

Das vom Objektiv erzeugte Bild wird über einen Spiegel zum Pentaprismensucher geleitet. Das seitenrichtige und aufrechtstehende Sucherbild entspricht im gesamten Entfernungsbereich dem Bildfeld. Grafik: Canon

Sucherokular einstellen

Eine feine Sache ist der eingebaute Dioptrienausgleich, mit dem auch fehlsichtige Fotografen ohne Brille ein scharfes Sucherbild sehen können. Denn auch bei einer Autofokus-Kamera ist ein klares und scharfes Sucherbild wichtig: für die Bildgestaltung, für die visuelle Überprüfung der Schärfe und der Schärfentiefe sowie gegebenenfalls für die manuelle Scharfeinstellung. Das Okular der EOS 400D ist auf -1 Dioptrie abgestimmt und die Einstellung auf die eigene Sehkraft ist sehr einfach. Sie nehmen zunächst das Objektiv ab und schauen durch den Sucher gegen eine gleichmäßige, helle Fläche (Himmel, Wand). Falls Sie ein Objektiv verwenden wollen, sollten Sie eine Telebrennweite einsetzen und auf keinen Fall scharf stellen (das Bild sollte unscharf zu sehen sein). Anschließend drehen Sie das Rädchen rechts oberhalb des Sucheinblicks bis die AF-Markierungen auf der Sucherscheibe scharf und kontrastreich zu sehen sind. Der eingebaute Korrekturbereich umfasst -3 bis $+1$ Dioptrien. Bei größerer Fehlsichtigkeit können zehn zusätzliche E-Korrektionslinsen in den Okulareinblick eingesteckt werden, sodass der Korrektionsbereich bis -4 und $+3$ Dioptrien erweitert werden kann. Die eingravierte Dioptrienzahl gilt nicht für die Linse allein, sondern für die Stärke in Addition zur Grundeinstellung des Sucherokulars von -1 Dioptrie.

In der Grundeinstellung ist das Okular der EOS 400D ist auf -1 Dioptrie abgestimmt – es lässt sich jedoch mit dem Korrekturrädchen rechts oben auf die eigene Sehkraft einstellen. Die Sensoren unterhalb des Okulars schalten den Monitor aus, wenn man durch den Sucher schaut.

Sucher und Monitor

> ### BasisWissen: LCD-Datenmonitor
> Der weiße Hintergrund des Monitors kann beim Blick durch den Sucher blenden. Die manuelle Ab- und Einschaltung mit der Display-Taste ist möglich, aber umständlich. Die Sensoren unterhalb des Sucherokulars erkennen, wenn man die Kamera am Auge hält, und schalten den Monitor aus. Nimmt man die Kamera vom Auge, wird der Monitor wieder eingeschaltet. Die Funktion lässt sich im Menü unter LCD auto aus ein- oder ausschalten.

Der Monitor

Beim einfachen LCD-Farbmonitor (Liquid Crystal Display) werden die Daten durch Flüssigkristalle angezeigt. Die Kristallelemente sind durchsichtig und können nicht selbst leuchten, aber verändern ihre Transparenz in einem elektrischen Feld. Bei LCD-Monitoren wird eine dünne Schicht eines Flüssigkristalls in eine passive Matrix aus gitterförmig angeordneten durchsichtigen Elektroden eingebettet, die das elektrische Feld für die Anzeige erzeugt. In der EOS 400D wird ein TFT-Monitor eingesetzt (Thin Film Transistor), der eine bessere Variante des LCD-Bildschirms darstellt. Das TFT-Display arbeitet mit einer aktiven Matrix aus flächig angeordneten Dünnfilmtransistoren, wobei jedes Pixel von jeweils einem eigenen Transistor aktiviert wird. Bei LCD-Monitoren müssen die Flüssigkristalle zeilen- und spaltenweise über die Leiterbahnen passiv angesteuert werden, was einen langsameren Bildaufbau zur Folge hat. Die aktive Ansteuerung jedes einzelnen Pixels durch einen eigenen Transistor erhöht die Schaltgeschwindigkeit beim TFT-Monitor der EOS 400D.

Der große 6,4 Zentimeter Monitor informiert gut ablesbar über alle wichtigen Kameraeinstellungen.

Der große, hoch auflösende 2,5 Zoll TFT-Monitor mit 230.000 Pixel, der die Topmodelle EOS 1D Mark II N und EOS 5D ziert, ist auch bei der EOS 400D im Arbeitseinsatz. Mit 160° ist der Blickwinkel minimal enger, der 400D-Monitor ist jedoch etwa 40% heller im Vergleich zu den Topmodellen. Er liefert ein brillantes Bild und erleichtert die Bildbetrachtung nach der Aufnahme sowie die Menünavigation. Der Monitor zeigt nach der Aufnahme 100 Prozent des Bildfelds an und lässt sich in sieben Helligkeitsstufen dem Umgebungslicht anpassen. Bei der Einstellung der Helligkeit erscheint neben dem letzten aufgenommenen Bild ein Stufengraukeil mit neun Stufen auf dem Monitor, sodass man einen genauen Anhaltspunkt für die optimale Helligkeit erhält.

> ### PraxisTipp: Mit Vorsicht zu genießen
> LCD-TFT-Monitore sind kratz- und vor allem sehr druckempfindlich. Bei Verschmutzung sollte man sehr vorsichtig zunächst mit einem Druckluftpinsel kratzende Partikel entfernen und dann mit einem weichen fusselfreien Tuch oder Fensterleder sanft abwischen. Chemische Reinigungsmittel sind tabu. Die EOS 400D mit dem exponierten Rückwandmonitor gehört in eine Fototasche mit glattem, weichen Innenmaterial. Es kann immer wieder vorkommen, dass ein paar Pixel nicht leuchten. Das ist eine übliche Erscheinung bei LCD-Monitoren und hat keinen Einfluss auf das aufgezeichnete Bild. Bei höheren Temperaturen wird die Bildschirmdarstellung dunkler, bei etwa 60°C kann der Monitor vollkommen schwarz werden. Bei niedrigen Temperaturen (um den Gefrierpunkt) reagieren die Flüssigkristalle etwas träge. Nach einer temperaturbedingten Funktionsstörung „erholen" sich die Flüssigkristalle sobald wieder normale Temperaturen um 20°C erreicht werden.

Der TFT-Rückseitenmonitor lässt sich in sieben Helligkeitsstufen einstellen, wobei ein Stufengraukeil neben dem letzten aufgenommenen Bild die Einstellung erleichtert.

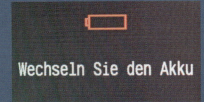

Die Stromversorgung

Digitalkameras sind ohne Strom klinisch tot. Sensor, Prozessor, Monitor, Autofokus und kamerainterne Abläufe stellen hohe Anforderungen an die Leistungsfähigkeit der Akkus. Diese werden von der optimierten Stromversorgung der EOS 400D erfüllt.

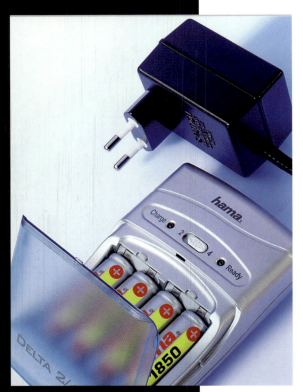

Der Batterieeinsatz des Handgriffs lässt sich auch mit AA-Mignonzellen bestücken. Foto: Hama

Der Kamerablitz, die Bildbetrachtung nach der Aufnahme, aber auch Trockenübungen, die ständige Menünavigation, ja sogar das Ein- und Ausschalten der Kamera erhöhen zusätzlich den Stromverbrauch. Die EOS 400D arbeitet mit einer Spannung von 7,4 Volt und wird mit einem leistungsfähigen Akkumulator, vulgo Akku, ausgeliefert. Der Ladezustand der Akkus oder Batterien (siehe nächsten Abschnitt) wird sehr differenziert in vier Stufen auf dem Monitor angeigt. Der NB-2LH Akku hat mit 720 mAh eine ausreichend hohe Kapazität. Das Geheimnis seiner Leistungsfähigkeit resultiert aus der Konstruktionsweise: Es ist ein Lithium-Ionen-Akku (Li-Ion), der, bezogen auf Volumen und Gewicht, eine sehr hohe Energiedichte aufweist. Oder anders formuliert: Er bringt eine hohe Leistung obwohl er sehr klein und leicht ist.

Wenn man Kapazität, Gewicht und Volumen in Relation zueinander setzt, dann schneiden Li-Ion-Akkus bestens ab: Bei gleichen Dimensionen kann die Maximalkapazität zweimal größer als bei NiMH-Akkus und viermal höher als bei Ni-Cd-Akkus sein. Darüber hinaus haben sie eine geringe Selbstentladung, benötigen nur eine kurze Ladezeit und kennen keinen Memory-Effekt. Daher muss man die Akkus nicht vor dem Aufladen entladen, damit sie ihre vollständige Kapazität wieder erreichen. Li-Ion-Akkus sind aber recht teuer und machen nach etwa 1000 Ladezyklen schlapp. Das Dumme ist nur, dass auch halbe Ladezyklen als ganze „gezählt" werden. Als Ladegerät kann das mitgelieferte, kabelgebundene CB-2LWE oder das mit herausklappbaren Steckerstiften versehene CB-2LW verwendet werden. Bei Autoreisen leistet das Ladegerät CBC-NB2 gute Dienste, denn es hat eine Buchse für den Zigarettenanzünder und lässt sich somit an die Autobatterie anschließen. Für den stationären Studiobetrieb kann auch das Netzadapter-Kit ACK-DC20 verwendet werden. Als Datenpufferbatterie ist eine Lithiumbatterie CR2016 ebenfalls im Batteriefach der Kamera untergebracht.

Grundsätzlich sollten Akkus im geladenen Zustand gelagert und bei Nichtgebrauch mindestens alle 6–12 Monate voll aufgeladen werden. Ob die Akkus längere Zeit in der Kamera aufbewahrt werden sollen oder nicht, ist eine delikate Frage. Einerseits wird bei Nichtbenutzung der Kamera die Knopfzelle CR2016, die für die Pufferung der Systemuhr bei einem Akkuwechsel gedacht ist, geschont, wenn die Hauptstromquelle angezapft werden kann. Kommt es aber zu einer Tiefentladung des Akkus durch die monatelange Stromentnahme in der Kamera, kann er zerstört werden.

Die Stromversorgung 33

> **BasisWissen: Kapazität und Spannung**
>
> Die Kapazität ist das Maß für das Speichervermögen der Akkus oder Batterien und wird in Amperstunden, genauer in Milli-Amperstunden (mAh) angegeben. Je größer die Zahl, desto größer die Kapazität. Die elektrische Spannung ist die Potenzialdifferenz zwischen der positiven und der negativen Elektrode eines Akkus oder einer Batterie und wird in Volt (V) angegeben. Sie ermöglicht den Stromfluss in einem Stromkreis.

Der Batteriehandgriff

Unter der Bezeichnung BG-E3 bietet Canon einen Batteriehandgriff für die EOS 400D an, der wahlweise mit zwei Batteriemagazinen bestückt werden kann. Das Magazin BGM-E3L nimmt zwei NB-2LH Akkus auf, das BGM-E3A ist für sechs AA-Batterien gedacht (Mignon-Zellen). Der Batteriehandgriff BG-E3 liefert eine üppige Stromversorgung über einen längeren Zeitraum. Diese wiederum beeinflusst die AF-Geschwindigkeit der Kamera: Eine bessere Energieversorgung erhöht die AF-Geschwindigkeit, eine schwache verringert sie. Der Batteriehandgriff ist mit zusätzlichen Bedienelementen ausgestattet, wie Auslöser und Einstellrad, was die Kamerahaltung im Hochformat sehr erleichtert.

Akkus sind zwar wirtschaftlicher, doch gerade in fernen Ländern bieten Batterien eine zusätzliche Sicherheit. Allerdings sollte man keine billige No-Name-Ware, sondern leistungsstarke Batterien einsetzen. Lithium-Batterien weisen exzellente Leistungsmerkmale auf, wie hohe Impulsbelastbarkeit, hervorragendes Temperaturverhalten sowie eine besonders flache Entladungskurve über nahezu die gesamte Lebensdauer. Damit können herkömmliche Alkali- oder Zink-Kohle-Batterien nicht mithalten. Konkurrenz bekommen die Lithium-Batterien aber von den neuen Digital Xtreme Power Batterien von Panasonic Batteries, die unter dem Namen Oxyride vertrieben werden. Sie sollen dreimal mehr Leistung als Alkali-Batterien und eine konstante Spannung auf einem hohen stabilen Niveau aufweisen. Die bahnbrechende Entwicklung ist sowohl auf neue Herstellungsverfahren als auch auf verbesserte Materialien zurückzuführen. Die Kathode (negative Elektrode) besteht aus Nickel-Oxy-Hydroxid. Durch eine neue Vakuumgießtechnik ist es möglich, eine größere Menge Elektrolyt in die Zelle einzuführen, sodass die Dauer des elektrochemischen Prozesses und somit die Lebensdauer der Batterie erhöht wird.

Der Batteriehandgriff BG-E3 kann wahlweise mit zwei Akkus oder mit AA-Mignonzellen bestückt werden und liefert eine üppige Stromversorgung. Der separate Hochformatauslöser erleichtert die Hochformathaltung. Foto: Canon

> **PraxisTipp: Stromversorgung sichern**
>
> - Erste Regel: Ein Zweitakku ist ein Muss. Immer und überall Ersatzakkus oder Batterien griffbereit halten.
> - Im Batteriehandgriff BG-E3 sollten immer nur Akkus oder Batterien derselben Marke gleichzeitig verwendet werden. Auch sollte man keine alten und neuen Batterien zusammen einlegen.
> - Die Kontakte der Akkus oder Batterien und der Kamera sollten sauber, trocken und fettfrei sein. Falls sie es nicht sind, bitte mit einem trockenen Tuch abreiben, damit ein optimaler Stromfluss gewährleistet ist.
> - Die Ladegeräte selbst arbeiten im Bereich von 100 V bis 240 V und sind somit geeignet für die Stromnetze in Asien oder den USA, aber ein Steckeradapter leistet bei Fernreisen gute Dienste.
> - Stromsparende Einstellungen: Der Kamerablitz sollte grundsätzlich nur ausgeklappt werden, wenn man blitzen will. Ansonsten wird der Kondensator unnötigerweise geladen. Diese Energie verpufft ungenutzt, wenn man den Blitz nicht einsetzt. Im Kameramenü lässt sich die Zeitspanne für die automatische Abschaltung oder die Dauer der Bildrückschau stromsparend verkürzen. Auch die Monitorhelligkeit kann gedrosselt werden, um Strom zu sparen.
> - Akkus und Batterien immer kühl lagern, denn je wärmer die Lagertemperatur, desto größer die Selbstentladung.
> - Um einen Kurzschluss oder unerwünschte Wärmeentwicklung zu vermeiden, sollten Akkus und Batterien nicht lose oder zusammen mit Metallgegenständen in der Tasche transportiert werden. Hersteller oder Zubehörspezialisten bieten spezielle Aufbewahrungsboxen an.

Die Speicherkarten

Eine digitale Kamera ohne Speicherkarte ist wie eine analoge ohne Film. Denn der Sensor kann das Bild nicht festhalten, sodass es über den kamerainternen Zwischenspeicher auf ein Speichermedium gelangen muss. Die EOS 400D arbeitet mit CF-Karten.

CF-Speicherkarten mit 8 GB sind bereits auf dem Markt erhältlich. Foto: SanDisk

Microdrive ist eine Miniaturfestplatte in einem CF-Gehäuse und hat eine hohe Speicherkapazität – die allerdings auch von CF-Karten erreicht wird. Foto: Hama

In der digitalen Fotografie führt an auswechselbaren Speichermedien kein Weg vorbei. Die Art des Speichermediums hat bei einwandfreier Arbeitsweise keinen Einfluss auf die Bildqualität. Bei der EOS 400D sind CompactFlash-Speicherkarten (CF) im Arbeitseinsatz. Sie sind weitverbreitet, universell einsetzbar und in zwei Varianten erhältlich: Die CF Typ I ist mit 42,8 x 36,4 x 3,3 mm etwas schlanker als die CF Typ II mit 42,8 x 36,4 x 5 mm. Das hat zur Folge, dass der für Typ II ausgelegte Slot der EOS 400D auch Typ I Karten aufnehmen kann.

CF-Karten gelten als sehr robust und zuverlässig, nicht zuletzt weil sie mit einem eingebauten Controller ausgestattet sind, der den Speicher verwaltet sowie gegebenenfalls Fehlfunktionen selbständig erkennen und eventuell auch korrigieren kann. CF-Karten arbeiten mit paralleler Datenübertragung, sodass recht flotte Transferraten möglich sind. Sie sind preiswert und verbrauchen relativ wenig Strom. Es sind mittlerweile Modelle mit bis zu 8 GB auf dem Markt.

Microdrive ist eine von IBM entwickelte und von Hitachi übernommene Miniaturfestplatte mit hoher Speicherkapazität, die in einem CF II-Gehäuse ihre Arbeit verrichtet. Mit den gleichen Abmessungen (42,8 x 36,4 x 5 mm) kann sie problemlos in die Steckplätze für CompactFlash-Karten des Typ II eingesetzt werden – sie passt also in den Slot der EOS 400D. Das rotierende Laufwerk hat einen relativ hohen Stromverbrauch und neigt zur Wärmeentwicklung. Bei den Microdrives der neuen Generation wurden diese Nachteile zwar nicht beseitigt, aber doch erheblich reduziert. Durch den komplexen Aufbau bedingt sind sie sehr teuer und die Speicherkapazität von bis zu 6 oder 8 GB wird auch von den CF-Karten erreicht.

High-Speed-Speicherkarten

Die Geschwindigkeit der Datenaufzeichnung ist nach wie vor ein Schwachpunkt der digitalen Fotografie – und zwar nicht nur in der professionellen Sport-, Action- oder Tierfotografie, sondern auch bei den großen Bilddateien der hochauflösenden Kameras, wie der EOS 400D. Neben den üblichen Standardausführungen gibt es immer mehr High-Speed-Karten mit 40x, 80x, 100x, 120x, 133x oder sogar 150x beschleunigter Schreibgeschwindigkeit. Diese wird vom Speicherchip sozusagen als maximal mögliche Geschwindigkeit festgelegt und bedeutet nichts anderes, als dass man beispielsweise auf einer Straße mit, sagen wir, maximal 250 km/h fahren kann. Ob man 80, 120 oder 220 km/h erreicht, hängt davon ab, ob man mit einer Ente oder einem Porsche unterwegs ist. Denn die höhere Schreibgeschwindigkeit lässt sich nicht immer umsetzen. Bei Speicherkarten mit Controller, wie CompactFlash und SecureDigital, die sich über einen CF-Adapter auch in die EOS 400D einsetzen lassen, kommt noch ein weiterer Aspekt hinzu. Der Controller bestimmt, wie die Daten geschrieben und gelesen werden. Das heißt konkret, dass die Kommu-

Die Speicherkarten 35

> **PraxisTipp: SD-CF-Adapter**
>
> Wer seine SD- oder MMC-Speicherkarten, die er von einer kompakten Digitalkamera oder einem Multimedia-Gerät besitzt, auch an der EOS 400D verwenden will, sollte sich einen versenkbaren Adapter zulegen. Anders als externe Multiformat-Adapter haben versenkbare Adapter die gleichen Maße wie die CF-Karten und lassen sich vollständig in den Steckplatz der EOS 400D einsetzen. Rund 20 Euro kostet der SD/CF-Adapter von JOBO.

nikation zwischen den Speicherzellen der Karte und der Kamera maßgeblich von der Architektur des Controllers abhängig ist. Das führt dazu, dass erst die Kombination einer Speicherkarte mit einer Kamera über die tatsächliche Schreibgeschwindigkeit entscheidet. Daher kann man nicht davon ausgehen, dass eine 120x Karte mit einer bestimmten Kamera unbedingt schneller sein muss als eine 40x Karte.

Der Digitalexperte Rob Galbraith präsentiert auf seiner Website die Ergebnisse umfangreicher Tests, bei denen die Schreibgeschwindigkeit zahlreicher CF-Karten mit den gängigen D-SLR-Kameras ermittelt wurde (www.robgalbraith.com, CF/SD Database). Je nach Kamera und CF-Karte variieren die Schreibgeschwindigkeiten ganz erheblich. Hier ein paar von Rob Galbraith für die Canon EOS 1Ds Mark II ermittelten Werte: Sie erreicht im RAW-Format mit diversen CF-Karten Schreibgeschwindigkeit zwischen 3,384 MB/s und 8,010 MB/s. Die Beschleunigungsfaktoren und Speicherkapazitäten der Karten spielen dabei eine untergeordnete Rolle. Eine Lexar Pro WA 2 GB 133x bringt es auf 7,973 MB/s, eine TwinMOS 2 GB 140x auf gerade mal 3,988 MB/s. Oder eine Lexar Pro WA 1 GB 80x schafft 6,887 MBps, eine Ritek Ridata Pro 8 GB 150x liegt mit 6,775 knapp zurück. Die Daten für die EOS 400D lagen bei Redaktionsschluss noch nicht vor, werden aber wohl zu einem späteren Zeitpunkt von Rob Galbraith ermittelt. Unterschiede gibt es freilich auch zwischen der Schreibgeschwindigkeit einer Speicherkarte an diversen Kameras. Die CF-Karte SanDisk Extreme III mit 2 GB erreicht folgende Schreibgeschwindigkeiten: 7,983 MB/s mit der Canon EOS 1Ds Mark II, 7,459 MB/s mit der EOS 5D, 6,263 MB/s mit der EOS 350D, 5,923 MB/s mit der EOS 20D und 2,156 MB/s mit der Fujifilm FinePix S3 Pro, das nur als Beispiel. Dieselbe Speicherkarte schafft mit einer Kamera 2,156 MB/s und mit einer anderen 7,983 MB/s – dazwischen liegen Welten. Wer die schnellsten Speicherkarten für seine Kamera sucht, sollte unbedingt einen Blick auf Galbraiths Website werfen, die EOS 400D wird sicher bald dort auftauchen.

Mit dem versenkbaren SD/CF-Adapter von JOBO lassen sich SD- oder MMC-Karten auch mit der EOS 400D einsetzen. Foto: Jobo

High-Speed-Karten mit beschleunigter Schreibgeschwindigkeit stehen hoch im Kurs. Allerdings harmonieren nicht alle Karten mit allen Kameras gleich gut, sodass sich ein Blick auf die Website www.robgalbraith.com lohnt. Fotos: Lexar

> **BasisWissen: High-Speed-Formate?**
>
> Das Aufnahmeformat hat einen nicht zu unterschätzenden Einfluss auf die Schnelligkeit der Datenaufzeichnung. Am langsamsten ist das sperrige TIFF-Format, das die EOS 400D zwar nicht bietet, aber der Vollständigkeit halber genant sei. Das Ausbleiben der kamerainternen Farbinterpolation und Signalmanipulation sowie der Komprimierung sorgt beim RAW-Format nicht nur für das qualitativ beste Ausgangsmaterial für die wesentlich leistungsfähigere aber auch zeitaufwändigere Bildbearbeitung am PC, sondern auch für die höchste Geschwindigkeit bei der Datenübertragung. Geringfügig langsamer als das RAW- und wesentlich schneller als das TIFF- ist das JPEG-Format. JPEG-Bilder durchlaufen zwar auch die kamerainterne Farbinterpolation und Signalmanipulation sowie die Komprimierung, die Dateien sind aber sogar bei höchster Auflösung und geringster Komprimierung deutlich kleiner als RAW- oder TIFF-Dateien. Interessant sind auch in diesem Zusammenhang die Testergebnisse von Rob Galbraith, hier ein paar Beispiele von seiner Website mit der CF-Karte SanDisk Extreme III 2 GB (JPEG Large Fine): Canon EOS 1Ds Mark II im JPEG 6,764 MB/s und im RAW.CR2 7,983 MB/s, Canon EOS 5D im JPEG 6,197 MB/s und im RAW.CR2 7,459 MB/s, Canon EOS 350D im JPEG 4,877 MB/s und im RAW.CR2 6,263 MB/s, Canon EOS 20D im JPEG 5,024 MB/s und im RAW.CR2 5,923 MB/s.

Kameratechnik

Kartenpflege und Datenrettung

Die CF-Karten sind zwar sehr zuverlässig, reagieren aber empfindlich auf mechanische, thermische und magnetische Einflüsse. Wenn man sie richtig behandelt, lassen sie sich jahrelang einsetzen. Bei Kartenfehlern kann man die Bilder meistens retten.

Die richtige Kartenpflege

Vor dem ersten Fotoeinsatz muss die Speicherkarte formatiert werden. Die Karten können auch am Computer formatiert werden, doch das geht nicht immer gut. Es kann bei Karten mit größerer Speicherkapazität als 64 MB passieren, dass der Computer die Formatierung mit einem anderem Dateibelegungssystem als dem von der Kamera benutzten automatisch durchführt (FAT = File Allocation Table, Dateibelegungstabelle).

Wenn das zuletzt aufgenommene Foto misslungen ist, kann man es sofort löschen. Davon abgesehen ist jedoch beim Löschen einzelner Bilddateien etwas Vorsicht geboten, weil es zur Fragmentierung der Speicherkarte kommen kann. Bei einer fragmentierten Karte wächst die Gefahr, dass die nächsten aufgenommenen Bilder auf die frei gewordenen Speicherflächen auseinander gerissen werden. Das hat zwar keinen Einfluss auf die Bildqualität, erschwert aber gegebenenfalls die Wiederherstellung verlorener Dateien, weil nur die wenigsten Recover-Programme fragmentierte Bilder rekonstruieren können. Auf jeden Fall ist es sinnvoll, die Speicherkarten nicht nur komplett zu löschen, sondern hin und wieder auch in der Kamera erneut zu formatieren, um den Datenmüll (Hilfsdateien, ungenutzte Ordner, Dateireste) tatsächlich zu beseitigen. Das stellt wieder die Maximalkapazität her und macht die Karte flotter.

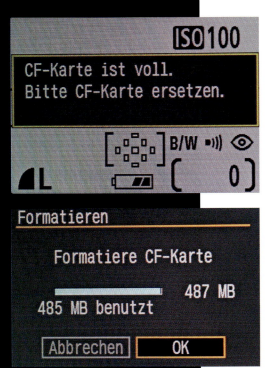

Die Speicherkarten sollten hin und wieder in der Kamera formatiert werden, um den Datenmüll zu beseitigen und die Karte flotter zu machen.

Die Speicherkarten reagieren sehr empfindlich auf mechanische, thermische und physikalische Einflüsse. Sie sollten in speziellen Kartenboxen aus Kunststoff oder aus antimagnetischem Metall staubfrei und trocken aufbewahrt werden. Auf jeden Fall zu vermeiden sind Staub, Luftfeuchtigkeit, Kondenswasser, hohe Temperaturen, wie sie im Sommer im Auto entstehen können. Magnetfelder, die sich beispielsweise in der Nähe von HiFi-Geräten, Bildschirmen, Trafos oder Lampen bilden, können zu Datenverlust führen. Keine Gefahr stellen Röntgenstrahlen dar, sodass Digitalfotografen nur ein müdes Lächeln übrig haben für die aufreibenden Diskussionen der Analogfotografen mit dem Flughafenpersonal bei der Gepäckkontrolle.

Im Gegensatz zu Filmen können die Speicherkarten unabhängig von der Menge der gespeicherten Fotos jederzeit aus der Kamera entnommen oder wieder eingesetzt werden. Unbedingt zu vermeiden ist jedoch die Entnahme der Karte während des Zugriffs darauf, der durch Aufleuchten oder Blinken der roten Leuchtdiode neben der Kreuzwippe signalisiert wird. Während des Datentransfers aus dem Zwischenspeicher der Kamera auf die Karte darf die Stromzufuhr nicht unterbrochen werden. Nicht vollständig aufge-

Kartenpflege und Datenrettung

> **BasisWissen: Fehlererkennung**
>
> Die Speicherkarten sollten immer mit der Etikettseite zum Fotografen eingesetzt werden – so wie in der Kartenfachklappe abgebildet. Wenn man die CF-Karte mit Gewalt falsch einführt, kann es die feinen Kontaktstifte in der Kamera verbiegen. Beim Herausnehmen der Karte ist immer die Auswurftaste zu drücken. Mit der Menü-Einstellung Auslö. m/o Card kann man verhindern, dass man ohne Karte „für die Katz" fotografiert.

zeichnete Daten sind oft auch auf Spannungsschwankungen zurückzuführen, daher stets auf den Ladezustand des Akkus oder der Batterien achten. Nicht auf die Karte übertragene Aufnahmedaten sind für immer verloren.

Erste Hilfe

Bei Datenverlust durch versehentliches Löschen oder Formatieren der Speicherkarte können bestimmte Programme die Bilder retten. Einige davon, wie JPEG Recover oder JPEGdump setzen etwas PC-Erfahrung voraus und sind nur für JPEG-Dateien gedacht. Andere wie PhotoRescue, PC Inspector File Recovery, PhotoRecovery oder Digital Image Recovery sind etwas einfacher in der Handhabung und können fast alle Dateiformate auf den gängigen Speicherkarten über einen angeschlossenen Kartenleser rekonstruieren. Die meisten Recover-Programme lassen sich von diversen Freeware-Anbietern kostenlos herunterladen, die beispielsweise aufgelistet werden, wenn man die jeweilige Programmbezeichnung in eine Suchmaschine eingibt (einfach und gut ist nach wie vor www.google.de). Komplexere Programme müssen käuflich erworben werden, wobei einige davon als kostenlose Demo- oder Testversion zum Download bereit stehen. Bei manchen Programmen gibt es Einschränkungen für bestimmte Kartentypen, Kameras oder Kartenleser. Mit nahezu allen Karten, Kameras und Lesegeräten kommt nach eigenen Angaben PhotoRescue vom belgischen Spezialisten DataRescue klar, das unter www.german-sales.com als kostenlose Demoversion und als kostenpflichtige Vollversion zum Download angeboten wird. DataRescue ist auch für Festplatten geeignet und soll die besten Algorithmen für die Wiederherstellung verwenden, sowie eine bis zu 20% höhere Erkennungsrate als andere Programme haben. Auch das Digital Picture Recovery lässt sich von der german-sales-Website herunterladen. Es ist für Festplatten gedacht, kann aber auch die Bilder von den gängigen Speicherkarten wiederherstellen. Mit den meisten dieser Programme lassen sich auch absichtlich oder versehentlich gelöschte Bilder wieder rekonstruieren.

Die Fehlermeldungen ERROR 02 und 04 informieren über Probleme mit der CF-Karte.

> **PraxisTipp: Scharf kalkulieren**
>
> Bei einer hochauflösenden Kamera wie der EOS 400D ist sogar bei Aufnahmen im JPEG-Format bei detailreichen Motiven die Datenmenge pro Bild recht groß. Dann ist es nervig, mit 64 oder 128 MB Speicherkarten zu hantieren, sodass CF-Karten mit 512 MB und mehr sinnvoll sind. Verlockend sind auch Speicherkarten mit bis zu 8 GB, die jedoch das Konto mit ein paar „Eurohunnis" belasten können. CF-Karten gelten zwar als robust und zuverlässig, aber ein Kartenfehler oder eine mechanische Beschädigung können dennoch auftreten. Die Datenrettung kann bei einem groben Schaden teuer werden und die Karte ist futsch. Man ist also nicht immer auf der sicheren Seite, wenn man auf eine Gigabyte-Karte setzt. Grundsätzlich sollte man beim Kauf der Speicherkarten immer auch den Preis pro MB berechnen: Preis in Euro durch Speicherkapazität in MB teilen. Dann kann es sein, dass kleine oder mittlere Karten pro Megabyte günstiger sind als die großen. Zwei 256er Karten könnten also manchmal billiger sein als eine 512er – manchmal aber auch nicht, das hängt vom Kartentyp, Fabrikat, Vertrieb oder Händler-Angebot ab.

Es kann durchaus sein, dass kleine oder mittlere Karten pro Megabyte günstiger sind als die großen – oder auch nicht. Daher ist es beim Kauf der Speicherkarten sinnvoll, auch den Preis pro MB zu berechnen: Preis in Euro durch Speicherkapazität in MB teilen. Foto: Hama

Die Individualfunktionen

Mit 11 Individualfunktionen und 29 Einstelloptionen lässt sich die EOS 400D persönlich konfigurieren. So kann man beispielsweise die Belegung wichtiger Bedienelemente verändern oder neue Funktionen aktivieren.

Die Einstellung der Individualfunktionen erfolgt im „gelben" Einstellungsmenü auf der zweiten Registerkarte. Auf dem Rückseitenmonitor ist dann *Individualfunktionen (C.Fn)* zu sehen (C.Fn = Custom Function). Beim Druck auf die SET-Taste erscheint die zuletzt aufgerufene Individualfunktion. Die einzelnen Individualfunktionen sind fortlaufend nummeriert und in Worten beschrieben. Die Wahl der Funktion kann mit dem Einstellrad oder mit der linken und rechten Kreuztaste erfolgen. Die jeweiligen Optionen für die aufgerufene Funktion werden nach Druck auf die SET-Taste mit dem Einstellrad oder mit der oberen und unteren Kreuztaste eingestellt. Dass eine Individualfunktion eingestellt ist, erkennt man an der C.Fn-Anzeige links unten auf dem Bildschirm. Deaktivieren kann man die veränderten Individualfunktionen entweder einzeln durch Einstellen der Null-Funktion oder mit der Menü-Option *Einstellungen löschen/Alle C.Fn löschen*.

Die Wahl der AF-Messfelder mit den Kreuztasten ist eine praktische Einstellung.

Mit der Individualfunktion 01 lässt sich die SET-Taste für die Aufnahme belegen, sodass der direkte Zugriff auf wichtige Funktionen möglich ist: 0 Bildstil, 1 Bildqualität, 2 Blitzbelichtungskorrektur, 3 Bildwiedergabe, 4 Kreuztaste: AF-Feldwahl. Denkbar ist die Belegung der SET-Taste mit dem Bildstil oder der Bildqualität, je nach dem, was die Fotografin oder der Fotograf am häufigsten verändert. Noch sinnvoller ist jedoch, die direkte Wahl der AF-Sensoren mit den vier Kreuztasten zu aktivieren. Dann kann man die Kamera am Auge halten und das gewünschte AF-Messfeld bei aktivierter Belichtungsmessung manuell steuern. Die wichtigen Direktfunktionen der vier Kreuztasten: ISO-Einstellung, Belichtungsmessart, Weißabgleich und AF-Betriebsart lassen sich in diesem Fall nur bei abgeschalteter Belichtungsmessung nutzen – wenn also die Verschlusszeit- und/oder Blendenanzeige auf dem Monitor nicht zu sehen ist.

Die Anzeige C.Fn auf dem Monitor signalisiert, dass mindestens eine Individualfunktion eingestellt ist.

Mit der Individualfunktion 02 kann die Rauschunterdrückung bei Langzeitbelichtungen ab einer Sekunde gewählt werden: 0 Aus, 1 Automatisch, 2 An. Die Rauschunterdrückung erfolgt erst nach der Aufnahme und dauert genau so lange wie die Verschlusszeit. Ihre Arbeit am fertigen Bild wird durch den Hinweis BUSY im Sucher und auf dem Monitor angezeigt. Bei einer Belichtungszeit von vier Sekunden muss man folglich weitere vier Sekunden warten, bevor man die nächste Aufnahme machen kann.

Die einzelnen Individualfunktionen sind fortlaufend nummeriert und in Worten beschrieben. Die aktivierte Option erscheint unter der jeweiligen Individualfunktion.

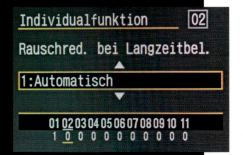

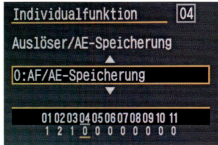

> **BasisWissen: Schutzfunktion**
>
> In der Vollautomatik und den Motivprogrammen werden nicht alle Menü-Optionen angezeigt. So sind beispielsweise folgende Einstellungen nicht möglich: Weißabgleich, Belichtungskorrektur, Individualfunktionen, Bracketing, Farbraum, Farbtemperatur oder Bildstil. Das ist nicht als Bevormundung der Fotografinnen und Fotografen zu verstehen, sondern als Schutz vor versehentlichen Verstellungen gedacht.

Die Individualfunktion 03 betrifft die Blitzsynchronzeit in der Zeitautomatik: 1/200 s fest eingestellt oder automatisch gesteuert. Anfänger und Technikmuffel stellen bei beiden Funktionen am besten die automatische Steuerung ein, Kenner und Könner entscheiden sich je nach Motiv und Lichtverhältnissen. Mit der Individualfunktion 04 kann man bestimmen, was bei angetipptem Auslöser gespeichert werden soll: Autofokus, Belichtung oder beides – eine sinnvolle Funktion, wenn die Belichtung unabhängig vom Autofokus gespeichert werden soll. Auch die Belegung der separaten Belichtungsspeichertaste und die Arbeitsteilung zwischen ihr und dem Auslöser lässt sich festlegen. Mit der Individualfunktion 05 lässt sich das AF-Hilfslicht an der Kamera aktivieren, deaktivieren oder vom Aufsteckblitz übernehmen.

Sehr wichtig ist die Individualfunktion 06, mit der sich die Einstellschritte für die Einstellung der Blende, Verschlusszeit und Belichtung von Drittelstufen auf halbe Stufen verändern lassen. Damit kann man auch die Schritte für die manuelle Belichtungskorrektur, Blitzbelichtungskorrektur und die Belichtungsreihenautomatik bestimmen. Die Anzeigen auf den diversen Skalen werden der jeweiligen Einstellung angepasst. Individualfunktion 07 betrifft die Spiegelvorauslösung. Mit der Individualfunktion 08 wird die Messcharakteristik bei der E-TTL-II-Blitzmessung bestimmt, wobei die Mehrfeldmessung differenzierter als die mittenbetonte Integralmessung arbeitet. Die Wahl der Blitzsynchronisation auf den ersten oder zweiten Verschlussvorhang wird mit der Individualfunktion 09 getätigt. Für die zusätzliche Lupenbetrachtung direkt nach der Aufnahme (Sofortbild) ist die Individualfunktion 10 gedacht. Für die automatische Monitorabschaltung beim Blick durch den Sucher ist die Individualfunktion 10 zuständig. Die einzelnen Funktionen werden ausführlicher behandelt in den Kapiteln, zu denen sie sachlich gehören.

Die fünf Menüs der EOS 400D farbig markiert: Rot steht für das Aufnahmemenü (zwei Registerkarten), blau für das Wiedergabemenü und gelb für das Einstellungsmenü (zwei Registerkarten).

> **PraxisTipp: Menünavigation**
>
> Die Menünavigation auf dem großen 2,5 Zoll TFT-Monitor ist eine einfache und selbsterklärende Angelegenheit. Die drei Menüs sind auf fünf Registerkarten nacheinander angeordnet und farblich markiert: Rot steht für das Aufnahmemenü, in dem die aufnahmerelevanten Parameter, wie Bildqualität, Bildstile oder diverse Korrekturen in zwei Registerkarten eingestellt werden. Im blau markierten Wiedergabemenü findet man die Optionen für die Bildwiedergabe, wie Rückschauzeit, Histogrammanzeige, Rotieren oder Direktdruck. Im gelb gekennzeichneten Einstellungsmenü lassen sich in zwei Registerkarten die Grundeinstellungen der Kamera verändern oder wichtige Funktionen aufrufen, wie das Formatieren oder die Individualfunktionen. Mit dem vorderen Einstellrad kann man durch die Menüregister scrollen und mit der SET-Taste die gewünschte Einstellebene aktivieren. Beim Druck auf die JUMP-Taste erscheint sofort das nächste Menüregister. Die Menünavigation ist auch mit den vier Kreuztasten möglich.

Die Bildbetrachtung

Durch den Rückschwingspiegel konstruktionsbedingt, ist bei einer Spiegelreflexkamera die Bildbetrachtung am Monitor normalerweise nur nach der Aufnahme möglich – dann aber mit allen Darstellungs- und Kontrolloptionen.

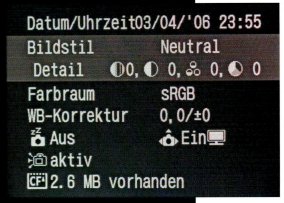

Beim Druck auf die DISPLAY-Taste werden alle belichtungsrelevanten Aufnahmedaten angezeigt.

Sehr praktisch ist die Option, die Bildrotation nur für den PC-Monitor zu aktivieren. Dann sieht man das Hochformatbild auf dem Kamera-Monitor in voller Größe und auf dem PC-Monitor aufrecht.

Mittlerweile gibt es Spiegelreflexkameras mit Live-Bild, sodass sich das Bild vor der Aufnahme wahlweise durch den Spiegelsucher oder auf dem Monitor betrachten lässt. Das ist bei Makro- und Unterwasser-Aufnahmen oder beim Fotografieren aus kritischen Positionen eine sinnvolle Arbeitserleichterung. Ansonsten bietet aber das Monitorbild auch die Nachteile eines solchen: langsamerer Aufbau als bei einem Spiegelsucher, suboptimale Betrachtung bei hellem Umgebungslicht, höherer Stromverbrauch. Bei der für die Astrofotografie konzipierten EOS 20Da wird der Rückschwingspiegel hochgeklappt und das Bild des für die Bildaufzeichnung zuständigen CMOS-Sensors auf dem Kameramonitor übertragen. AF-Betrieb ist bei weggeklapptem Spiegel nicht möglich, sodass ausschließlich manuell fokussiert werden muss. Die Live-Bild-Übertragung wird auch durch andere Nachteile erkauft, die aber nicht hierher gehören.

Bei der EOS 400D dient die Bildbetrachtung nach der Aufnahme vor allem Kontrollzwecken. Der Bildaufbau, die Schärfe und Schärfentiefe sowie die Belichtung lassen sich mit etwas Erfahrung mehr oder weniger genau beurteilen. Die erweiterte Histogramm-Darstellung informiert über alle belichtungsrelevanten Aufnahmedaten, wobei wahlweise ein Luminanz-Histogramm oder ein RGB-Histogramm eingeblendet werden kann, sodass sich auch die Tonwertverteilung in den einzelnen RGB-Farbkanälen getrennt anzeigen lässt. Die Überbelichtungswarnung markiert blinkend die ausgebleichten Stellen ohne Zeichnung. Diese Darstellung wird durch Druck auf die DISPLAY-Taste im Play-Modus aktiviert oder deaktiviert. Sehr gut gelöst ist auch die Lupenfunktion für die Bildbetrachtung, weil der 2 bis 10fache Zoomfaktor sich direkt mit zwei Tasten einstellen lässt. Die Navigation im Bild erfolgt kinderleicht mit den vier Kreuztasten, wobei der vergrößerte Ausschnitt in einem kleinen Rahmen gezeigt wird. Mit dem Einstellrad kann man bei unverändertem Vergrößerungsfaktor von Bild zu Bild scrollen. Das erleichtert wesentlich die Beurteilung der Aufnahmen auf dem Kameramonitor. Mit der Individualfunktion 10 ist die Lupenbetrachtung auch direkt nach der Aufnahme möglich. Beim Druck auf die umfunktionierte Selektivtaste im Play-Modus wird in der Indexdarstellung ein 9-er Tableau angezeigt. Beim Druck auf die JUMP-Taste kann man das gesamte Tableau mit dem Einstellrad hin und her verschieben. Die Rückschauzeit lässt sich im blauen Wiedergabemenü eingeben (2, 4, 8 Sekunden, Halten oder Aus). Sehr interessant sind auch die diversen Bildrotationseinstellungen. Im gelben Einstellmenü kann die Bildrotation ausgeschaltet, für Kamera- und PC-Monitor oder nur für den PC-Monitor eingegeben werden. Die letztere Option ist eine feine Sache, denn auf dem Kamera-Monitor sieht man das Hochformatbild in voller Größe und auf dem PC-Monitor aufrecht.

B. Aufnahmepraxis

- Das Autofokus-System 42
- AF-Messfelder und AF-Speicherung 44
- AF-Hilfslicht und manuelle Fokussierung 46
- Grundlagen der Belichtungsmessung 48
- Mehrfeldmessung 50
- Selektiv- und Integralmessung 52
- Belichtungskorrekturen 54
- Variable Programmautomatik 56
- Blendenautomatik mit Zeitvorwahl 58
- Zeitautomatik mit Blendenvorwahl 60
- Nachführmessung und Schärfentiefenautomatik 62
- Vollautomatik und Porträtprogramm 64
- Landschafts- und Makroprogramm 66
- Die anderen Motivprogramme 68
- Die Blitzbelichtungsmessung 70
- Blitzkorrekturen und Blitzspeicherung 72
- Kamerablitz und Synchronisationsmodi 74
- Der Rote-Augen-Effekt 76
- Blitzsteuerung in den Kreativprogrammen 78
- Blitzsteuerung in den Motivprogrammen 80
- Entfesseltes Blitzen und Blitzanlagen 82
- Objektmodulation durch Licht und Schatten 84

Das Autofokus-System

Über die Schärfe der Bilder entscheidet in erster Linie die genaue Scharfeinstellung, nicht die Auflösung der Kamera. Daher ist der Autofokus von großer Bedeutung für die Bildschärfe. Die EOS 400D ist mit einem leistungsfähigen AF-System ausgestattet.

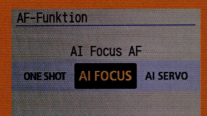

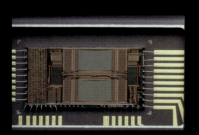

Der CMOS-Flächensensor der EOS 400D besteht aus vier kreuzförmig angeordneten Einzelsensoren. Die beiden großen, übereinander angeordneten Horizontalsensoren tasten vertikale Strukturen ab, während die beiden flankierenden kleineren Vertikalsensoren für das Abtasten horizontaler Strukturen zuständig sind. Foto: Canon

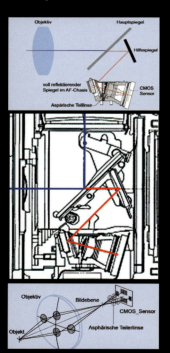

Schematische Darstellung des Strahlengangs durch die AF-Optik zum CMOS-Flächensensor. Die Teilbilder (Sekundärbilder) werden nach dem Phasendetektionsprinzip miteinander verglichen. Das optische System für den AF-Strahlengang ist linear angeordnet und das ganze AF-Modul in eine geschlossene Einheit untergebracht. Grafiken: Canon

Beim Autofokus gibt es enorme Unterschiede zwischen den Spiegelreflexkameras diverser Hersteller, sodass in den einzelnen Modellen bessere und schlechtere AF-Module ihre Arbeit verrichten. Ihre Aufgabe ist zwar von betörender Schlichtheit: Sie müssen durch Verschieben bestimmter Linsenglieder eines Objektivs in der optischen Achse die Bildebene mit der Sensorebene zur Übereinstimmung bringen. Das erfordert jedoch eine sehr schnelle und präzise Messung des Bildkontrastes im Strahlengang. Bei der EOS 400D erledigt ein separater CMOS-Flächensensor diese Angelegenheit. Dieser ist nur für die AF-Messung zuständig und sollte nicht mit dem CMOS-Bildsensor der Kamera verwechselt werden. Die vollständige Bezeichnung für das AF-Modul der EOS 400D lautet: TTL-CT-SIR mit CMOS, was Througt-The-Lens Cross-Type Secondary-Image-Registration bedeutet und einen Hinweis auf seine Arbeitsweise gibt. Der CMOS-Flächensensor besteht aus vier kreuzförmig angeordneten Einzelsensoren, die das von einer asphärischen Linse geteilte Bild abtasten. Die beiden großen, übereinander angeordneten Horizontalsensoren tasten vertikale Strukturen ab, während die beiden flankierenden kleineren Vertikalsensoren für das Abtasten horizontaler Strukturen zuständig sind. Die Teilbilder (Sekundärbilder) werden nach dem Phasendetektionsprinzip miteinander verglichen. Wenn sie eine identische Helligkeit bei höchstem Kontrast aufweisen, gilt das Bild als scharf und es werden die Steuersignale für den Stellmotor im Objektiv gegeben. Das optische System für den AF-Strahlengang ist linear angeordnet und das ganze AF-Modul in eine geschlossene AF-Einheit untergebracht. Das AF-Chassis ist sehr robust konstruiert, schockabsorbierend und unempfindlich gegen Umwelteinflüsse, wie Luftfeuchtigkeit und Temperaturschwankungen.

Die AF-Betriebsarten

Um mit dem Autofokus-System der Canon EOS 400D arbeiten zu können, muss der Schalter für die Fokussierwahl an jedem Objektiv auf AF stehen. Die Kamera ist mit drei AF-Betriebsarten ausgestattet, die im Kreativbereich frei wählbar und im Motivbereich an die einzelnen Programme nach praxisgerechten Kriterien gekoppelt sind. In der Programm-, Zeit- und Blendenautomatik sowie bei manueller Belichtungseinstellung lassen sich die AF-Betriebsarten nach Antippen der mit AF markierten rechten Kreuztaste mit dem Einstellrad oder den Kreuztasten auf dem Monitor einstellen. Bestätigt wird die Einstellung mit der SET-Taste oder durch Antippen des Auslösers.

One Shot AF bedeutet Einzel-AF und ist optimal für statische Motive. Daher ist diese AF-Betriebsart auch an die Motivprogramme für Porträt-, Landschafts-, Makro- und Nachtaufnahmen sowie an die Schärfentiefenautomatik gekoppelt. In dieser Betriebsart arbeitet die EOS 400D mit Schärfenpriorität, sodass sich die Kamera nur nach erfolgter Scharfeinstellung auslösen lässt.

Das Autofokus-System

➤ BasisWissen: Autofokus und Fokussierung

Als Autofokus, Abkürzung AF, bezeichnet man eine Vorrichtung für die automatische, motorische Entfernungseinstellung. Die Fokussierung oder Scharfeinstellung ist der Vorgang, bei dem die Bildebene mit der Sensorebene zur Übereinstimmung gebracht wird. Das geschieht durch Verschieben bestimmter Linsenglieder eines Objektivs in der optischen Achse. Denn jedes Objektiv erzeugt nur in der Bildebene eine wirklich scharfe Abbildung.

Der Autofokus der EOS 400D arbeitet einwandfrei und liefert durch seine Präzision die Grundlage für gestochen scharfe Fotos. Foto: Artur Landt

AI Servo AF ist die Betriebsart für bewegte Objekte mit Schärfenachführung und folglich auch mit dem Motivprogramm für Sportaufnahmen verknüpft (AI= Artificial Intelligence). Bei angetipptem Auslöser fokussiert die Kamera laufend nach, wenn sich das Objekt bewegt. Das funktioniert aufgrund des sehr schnellen AF-Systems und der hohen Messfelddichte in der Praxis hervorragend. Die Objektbewegung wird sozusagen von AF-Messfeld zu AF-Messfeld automatisch verfolgt. Die EOS 400D bietet hier die Auslösepriorität. Die Kamera lässt sich also jederzeit auslösen – auch dann, wenn der Fokussiervorgang noch nicht abgeschlossen und das Bild unscharf ist.

Der Schalter für die Fokussierwahl an jedem Objektiv muss auf AF stehen – sonst ist kein Autofokus möglich.

AI Focus AF ist eine besondere Betriebsart, bei der die Kamera in der Grundeinstellung mit One Shot AF arbeitet und automatisch auf AI Servo AF umschaltet, sobald eine Objektbewegung registriert wird. AI-Focus AF ist gekoppelt an die Vollautomatik und das Available-Light-Programm. In dieser AF-Betriebsart ist die Schärfenpriorität aktiv.

Der Autofokusvorgang wird in der Grundeinstellung in allen Betriebsarten durch Antippen des Auslösers gestartet. Mit der Individualfunktion 04 lässt sich der AF-Start vom Auslöser auf die Belichtungsspeichertaste (*) umprogrammieren. Grundsätzlich muss man den Auslöser oder die entsprechend umfunktionierte Taste angetippt halten, bis die Fokussierung abgeschlossen ist und der AF-Schärfenindikator rechts unten im Sucher konstant aufleuchtet. Eine zusätzliche akustische Fokussierbestätigung ist durch Einschalten des Pieptons im Kameramenü möglich und sinnvoll – es sei denn, man fotografiert bei einer Veranstaltung oder in freier Wildbahn. Wenn der AF-Schärfenindikator blinkt und der Auslöser in One Shot oder AI Focus gesperrt ist, kann der Autofokus auf die jeweiligen Motivpartien oder Strukturen nicht scharf stellen. Es kann aber auch sein, dass die Naheinstellgrenze des Objektivs unterschritten ist. Dann muss man ein paar Schritte zurück. Mit der Individualfunktion 04 kann die Kamera so programmiert werden, dass in der Betriebsart AI Servo AF der Autofokusvorgang durch Drücken der Belichtungsspeichertaste (*) gestoppt wird oder die Schärfenachführung gestartet beziehungsweise angehalten wird.

➤ PraxisTipp: Das AF-System überlisten

Das AF-System der Kamera arbeitet passiv und reagiert auf die Objektreflexion. Dadurch ist es abhängig von der Helligkeit und dem Kontrast des Aufnahmeobjektes. Der Autofokus kann folglich bei sehr hellen oder sehr dunklen Flächen sowie bei flauen, kontrastarmen Motiven mitunter versagen. Glatte, unifarbene Flächen ohne erkennbare Strukturen sind weitere Fehlerquellen. Gleichmäßige, gitterförmige Objekte oder Strukturen sowie glänzende, hochreflektierende Flächen und Gegenlicht können ebenfalls den AF irreführen. Eine AF-Ersatzmessung auf ein Objekt in gleicher Distanz mit Schärfespeicherung oder die manuelle Fokussierung können Abhilfe schaffen. Auch die manuelle Wahl des zentralen AF-Kreuzsensor ist bei kritischen Motiven sinnvoll, weil er empfindlicher und leistungsfähiger als die ihn umgebenden Liniensensoren ist.

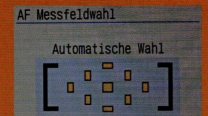

AF-Messfelder und AF-Speicherung

Die Anzahl, die Anordnung und die Wahl der AF-Messfelder ist sehr wichtig für ein schnelles und präzises Fokussieren bei unterschiedlichen Motiven. Die Schärfespeicherung ist dann gefragt, wenn das Motiv von keinem der neun AF-Messfelder erfasst wird.

Wahl der AF-Messfelder

Das Autofokussystem der EOS 400D arbeitet mit neun AF-Sensoren. Ihre Lage ist auf der Sucherscheibe eindeutig markiert. Acht Liniensensoren sind rautenförmig um den zentralen, leistungsfähigen AF-Kreuzsensor gruppiert. Ein Kreuzsensor ist für kritische Motive sinnvoll, denn er kann auf jede Art von Strukturen unabhängig von ihrer Ausrichtung fokussieren. Liniensensoren dagegen können auf Strukturen, die parallel zu ihrer Ausrichtung verlaufen, nicht scharf stellen. Der zentrale AF-Kreuzsensor ist nicht nur leistungsfähiger, sondern auch empfindlicher als die ihn umgebenden Liniensensoren und kann sogar mit lichtschwachen Zooms oder beim Einsatz von Telekonvertern bis Anfangsöffnung 1:5,6 zuverlässig seine Arbeit verrichten.

Durch die Anordnung der neun AF-Sensoren entsteht ein großes AF-Messfeld mit einer hohen Messfelddichte, in dem auch außermittig platzierte Objekte ohne Schärfespeicherung erfasst und bewegte Objekte von Sensor zu Sensor besser verfolgt werden können. Diese Anordnung hat sich auch bei Aufnahmen im Hochformat bewährt. Die Wahl der AF-Sensoren kann man der Automatik überlassen oder in den Kreativprogrammen selbst manuell vornehmen. In der Standardeinstellung erfolgt die manuelle Sensorwahl nach Antippen der Messfeld-Taste mit dem Einstellrad oder mit der Kreuzwippe. Die Art der Wahl und die Sensoren erscheinen groß und gut sichtbar auf dem Monitor. Mit der Individualfunktion 01 lässt sich die Kamera so umprogrammieren, dass der direkte Zugriff auf die AF-Sensoren mit den vier Kreuztasten und der SET-Taste möglich ist. Der Punkt in der Mitte des aktiven Sensors leuchtet unmittelbar auf der Einstellscheibe rot und gut sichtbar auf. Die manuelle Sensorwahl ist in der Schärfentiefenautomatik unwirksam und in der Vollautomatik sowie in den Motivprogrammen zum Schutz gegen unbeabsichtigte Verstellung gesperrt.

Bei der automatischen Wahl der AF-Sensoren, die in allen Belichtungsprogrammen eingesetzt werden kann, wird normalerweise immer derjenige AF-Sensor aktiviert, der die geringste Entfernung meldet. Das kann in der Praxis dazu führen, dass auf vorgela-

Die Lage der acht Liniensensoren, die rautenförmig um den zentralen AF-Kreuzsensor gruppiert sind, ist auf der Sucherscheibe eindeutig markiert. Grafik: Canon

Gezielte Schärfespeicherung auf die rechte Person. Durch die Wahl einer großen Blendenöffnung ließ sich die Schärfentiefe verringern. Foto: Artur Landt

➤ PraxisTipp: Raus aus der Mitte

Die acht AF-Liniensensoren sind rautenförmig um den zentralen AF-Kreuzsensor angeordnet. Das wirkt optisch wie ein Zielfeld und hat eine eindeutige Suggestivwirkung: Man neigt unbewusst dazu, das Hauptobjekt genau in die Bildmitte zu platzieren. Diese Art „Erfüllungszwang" geht bei den meisten Motiven zu Lasten der Bildgestaltung. Daher sollte man das Hauptobjekt in die Bildkomposition einbeziehen und außermittig platzieren.

gerte Objekte, wie beispielsweise Äste oder Gitterstäbe, und nicht auf das Hauptmotiv fokussiert wird. Die manuelle Wahl des Sensors, der das Hauptmotiv erfasst, kann Abhilfe schaffen. Bei der automatischen Sensorwahl kann es auch vorkommen, dass mehrere AF-Sensoren gleichzeitig aufleuchten, was nichts anderes bedeutet, als dass sie sich im AF-Einsatz befinden und auf das Motiv fokussieren.

Die manuelle Wahl der AF-Sensoren ist auch für außermittig platzierte Objekte sinnvoll.

Schärfespeicherung

Die neun AF-Messfelder decken einen relativ großen Bereich der Sucherfläche ab, sodass normalerweise auch außermittig platzierte Objekte von einem der AF-Sensoren erfasst werden. In diesem Fall genügt es, durch den Sucher zu schauen und auszulösen. Aus Gründen der Bildgestaltung kann es angebracht sein, das Hauptmotiv noch weiter seitlich und tiefer, vielleicht im Goldenen Schnitt zu platzieren. Dann ist die Schärfespeicherung gefragt, die sehr einfach funktioniert: Man richtet das manuell oder automatisch aktivierte AF-Messfeld auf das Objekt oder das Motivdetail, auf das fokussiert werden soll. Durch Druckpunkt am Auslöser wird nun der AF-Vorgang gestartet und die Schärfe gespeichert. Der AF-Schärfenindikator rechts in der Sucherleiste leuchtet konstant auf. Anschließend lässt sich bei angetipptem Auslöser der gewünschte Bildausschnitt in Ruhe auswählen und der Auslöser ganz durchdrücken. Die Schärfe bleibt gespeichert, solange Druckpunkt am Auslöser genommen wird. Mit der Individualfunktion 01 kann man die Belegung des Auslösers und der AE-Speichertaste (*, AE= Auto Exposure) festlegen. Der AF-Start und die AF-Speicherung lassen sich vom Auslöser auf die AE-Speichertaste legen und die Belichtungsspeicherung von der AE-Speichertaste auf den Auslöser. Ferner kann man bestimmen, ob die Schärfe zusammen mit der Belichtung gespeichert oder ob beide Speicheroptionen voneinander entkoppelt werden. Die Schärfespeicherung ist nur mit statischem Autofokus möglich (One Shot AF) – das allerdings auch in der Betriebsart AI Focus AF, wenn die Kamera bei einem statischen Motiv mit One Shot AF arbeitet. Bei aktivem AI Focus AF sollte man aber die Kamera nicht zu schnell schwenken, damit der Computer nicht auf Schärfenachführung umschaltet, in der Annahme, dass nicht die Kamera, sondern das Objekt sich bewegt. Im Sportprogramm sowie bei eingestelltem AI Servo AF ist keine Schärfespeicherung möglich.

➤ BasisWissen:

Stellmotoren mit Ultraschallantrieb gelten als die ultimative Autofokus-Technik. Sie sind in den meisten AF-Objektiven untergebracht, wo sie extrem schnell, leise und präzise arbeiten. Canon bietet zahlreiche Ultraschallobjektive in drei Motorvarianten an, die alle am Zusatz USM zu erkennen sind (Ultra Sonic Motor). Eine schnelle und präzise Scharfeinstellung ist auch mit herkömmlichen AF-Motoren problemlos zu realisieren. Mit Ultraschallantrieb läuft der Fokussiervorgang jedoch noch schneller und vor allem hörbar leiser ab. Am meisten bringt der Ultraschallantrieb bei lichtstarken Teleobjektiven und Zooms, bei denen große Linsenmassen beschleunigt und gestoppt werden müssen. Unbedingt zu empfehlen sind Ultraschall-Objektive bei Sport- oder Tieraufnahmen mit langen Brennweiten.

Zur Höchstform läuft der Autofokus der EOS 400D mit den Ultraschall-Objektiven auf, die am Kürzel USM zu erkennen sind (Ultra Sonic Motor). Grafik: Canon

AF-Hilfslicht und manuelle Fokussierung

Das vom Kamerablitz gezündete AF-Hilfslicht leistet gute Dienste bei sehr schwachem Licht, flauen Motiven oder strukturlosen Objekten. Und die manuelle Scharfeinstellung ist dann sinnvoll, wenn der AF an seine Grenzen stößt.

Das AF-Hilfslicht

Das AF-System der Canon EOS 400D ist sehr empfindlich und kann schon ab EV -0,5 fokussieren – das ist die Beleuchtungsstärke von festlichem Kerzenlicht oder einer hellen Mondnacht! Mit dem AF-Hilfslicht der Kamera kann man sogar bei vollkommener Dunkelheit fotografieren. Auch bei kontrastarmen oder strukturlosen Objekten erfüllt es seine Hilfsfunktion. Als AF-Hilfslicht dient der, je nach Belichtungsprogramm, automatisch oder manuell ausgeklappte Kamerablitz. Beim Antippen des Auslösers zündet er mehrere bei Bedarf automatisch stroboskopartige Blitze. In den technischen Daten gibt Canon die Reichweite mit 4 Meter an. Wir haben jedoch festgestellt, dass bei vollkommener Dunkelheit in Innenräumen die Reichweite gute 8-10 Meter beträgt. Der Kamerablitz leuchtet zwar nur den Bildwinkel eines 17 mm Objektivs aus. Als AF-Hilflicht kann er jedoch auch mit extremeren Weitwinkelobjektiven eingesetzt werden. Vorsicht ist bei großen Gegenlichtblenden geboten, denn sie können das AF-Hilfslicht mehr oder weniger abschatten. Natürlich funktioniert das AF-Hilfslicht nur bei Autofokus-Betrieb. Vom Landschafts-, Available-Light- und Sportprogramm abgesehen, kann das AF-Hilfslicht in allen Programmen gezündet werden. Beim Einsatz eines entsprechend ausgestatteten Aufsteckblitzgeräts wird die AF-Hilfslichtfunktion vom Aufsteckblitz übernommen. Mit der Individualfunktion 05 lässt sich die AF-Hilfslichtfunktion wahlweise aktivieren, deaktivieren oder nur von dem externen Aufsteckblitz ausführen.

Die geblitzte Aufnahme täuscht über die tatsächliche Dunkelheit im Tempelbezirk hinweg. Das AF-Hilfslicht der Kamera leistete gute Dienste bei der Fokussierung.
Foto: Artur Landt

Manuelle Scharfeinstellung

Die Canon EOS 400D ist mit einem hervorragenden, sehr leistungsfähigen AF-System ausgestattet, aber auch das hat, wie jedes System, seine Grenzen. Es gibt immer wieder Licht- und Motivsituationen, in denen eine manuelle Scharfeinstellung zweckmäßiger als eine automatische ist. Es kann aber auch sein, dass Objektive eingesetzt werden, bei denen kein AF-Betrieb möglich ist, wie beispielsweise die TS-Objektive, die keinen AF-Motor haben und nur für manuelle Scharfeinstellung ausgelegt sind. Auch mit bestimmtem Zubehör, wie Balgengeräten, ist kein AF möglich. Je nach Einsatzzweck stehen zwei Möglichkeiten für die manuelle Scharfeinstellung zur Verfügung: visuell auf der Sucherscheibe und mit elektronischer Fokussierhilfe. Bei beiden Fokussiermöglichkeiten muss der AF/MF-Schalter an den EF-Objektiven in die Position MF geschoben werden.

Die manuelle Scharfeinstellung nach Sicht auf der Sucherscheibe ist praktisch mit jedem Objektiv durchzuführen. Am besten geeignet sind jedoch Objektive mit einem separaten, möglichst breiten und gummiarmierten Fokussierring. Für die eigentliche Scharfeinstellung muss man den Fokussierring der Objektive so lange drehen, bis das Hauptmotiv im Sucher scharf zu sehen ist. Diese Fokussierart ist sehr gut für die bewusste Bildgestaltung, denn man kann praktisch an

➤ PraxisTipp: Dem AF vertrauen

Am besten immer wenn möglich mit Autofokus arbeiten, denn die manuelle Fokussierung erreicht nicht die Präzision des AF-Systems. Das merkt man vor allem bei feinen Motivdetails und bei Makroaufnahmen, die dann mehr oder weniger unscharf erscheinen. Das gilt auch für die analoge Fotografie, doch mit einer achtfachen Lupe sieht man in einem Dia bei weitem nicht das, was man in der 100% Darstellung am PC-Bildschirm entdeckt.

jeder beliebigen Stelle der Sucherscheibe scharf stellen. Das erleichtert die Konzentration auf das Motiv und die Bildgestaltung.

Die manuelle Scharfeinstellung mit elektronischer Fokussierhilfe ist ebenfalls sehr einfach und präzise durchzuführen. Bei angetipptem Auslöser wird manuell fokussiert. Wenn die optimale Schärfenebene erreicht ist, leuchtet der AF-Schärfenindikator rechts in der Sucherleiste konstant auf (genauso wie beim AF-Betrieb). Ein großer Vorteil dieser Fokussierart ist die hohe Genauigkeit der manuellen Scharfeinstellung. Von Nachteil ist die visuelle Konzentration auf den AF-Schärfenindikator sowie auf das AF-Messfeld. Denn der AF-Schärfenindikator ist nur dann als elektronische Fokussierhilfe brauchbar, wenn das AF-Messfeld genau auf die gewünschte Motivpartie gerichtet ist. Zwar funktioniert die Fokussierhilfe auch bei automatischer Messfeldwahl. Sinnvoller ist jedoch manuelle Wahl eines AF-Messfelds, um den Motivbereich, auf den fokussiert werden soll, genau bestimmen zu können. Die höchste Fokussiergenauigkeit auch unter schwierigen Aufnahmebedingungen liefert der zentrale AF-Kreuzsensor.

Für beide Arten der manuellen Scharfeinstellung ist ein korrekt eingestelltes Sucherokular mitentscheidend für die Präzision der Fokussierung. Daher sollte das Sucherokular mit der eingebauten Dioptrienkorrektur unbedingt auf die eigene Sehkraft eingestellt werden, damit stets ein scharfes Bild auf der Einstellscheibe zu sehen ist. Außerdem gilt grundsätzlich: Je größer die Anfangsöffnung und je länger die Brennweite eines Objektivs, desto genauer die manuelle Scharfeinstellung.

Die manuelle Fokussierung und Einstellung auf die hyperfokale Distanz geben dem Bild die gewünschte Schärfentiefe.
Foto: Artur Landt

Die Einstellung auf hyperfokale Distanz setzt eine Schärfentiefenskala am Objektiv voraus.
Foto: Canon

➤ BasisWissen: Naheinstellung auf unendlich

Die Schärfentiefe erreicht die größtmögliche Ausdehnung bei einer bestimmten Brennweite und Blende in der sogenannten Naheinstellung auf unendlich. Die Einstellung auf hyperfokale Distanz setzt eine Schärfentiefenskala am Objektiv voraus. Als hyperfokale Distanz bezeichnet man die Entfernung von der Bildebene bis zum Beginn des Schärfenraumes bei Einstellung auf unendlich und einer definierten Blende. Ein 50 mm Kleinbild-Objektiv hat bei unendlich und Blende 16 eine hyperfokale Distanz von 4,7 m (bezogen auf den Zerstreuungskreisdurchmesser des Kleinbild-Formats). Die Schärfentiefe dehnt sich also von 4,7 m bis unendlich aus. Stellt man aber das 50er Objektiv auf 4,7 m ein, dann erstreckt sich die Schärfentiefe von 2,35 m bis unendlich aus. Praxisgerecht ist folgende Vorgehensweise: Man stellt das Unendlichsymbol auf die Markierung für die jeweilige Blende auf der Schärfentiefenskala des Objektivs ein. Die Einstellung auf hyperfokale Distanz ist wichtig für die Bildgestaltung mit der Schärfentiefe und als Schnappschuss-Einstellung bei manueller Fokussierung. Aufgrund des kleineren Bildsensors der EOS 400D muss ein kleinerer zulässiger Zerstreuungskreisdurchmesser als beim KB-Format angenommen werden (siehe Seite 61). Dadurch wird die Schärfentiefe um etwa eine Blendenstufe gegenüber dem KB-Format erhöht. Wenn man ein KB-Objektiv an der EOS 400D ansetzt, stimmt die für das KB-Format berechnete Schärfentiefenskala zwar nicht mehr, aber die Schärfentiefe bei Blende 16 entspricht in etwa dem Schärfentiefenbereich für Blende 32.

Grundlagen der Belichtungsmessung

Korrekt belichtete Aufnahmen sind auch in der digitalen Fotografie extrem wichtig für qualitativ hochwertige Bilder. Die Beschäftigung mit den Grundlagen der Belichtungsmessung liefert die beste Voraussetzung, um die Messarten gezielt einzusetzen.

Die nachträgliche Korrektur der Bildhelligkeit ist in jedem Bildbearbeitungsprogramm eine einfache Sache. Sie kann manuell per Regler, automatisch per Mausklick oder mit diversen Voreinstellungen, wie Gegenlicht oder Aufhellblitz erfolgen. Ferner bietet die EOS 400D die Option, sich mit der erweiterten Histogramm-Funktion die fehlbelichteten Bildteile auf dem Monitor visuell anzeigen zu lassen. Warum also der Belichtungsmessung so viel Aufmerksamkeit schenken? Weil nur eine korrekte Belichtung alle Bildinformationen enthält, die für ein qualitativ hochwertiges Bild erforderlich sind. Und weil jede Korrektur und Neuberechnung des Bildes die Bildqualität verschlechtert. Ferner ist die Qualität von stark über- oder unterbelichteten Bildern auch nach der Bearbeitung durch Photoshop-Spezialisten nicht gerade berauschend.

Jedes Belichtungsmesssystem misst die auf die Messfläche einfallende Lichtmenge. Dabei spielt es keine Rolle, ob es sich um einen externen Handbelichtungsmesser oder um eine interne TTL-Messung (TTL=Through The Lens) handelt. Diese Feststellung gilt auch für die Messmethode (Objekt- oder Lichtmessung) und die Messart (Spot-, Selektiv-, Mehrfeld- oder Integralmessung). Die TTL-Messung ist eine Objektmessung durch das Objektiv, bei der das vom Objekt in Aufnahmerichtung reflektierte (genauer: remittierte) Licht gemessen wird. Dabei kann die TTL-Messung aber nicht „unterscheiden", ob die gleiche Lichtmenge von einem dunklen Objekt bei großer Beleuchtungsstärke oder von einem hellen Objekt bei geringer Beleuchtungsstärke reflektiert wird. Das ist auch der Grund, warum sowohl eine weiße als auch eine schwarze Fläche grau, genau genommen mittelgrau, wiedergeben wird, wenn man den von der Belichtungsautomatik gemessenen Wert unkorrigiert übernimmt. Der Grund dafür ist die Tatsache, dass sämtliche Belichtungsmesser auf Mittelgrau, auch Standardgrau genannt, geeicht sind. Das Standardgrau entspricht einer Objekthelligkeit, die von einer 18-prozentigen Remission (= diffuse Reflexion) hervorgerufen wird und ist der logarithmische Mittelwert zwischen weiß und schwarz. Sämtliche

Dunkle Flächen werden zu hell wiedergegeben, wenn man den unkorrigierten Wert der Belichtungsmessung übernimmt. Eine dezente Minuskorrektur führt zur tonwertrichtigen Bildwiedergabe. Fotos: Artur Landt

> **PraxisTipp: Die Graukarte**
>
> Für eine tonwertrichtige Bildwiedergabe kann eine Graukarte unter den gleichen Lichtverhältnissen wie das Hauptmotiv gezielt angemessen werden. Für einen präzisen manuellen Weißabgleich muss sie unter den gleichen Bedingungen sogar abfotografiert werden. Graukarten sind im Fotofachhandel erhältlich. Stabile, auf Karton aufgezogene Ausführungen von etwa 18x24 Zentimeter sind den weichen, papierstarken Ausführungen vorzuziehen.

Belichtungsmesser zeigen also immer den Wert an, bei dem die jeweils angemessene Fläche im Bild als Standardgrau wiedergeben wird. Das zu wissen ist extrem wichtig für die Fotopraxis. Denn es erklärt auch, warum helle Motive unterbelichtet und dunkle Motive überbelichtet werden, wenn man den vom TTL-Belichtungsmesser ermittelten Wert unkorrigiert übernimmt. In der bildmäßigen Fotografie setzen sich die meisten Motive aus Flächen und Oberflächen unterschiedlicher Farben und Helligkeit zusammen. Die Mehrfeldmessung der EOS 400D gewichtet die Messwerte in den 35 einzelnen Messsegmenten unter Berücksichtigung der Daten aus der Entfernungsmessung, sodass die meisten Motive korrekt belichtet werden. Bei sehr hellen oder sehr dunklen bilddominanten Flächen kann jedoch auch die Mehrfeldmessung zu Fehlbelichtungen führen. Bei Landschaftsaufnahmen mit großen Himmelanteilen, die beispielsweise mit extremen Weitwinkelobjektiven entstehen, können die sehr hohen Kontrastunterschiede ebenfalls die Belichtungsmessung irreführen.

Helle Flächen werden zu dunkel wiedergegeben, wenn man den unkorrigierten Wert der Belichtungsmessung übernimmt. Eine dezente Pluskorrektur führt auch hier zur tonwertrichtigen Bildwiedergabe. Fotos: Artur Landt

Wer sich mit den Grundlagen der Belichtungsmessung vertraut gemacht hat, kann in diesem Fall beispielsweise eine manuelle Belichtungskorrektur oder eine Ersatzmessung auf eine geeignete Fläche durchführen. Das Schulbeispiel geht von einer Ersatzmessung auf eine Graukarte mit 18 Prozent Remission unter den gleichen Lichtverhältnissen wie das Motiv aus. Das ist jedoch bei großen Aufnahmeentfernungen nicht immer möglich, und wer hat schon immer eine Graukarte dabei. Erfahrene Fotografen wissen aber, dass beispielsweise grünes Gras etwa halb so viel Licht reflektiert wie die Standardgraukarte mit 18 Prozent Remission. Eine Ersatzmessung auf eine Wiese mit der Selektivmessung und anschließender Belichtungsspeicherung kann Abhilfe schaffen. Aber man muss vorher eine manuelle Belichtungskorrektur von −1 EV eingeben, um eine Stufe knapper als der Wert der Ersatzmessung auf das Gras zu belichten, weil die Grasfläche nur halb so viel Licht reflektiert wie die Graukarte. Grundsätzlich geht es aber nicht darum, sich im Digitalzeitalter mit antiquiert erscheinenden Messpraktiken zu befassen, sondern allein darum, eine Motiv- und Lichtsituation bewusst einzuschätzen, um die passende Messart und gegebenenfalls den richtigen Korrekturwert einstellen zu können.

> **BasisWissen: Die diversen Kontraste**
>
> Die verschiedenen Kontraste sind ganz wichtige Elemente in der Fotografie. Der Motivkontrast gibt den Unterschied zwischen der hellsten und der dunkelsten Stelle eines Motivs an und wird vom Beleuchtungskontrast sowie der Objekthelligkeit bestimmt. Als Beleuchtungskontrast bezeichnet man die Differenz zwischen der größten und der geringsten Beleuchtungsstärke, wobei die Messung unmittelbar am Objekt erfolgt. Die Objekthelligkeit, auch Reflexionsvermögen genannt, ist die Fähigkeit eines Objekts, das auftreffende Licht zu reflektieren. Das Reflexionsvermögen eines Objekts ist als reine Materialeigenschaft unabhängig von der Beleuchtungsstärke. Der Unterschied zwischen der Stelle mit der geringsten Objekthelligkeit (= Reflexionsvermögen) und der Stelle mit der größten Objekthelligkeit wird in Fachkreisen auch Objektkontrast oder Objektumfang genannt. Das vom Objekt in Richtung Kamera reflektierte Licht wird als Motivhelligkeit bezeichnet und wird von der Beleuchtungsstärke und der Objekthelligkeit bestimmt. Die Kontraste werden in Blenden- oder Belichtungsstufen (Belichtungsdifferenz), in einem arithmetischen Zahlenverhältnis (Kontrast- oder Objektumfang) oder in logarithmischen Dichtewerten angegeben.

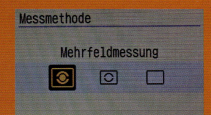

Mehrfeldmessung

Mit den drei Messarten der EOS 400D, Mehrfeld-, Integral- und Selektivmessung, lässt sich jedes Motiv belichtungstechnisch in den Griff bekommen. Das Wissen, welche Messart wann einzusetzen ist, wird vorausgesetzt und will daher beherrscht sein.

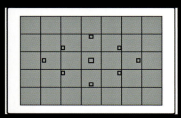

Schematische Darstellung der flächenmäßigen Aufteilung der 35 Messfelder der Mehrfeldmessung. Grafik: Canon

Die Mehrfeldmessung ist die Basismessart der EOS 400D und aus ihrer Segmentaufteilung werden die anderen Belichtungsmessarten abgeleitet. Sie bildet auch die unveränderbare Messarteinstellung in der Vollautomatik und den Motivprogrammen. In den anderen Belichtungsprogrammen kann man sich auch für eine der anderen zwei Messarten entscheiden. Bei der autofokusgekoppelten Mehrfeldmessung ist das Bildfeld in 35 quadratische Messfelder aufgeteilt, die raster- oder gitterförmig angeordnet sind (5x7 Quadrate). Die Belichtungsmessung erfolgt separat in jedem Segment, wobei die Daten über Motivkontrast und Helligkeitsverteilung vom Kameracomputer analysiert werden. Durch die sehr hohe Anzahl von 35 Messsegmenten kann die Helligkeitsverteilung in der Bildfläche extrem differenziert analysiert werden. Bei Autofokus-Betrieb werden die Daten aus der Entfernungsmessung wie folgt berücksichtigt: Das Messfeld, das dem aktiven AF-Sensor entspricht, wird als Hauptmessfeld gewichtet. Die an das Hauptmessfeld angrenzenden Messfelder gehen als Sekundärmessfelder in die Messung ein. Die übrigen Messsegmente werden als Peripheriemessfelder berücksichtigt und sind maßgeblich für die ausgewogene Belichtung des Hintergrundes zuständig. Wenn mehrere AF-Sensoren automatisch aktiviert sind, wird das Hauptmessfeld entsprechend erweitert. Durch diese ausgeklügelte und differenzierte Motivanalyse kann die Mehrfeldmessung der EOS 400D die Belichtung auf die Lage und die Größe des Hauptobjektes individuell abstimmen. Die Mehrfeldmessung lässt sich in den

Auf die Mehrfeldmessung ist Verlass: Unsere Kamera hat auch bei hohen Motivkontrasten korrekt und konstant belichtet. Foto: Artur Landt

Mehrfeldmessung 51

> ➤ **PraxisTipp: High-key-Aufnahmen**
>
> High-key-Aufnahmen bestehen überwiegend aus hellen Farb- oder Grautönen. Sie können Leichtigkeit und Heiterkeit ausstrahlen oder eine besondere Stimmung und Atmosphäre vermitteln. Helle Hauptmotive (bei Porträt-, Stillife- oder Aktaufnahmen) vor hellem Hintergrund bei fast schattenloser Beleuchtung eignen sich ganz gut dafür. Eine gezielte Überbelichtung von +1 oder +2 EV kann den Effekt noch verstärken.

Kreativprogrammen nach Antippen der linken Kreuztaste mit dem Einstellrad oder den Kreuztasten einstellen.

Die symmetrische Aufteilung der Messsegmente, die extrem hohe Messfelddichte, die sehr differenzierte Analyse des Kameracomputers und die Gewichtung der Belichtung in Abhängigkeit vom aktiven AF-Sensor führen sowohl im Quer- als auch im Hochformat meistens zu einer korrekten Belichtungsmessung. Gewöhnliche Motiv- und Lichtsituationen bewältigt die Mehrfeldmessung ohne Probleme. Ja sie reagiert schnell und präzise sogar auf schwierige Lichtsituationen und ist auch bei leicht erhöhtem Motivkontrast zuverlässig. Hohe und sehr hohe Motivkontraste oder ausgeprägtes Gegenlicht können aber auch die ausgeklügeltste Belichtungsmessung irreführen. Oft können auch krasse Gegenlichtsituationen, je nach flächenmäßiger Kontrastaufteilung des Motivs mehr oder weniger automatisch korrigiert werden, doch über das Ausmaß der Korrektur wird der Fotograf nicht informiert. Daher weiß die Fotografin oder der Fotograf während der Aufnahme nicht genau, ob die Mehrfeldmessung eine Gegenlichtsituation voll oder nur teilweise korrigiert hat. Das erschwert manuelle Belichtungskorrekturen, weil die bereits vom Kameracomputer gesteuerte automatische Korrektur nicht präzise genug eingeschätzt werden kann. Die Mehrfeldmessung der Canon EOS 400D ist dennoch eine ausgezeichnete Belichtungsmessart, von der auch engagierte Fotografen nicht nur bei Schnappschüssen profitieren können. Gezielte oder kontrolliert abweichende Belichtungen gelingen jedoch am besten mit der Selektivmessung. Bei besonders kritischen Lichtverhältnissen leisten die fein abgestufte manuelle Belichtungskorrektur und die Belichtungsreihenautomatik mit frei wählbarem Abstand der flankierenden Belichtungen gute Dienste.

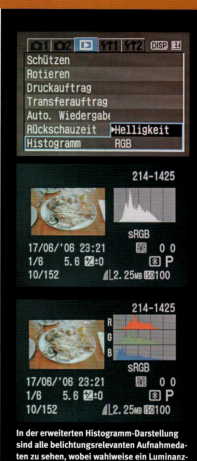

In der erweiterten Histogramm-Darstellung sind alle belichtungsrelevanten Aufnahmedaten zu sehen, wobei wahlweise ein Luminanz-Histogramm oder ein RGB-Histogramm eingeblendet werden kann.

> ➤ **BasisWissen: Histogramm**
>
> Das Histogramm ist ein Diagramm, das die Verteilung der hellen und dunklen Bildpunkte (Tonwertumfang) in einer anschaulichen Balkengrafik zeigt. Auf der horizontalen Achse werden die Helligkeitsstufen von 0= dunkel bis 255= hell und auf der vertikalen Achse die Menge der Bildpunkte mit dem jeweiligen Helligkeitswert angezeigt. Ein korrekt belichtetes Bild von einem ausgewogenen Motiv hat eine relativ gleichmäßige Verteilung der Helligkeitswerte von 0 bis 255 (gilt natürlich nicht für Low- oder High-key-Aufnahmen). Die erweiterte Histogramm-Darstellung der EOS 400D, durch Antippen der Display-Taste bei der Bildwiedergabe aktiviert, informiert über alle belichtungsrelevanten Aufnahmedaten, wobei wahlweise ein Luminanz-Histogramm oder ein RGB-Histogramm eingeblendet werden kann, sodass sich auch die Tonwertverteilung in den einzelnen RGB-Farbkanälen getrennt anzeigen lässt. Die hellsten Bereiche der Bildes werden durch Blinken hervorheben, wenn die markierten Bildpartien ohne oder nur mit sehr wenig Zeichnung gespeichert sind. Somit kann das Ausbleichen heller Bildpartien bei kontrastreichen Motiven auch auf dem Kameramonitor überprüft und gegebenenfalls durch eine zweite Aufnahme mit einer Minus-Korrektur ausgeglichen werden.

Selektiv- und Integralmessung

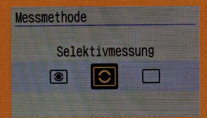

Mit der Selektivmessung lassen sich bildwichtige Motivdetails aus der Entfernung gezielt anmessen. Mit der Integralmessung gelingen die Belichtungskorrekturen sehr genau. Gute Dienste leistet auch die Belichtungsspeicherung.

Die Selektivmessung

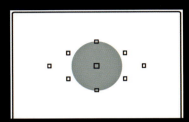

Schematische Darstellung der Selektivmessung, wobei die Messfläche auf der Einstellscheibe nicht genau markiert ist. Grafik: Canon

Die Selektivmessung lässt sich in den Kreativprogrammen nach Antippen der linken Kreuztaste mit dem Einstellrad oder den Kreuztasten einstellen. Das entsprechende Symbol (leerer Kreis im Rahmen) wird auf dem Monitor angezeigt. Bei der Selektivmessung wird die Belichtung lediglich in einem zentralen Kreis gemessen, der etwa 9% des Sucherbilds ausmacht. Das Messfeld für die Selektivmessung ist im Sucher nicht genau markiert. Als Anhaltswert kann jedoch eine einfache Konstruktion dienen: Man kann sich einen zentralen Kreis vorstellen, dessen Durchmesser nicht ganz an die sechs AF-Messfelder heranreicht, die um den zentralen AF-Kreuzsensor gruppiert sind. Das Verhältnis der Messfläche zur Bildfläche bleibt bei jedem Objektiv unverändert. Allerdings verringert sich der Messwinkel der Selektivmessung proportional zum Bildwinkel des jeweiligen Objektivs. Der Messwinkel wird mit zunehmender Brennweite enger und umgekehrt. Die Selektivmessung kann in der Programm-, Schärfentiefen-, Blenden- und Zeitautomatik sowie der manuellen Belichtungseinstellung eingesetzt werden.

Mit der Selektivmessung lassen sich bildwichtige Motivdetails anmessen. In Verbindung mit Objektiven längerer Brennweite (ab etwa 80 mm) ist auch eine gezielte Messung kleiner Motivdetails aus der Entfernung möglich. Sie eignet sich sehr gut für Motive mit hohem und sehr hohem Kontrastumfang, für ausgeprägte Gegenlichtsituationen, oder für Objekte vor sehr hellem oder sehr dunklem Hintergrund und natürlich für alle anderen schwierigen Lichtsituationen. Typische Aufnahmesituationen für die Selektivmessung sind beispielsweise Porträts im Gegenlicht, wobei man für eine natürliche Lichtstimmung die Messfläche so ausrichten kann, dass am Rand auch noch etwas vom Gegenlicht erfasst wird. Bei der Selektivmessung ist oft die Messwertspeicherung gefragt – vor allem dann, wenn ein Motiv gezielt angemessen werden soll, das sich außerhalb der Bildmitte befindet.

Die Selektivmessung ist bestens geeignet für die gezielte Messung kleiner Bilddetails aus der Ferne. Die Messung erfolgte durch die Öffnung auf den Gesichtsturm.
Foto: Artur Landt

Mittenbetonte Integralmessung

Bei der Integralmessung wird die Belichtung in der gesamten Bildfläche gemessen, wobei eine zentrale Fläche stärker gewichtet wird. Die mittenbetonte Integralmessung eignet sich sehr gut für Motive mit normalem Kontrastumfang, keinen großen Farbgegensätzen und gleichmäßiger Verteilung der hellen und dunklen Flächen. Die Integralmessung arbeitet aber nicht so differenziert wie die Mehrfeldmessung. Mit etwas Erfahrung lässt sich aber ihre Wirkung genauer beurteilen. Das ist wichtig, wenn man bei der Belichtung

Selektiv- und Integralmessung

> **PraxisTipp: Low-key-Aufnahmen**
>
> Low-key-Aufnahmen bestehen überwiegend aus dunklen Farb- oder Grautönen, die fast keine Detailzeichnung mehr aufweisen und schwer, ja fast bedrückend wirken. Dunkle Hauptmotive vor dunklem Hintergrund bei sparsamer Beleuchtung eignen sich gut dafür. Eine Unterbelichtung von -1 oder -2 EV kann den Effekt verstärken. Spitzlichter oder kleine helle Flächen im Motiv können das Dunkle betonen und die Spannung im Bild steigern.

vom gemessenen Wert bewusst abweichen möchte. Die Integralmessung lässt sich in den Kreativprogrammen nach Antippen der linken Kreuztaste mit dem Einstellrad oder den Kreuztasten einstellen.

Die Belichtungsspeicherung

Die Speicherung eines Belichtungswertes mit der AE-Speichertaste (*, AE= Auto Exposure) ist immer dann erforderlich, wenn mit einem anderen Wert als dem im Bildausschnitt gemessenen ausgelöst werden soll. Gespeichert wird der Messwert der Motivpartie, auf der sich das Messsegment beim Druck auf die Speichertaste befindet. Daher ist die Spotmessfläche vor dem Antippen der Speichertaste auf das anzumessende Motivdetail zu richten, denn bei der Selektiv- und Integralmessung erfolgt die Messung zentral. Bei der Mehrfeldmessung wird die Belichtung so gespeichert, wie sie durch den oder die aktiven AF-Sensoren gewichtet wird. Mit der Individualfunktion 04 kann man die Belegung des Auslösers und der AE-Speichertaste (*, AE= Auto Exposure) festlegen. Dadurch lässt sich bestimmen, ob die Schärfe zusammen mit der Belichtung gespeichert oder ob beide Speicheroptionen voneinander entkoppelt werden.

Die mittenbetonte Integralmessung liefert korrekte Belichtungen bei Motiven mit raumdominanten, nahezu monochromen Flächen. Foto: Artur Landt

> **BasisWissen: Kontrastmessung**
>
> Die Selektivmessung kann auch für die Kontrastmessung eingesetzt werden, um die Belichtung in Abhängigkeit vom Motivkontrast zu bestimmen. Zunächst wird die hellste Stelle im Motiv gemessen, die im Bild noch Zeichnung aufweisen soll. Anschließend wird die dunkelste Stelle im Motiv, die noch Zeichnung aufweisen soll, gemessen. Der Mittelwert, der zu einer korrekten Belichtung führt, lässt sich am einfachsten errechnen, wenn man entweder die Blende oder die Verschlusszeit für beide Messungen konstant hält. Die Bestimmung des Motivkontrastes ist enorm wichtig, sei es, um den Dynamikumfang des Bildsensors nicht zu sprengen, oder um eine optimale Druckvorlage zu liefern. Für eine tonwertrichtige Wiedergabe muss der Mittelwert der Zweipunkt-Messung mit dem Wert einer separaten Messung auf die Graukarte übereinstimmen. Wenn beide Werte deutlich voneinander abweichen, muss sich der Fotograf für einen Zwischenwert entscheiden, der die gewünschte Kontrast- und Farbwiedergabe ermöglicht. Die automatische Tonwertkorrektur der Bildbearbeitungsprogramme verschiebt die Tonwerte nicht immer in die gewünschte Richtung. Mit der manuellen Tonwertkorrektur kann man nachträglich am PC korrigierend eingreifen, doch auch hier liefert eine möglichst gute Vorlage die beste Voraussetzung für eine tonwertrichtige Abstimmung.

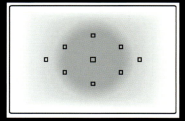

Schematische Darstellung der Messgewichtung der mittenbetonten Integralmessung. Grafik: Canon

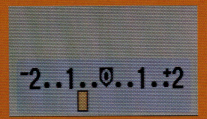

Belichtungskorrekturen

Die manuelle Belichtungskorrektur und die Belichtungsreihenautomatik lassen sich für fein abgestimmte Abweichungen von der automatisch ermittelten Belichtung einsetzen. Damit kann man Fehlbelichtungen korrigieren oder die Lichtstimmung erhalten.

Manuelle Belichtungskorrektur

Die manuelle Belichtungskorrektur (Override) ist eine sehr wichtige Funktion, denn sie bietet die Möglichkeit, gezielt in die Belichtungssteuerung der Kamera einzugreifen, ohne dabei den Bedienungskomfort der Automatikfunktionen einzubüßen. Die manuelle Belichtungskorrektur wird bei aktivierter Belichtungsmessung bei angetippter Korrekturtaste mit dem Einstellrad eingegeben. Mit der Individualfunktion 06 kann man die Einstellschritte von Drittel- auf halbe Belichtungsstufen umprogrammieren. Der Korrekturbereich umfasst unabhängig von den eingestellten Korrekturschritten +/– 2 Belichtungsstufen (EV, LW, Blendenstufen, siehe *BasisWissen*). Der Korrekturwert wird auf einer analogen Skala sowohl auf dem Rückseitenmonitor als auch rechts im Sucher durch einen beweglichen Index angezeigt. Der Plus- und der Minusbereich sind entsprechend gekennzeichnet. Die Belichtungskorrektur bleibt auch nach Ausschalten der Kamera erhalten. Um die manuelle Belichtungskorrektur rückgängig zu machen, muss man den beweglichen Index wieder auf Null stellen.

Die manuelle Belichtungskorrektur kann in der Programm-, Schärfentiefen-, Zeit- und Blendenautomatik bei sämtlichen Belichtungsmessarten eingesetzt werden. Bei Selektiv- und Spotmessung macht sie jedoch wenig Sinn, denn es werden ja kleine Motivdetails gezielt angemessen. Bei Mehrfeldmessung kann die Korrektur als Belichtungssicherheit bei kritischen Motiven durchgeführt werden. Bei mittenbetonter Integralmessung lässt sich die manuelle Belichtungskorrektur gezielter als bei Mehrfeldmessung einsetzen. Denn mit etwas Erfahrung ist ihre Wirkung besser einzuschätzen, während bei der Mehrfeldmessung man ja nicht weiß, in welchem Ausmaß die Kamera eine heikle Belichtungssituation bereits korrigiert hat.

Manuelle Belichtungskorrekturen sind angebracht bei sehr hohem Motivkontrast, bei starkem Gegenlicht, aber auch, wenn eine besondere Lichtstimmung eingefangen werden soll. Am Meer in der grellen Sonne, bei sehr hellen Motiven, bei Schneelandschaften, oder in ausgeprägten Gegenlichtsituationen, kann, je nach Lichtverhältnissen und flächenmäßiger Motivaufteilung, eine Belichtungskorrektur von

Von oben nach unten: Überbelichtung von +1 EV, korrekte Belichtung und Unterbelichtung von –1 EV. Die flankierenden Belichtungen lassen sich mit der Belichtungsreihenautomatik oder mit der manuellen Belichtungskorrektur realisieren.
Foto: Artur Landt

BasisWissen: Lichtwert

Ein EV (Exposure Value, Lichtwert, LW) ist ein Zahlenwert für die Beschreibung der Belichtung, dem bei einer definierten Empfindlichkeit mehrere Zeit-Blenden-Kombinationen entsprechen, die alle zur gleichen Belichtung führen, wie zum Beispiel: 1/250s + f2 = 1/125s + f2,8 = 1/60s + f4 = 1/30s + f5,6 = 1/15s + f8. Ein EV hat die Größenordnung einer Blendenstufe, einer Verschlusszeit oder einer Belichtungsstufe.

+1 bis +2 EV erforderlich sein. Bei sehr dunklen Motiven ist dagegen eine Minus-Korrektur angebracht.

Die Belichtungsreihenautomatik

Belichtungsreihen sind flankierende Belichtungen, die sowohl in Richtung Unter- als auch Überbelichtung vom ursprünglich gemessenen Belichtungswert abweichen. Die Canon EOS 400D ist mit einer Belichtungsreihenautomatik (AEB= Auto Exposure Bracketing) ausgestattet, die zusätzlich zur korrekten Belichtung je eine Unter- und eine Überbelichtung liefert. Die AEB-Funktion wird auf der zweiten Registerkarte im roten Aufnahmemenü eingeschaltet. In der Grundeinstellung kann der Abstand der Aufnahmen in Drittelstufen im Bereich von +/− 2 EV eingegeben werden. Die Abstände werden auf der analogen Belichtungskorrekturskala auf dem Datenmonitor und im Sucher angezeigt. Mit der Individualfunktion 06 kann der Abstand von Drittelstufen auf halbe Stufen umgestellt werden. Die Belichtungsreihen können auch mit der manuellen Belichtungskorrektur kombiniert werden, wobei der Korrekturwert als Ausgangspunkt für die flankierenden Belichtungen gilt. Während der Belichtungsreihe blinkt das entsprechende Symbol auf dem Monitor und der Index unter der jeweiligen Einstellung. Bei Einzelbildschaltung muss für jede der drei Aufnahmen der Auslöser gedrückt werden. Bei Serienbildschaltung werden beim Druck auf den Auslöser automatisch drei Belichtungen durchgeführt. Belichtungsreihen mit gleichbleibender Blende können in der Zeitautomatik mit Blendenvorwahl entstehen. Für Belichtungsreihen mit gleichbleibender Verschlusszeit eignet sich die Blendenautomatik mit Zeitvorwahl.

Der Ausgangspunkt für die flankierenden Belichtungen bei der Belichtungsreihenautomatik muss nicht immer der Null-Wert, sondern es kann auch der Wert der manuellen Belichtungskorrektur sein.

Die Belichtungsreihen sind nicht mit dem sogenannten „Schrotflintenverfahren" zu verwechseln, bei dem man mehrere Aufnahmen macht, in der Hoffnung, dass eine schon gelingen wird. Die Belichtungsreihen sind auch für Profifotografen oft die einzige Möglichkeit, auf den Punkt belichtete Aufnahmen zu erhalten. Und das nicht nur bei schwierigen, sondern auch bei scheinbar harmlosen Lichtverhältnissen, wenn an die Bildergebnisse höchste Ansprüche gestellt werden. Wichtig ist auch folgender Aspekt, der auch bei genauester Belichtungsmessung erst im Nachhinein zum Tragen kommt: Das korrekt belichtete Bild ist nicht immer das mit der ausdrucksstärksten Stimmung.

PraxisTipp: Jenseits der Belichtungsmessung

Es gibt Motive, die von keinem Belichtungsmesssystem gemessen werden können, wie Gewitterblitze bei Dunkelheit oder Feuerwerk. Dann helfen nur noch Erfahrungswerte. Bei manueller Fokussierung und Belichtungseinstellung wird mit dem Einstellrad die BULB-Funktion eingestellt. Der Verschluss bleibt solange offen, wie der Auslöser gedrückt wird. Weil das die Verwacklungsgefahr erhöht und sehr lästig ist, sollte man einen Fernauslöser verwenden. Die Kamera wird in sicherer Entfernung auf ein stabiles Stativ befestigt. Nun muss man solange warten, bis die Blitze – hoffentlich nicht in die Kamera – einschlagen. Für Feuerwerksaufnahmen kann man auch die Zeit manuell einstellen, denn oft genügen 5 bis 30 Sekunden. Und man weiß ja, wann das Feuerwerk gezündet wird. Die Blende richtet sich in beiden Fällen nach der Empfindlichkeit: kleine Blendenöffnung bei hoher ISO-Einstellung und größere Blendenöffnung bei niedrigen ISO-Werten. Die Rauschunterdrückung bei Langzeitbelichtungen sollte mit der Individualfunktion 02 unbedingt eingeschaltet werden.

Variable Programmautomatik (P)

Durch die automatische Steuerung der Blende und Verschlusszeit bietet die Programmautomatik die Möglichkeit, spontan auf ein Motiv zu reagieren. Dabei bleiben alle manuellen Einstell- und Korrekturoptionen erhalten.

Grenzübergang nach Kambodscha: Szenen wie geschaffen für die Programmautomatik. Fotos: Artur Landt

Die vielseitigen Einsatzmöglichkeiten der variablen Programmautomatik ergeben sich aus zwei miteinander verknüpften Ebenen. Grundsätzlich steuert der Kameracomputer in Abhängigkeit von Motivdaten und Brennweite automatisch die geeignete Blende und Verschlusszeit. Durch das sogenannte Shiften (Programmverschiebung, daher variable Programmautomatik) kann man aber jederzeit die automatisch gesteuerte Zeit-Blenden-Kombination bei gleichbleibendem Belichtungswert verändern. Die Programmverschiebung erfolgt durch Drehen des Einstellrads in Drittel- oder halben Stufen, je nach aktiver Kameraeinstellung (Veränderung der Belichtungsstufen mit der Individualfunktion 06). Dadurch hat die Fotografin oder der Fotograf die Möglichkeit, den Komfort und die schnelle Aufnahmebereitschaft der Belichtungsautomatik mit seinen individuellen Bildvorstellungen zu verbinden. Das kann eine kleinere Blendenöffnung für größere Schärfentiefe oder eine kürzere Verschlusszeit sein, um einen Bewegungsablauf „einzufrieren" (scharf abzubilden). Das entspricht der Blendenvorwahl in der Zeitautomatik beziehungsweise der Zeitvorwahl in der Blendenautomatik,

sodass bei den meisten Motiven das Umschalten in diese Automatikfunktionen entfallen kann. Die Shiftfunktion wird nach jeder Aufnahme automatisch gelöscht und die ursprüngliche Programmcharakteristik wieder aktiviert. Bei Serienaufnahmen bleibt die Programmverschiebung erhalten, solange man den Auslöser angetippt hält. Die Programmverschiebung funktioniert nicht bei ausgeklapptem Kamerablitz oder bei eingeschaltetem Aufsteckblitz.

Die variable Programmautomatik wird eingeschaltet, indem man die Programmwählscheibe so dreht, dass der Buchstabe **P** der Index-

➤ PraxisTipp: Schnappschüsse

Natürlich wirkende, spontan entstandene Bilder sind oft eindrucksvoller als „gestellte" oder gar „gekünstelte". Schnappschüsse können eine lustige Szene festhalten oder eindrucksvolle Momentaufnahmen vermitteln. Sie können sich aus der Situation heraus entwickeln. Man kann sie aber auch antizipieren, indem man eine Szene beobachtet und mit aufnahmebereiter Kamera (in P) darauf wartet, dass eine bestimmte Situation eintritt.

markierung an der Kamera gegenübersteht. Wenn das Motiv zu hell ist, blinken die Anzeigen der kürzesten Verschlusszeit (4000) und der kleinsten Blende des jeweiligen Objektivs auf dem Rückseitenmonitor und im Sucher. Wenn diese seltene Situation eintritt, kann ein neutralgraue Dichtefilter oder, falls möglich, die Verringerung der Empfindlichkeit Abhilfe schaffen. Bei zu dunklen Motiven blinken die Anzeigen der längsten Verschlusszeit (30") und der größten Blende des jeweiligen Objektivs auf dem Rückseitenmonitor und im Sucher. Dann ist der Blitzeinsatz oder die Erhöhung der Empfindlichkeit zu empfehlen. Zwei Grundeinstellungen sind in der Programmautomatik sinnvoll: die Mehrfeldmessung und die automatische Umschaltung von statischem Autofokus auf Schärfenachführung, sobald eine Objektbewegung registriert wird (AI Focus AF). Damit kann man schnell auf sich verändernde Motiv- oder Lichtsituationen reagieren. Selbstverständlich lassen sich aber alle anderen Einstellungen und Korrekturen aktivieren, wie zum Beispiel Einzel- oder Serienbildschaltung, manuelle Belichtungskorrektur, Belichtungsreihenautomatik. Mit der Abblendtaste kann man die Schärfentiefe visuell überprüfen.

Durch die Programmverschiebung ließ sich blitzschnell eine kürzere Verschlusszeit einstellen, um die Bewegung „einzufrieren".
Foto: Artur Landt

Wer von der Kameratechnik unbelastet fotografieren will, findet in der Programmautomatik das geeignete Belichtungsprogramm, das ständige Schussbereitschaft sowie alle manuellen Eingriffsmöglichkeiten bietet. Sowohl Anfänger als auch Fortgeschrittene profitieren von der Schnelligkeit der automatischen Belichtungssteuerung. Die Programmverschiebung bietet zusätzlich die Möglichkeit der Bildgestaltung mit Blende und Verschlusszeit. Die Programmautomatik eignet sich hervorragend auch für Schnappschüsse und Spontanaufnahmen aller Art.

➤ BasisWissen: Belichtungsprogramme

Durch die automatische Steuerung der Blende und/oder der Verschlusszeit sind die Belichtungsprogramme die entscheidenden Kamerafunktionen für die fototechnische Umsetzung der eigenen Bildideen. Mit den entsprechenden Belichtungsprogrammen können sowohl Profis als auch Fotoamateure Ihre eigenen Bildideen bequem umsetzen. Fotoanfänger und Technikmuffel schaffen auf Anhieb mit den Motivprogrammen schon fast professionell wirkende Aufnahmen. Und entgegen der landläufigen Meinung arbeiten die Profifotografen äußerst selten manuell. Sie verlassen sich fast immer auf die computergesteuerten Belichtungsprogramme moderner D-SLR-Kameras wie Zeit-, Blenden- und Programmautomatik, die im Canon-Jargon als Kreativprogramme bezeichnet werden. In der Grundeinstellung ist jedes Belichtungsprogramm an bestimmte Belichtungs- und AF-Funktionen gekoppelt. Anders als die Motivprogramme, erlauben die Kreativprogramme jederzeit manuelle Korrektureingriffe und die individuelle Konfiguration der belichtungsrelevanten Parameter. Am besten ist es, wenn sämtliche Belichtungsprogramme sich wie bei der EOS 400D mit einer Programmwählscheibe einstellen lassen. Denn der Ergonomieklassiker Wählscheibe bietet den übersichtlichsten, einfachsten und schnellsten Zugriff auf die Programme. Sogar bei ausgeschalteter Kamera kann man erkennen, welches Programm eingeschaltet ist.

Blendenautomatik mit Zeitvorwahl (Tv)

Durch die Vorwahl der Verschlusszeit kann man in der Blendenautomatik die scharfe oder verwischte Wiedergabe von Objekten in Bewegung bestimmen. Die Kamera steuert automatisch die passende Blende zur vorgewählten Verschlusszeit.

Die Blendenautomatik mit Zeitvorwahl ist mit den Buchstaben **Tv** auf der Programmwählscheibe markiert. Das hat nichts mit dem Fernsehen zu tun, denn **Tv** ist die Abkürzung von „Time value priority" und bedeutet Verschlusszeit-Priorität, also automatische Steuerung der Blende nach Verschlusszeitvorwahl. Wenn man die Programmwählscheibe mit dem **Tv** auf den Index dreht, kann man mit dem Einstellrad die gewünschte Verschlusszeit zwischen 1/4000 Sekunde und 30 Sekunden in Drittel- oder halben Stufen manuell vorwählen (je nach eingestellter Individualfunktion 06). Die Kamera steuert automatisch die entsprechende Blende in Abhängigkeit von den Lichtverhältnissen.

Anders als bei der Programmautomatik sollte man in der Praxis darauf achten, dass der jeweils zur Verfügung stehende Blendenbereich für eine korrekte Belichtung mit der vorgewählten Verschlusszeit ausreicht. Wenn im Sucher und auf dem Rückseitenmonitor die Anzeige der größten Blende des jeweiligen Objektivs blinkt, ist die vorgewählte Verschlusszeit zu kurz für eine korrekte Belichtung. Die EOS 400D lässt sich dennoch mit der eingestellten Verschlusszeit auslösen, aber die Aufnahme wird unterbelichtet. Um das zu vermeiden, kann man eine längere Verschlusszeit oder eine höhere Empfindlichkeit einstellen, bei der die Blendenanzeige konstant aufleuchtet. Allerdings lauert bei längeren Verschlusszeiten die Verwacklungsgefahr und bei höheren ISO-Werten nimmt das Rauschen zu. Im Zweifelsfall sollte man je nach Brennweite ein Stativ oder ein Objektiv mit Bildstabilisator verwenden beziehungsweise die Kamera abstützen. Wenn sich das Hauptobjekt innerhalb der Reichweite des Blitzgerätes befindet, kann der Kamera- oder Aufsteckblitz eingeschaltet werden. Belichtet wird

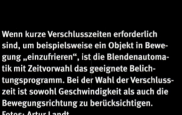

**Wenn kurze Verschlusszeiten erforderlich sind, um beispielsweise ein Objekt in Bewegung „einzufrieren", ist die Blendenautomatik mit Zeitvorwahl das geeignete Belichtungsprogramm. Bei der Wahl der Verschlusszeit ist sowohl Geschwindigkeit als auch die Bewegungsrichtung zu berücksichtigen.
Fotos: Artur Landt**

➤ PraxisTipp: Fernsehaufnahmen

Bei Aufnahmen vom Fernsehbildschirm sind meistens Streifen auf dem Foto zu sehen. Denn die Verschlusszeit ist üblicherweise kürzer als die Bildfrequenz. Folglich müsste man mit längeren Verschlusszeiten als 1/25 s bei einem 50 Hertz Fernseher arbeiten (1/50 s bei 100 Hertz). Auf der sicheren Seite ist man, wenn man in der Blendenautomatik die Verschlusszeit 1/15 Sekunde vorwählt und die Kamera auf ein Stativ befestigt wird.

dann normalerweise mit der manuell eingestellten Verschlusszeit, wenn sie blitzsynchronisiert ist. Bei kürzeren Verschlusszeiten schaltet die Kamera automatisch auf die 1/200 Sekunde um.

Wenn auf dem Rückseitenmonitor und im Sucher Anzeige der kleinsten Blende blinkt, dann ist die vorgewählte Verschlusszeit zu lang für die kleinste Blende am Objektiv. Die Belichtung wird aber durchgeführt, was jedoch zu einer überbelichteten Aufnahme führt. Die Einstellung einer kürzeren Verschlusszeit löst meistens das Problem. Es sei denn, die kürzeste Verschlusszeit von 1/4000 Sekunde ist immer noch zu lang (was in unseren Breitengraden eher unwahrscheinlich ist). Dann hilft ein „lichtschluckendes" neutralgraues Dichtefilter oder die Verringerung der Empfindlichkeit. Als Grundeinstellungen in der Blendenautomatik eignen sich die Mehrfeldmessung, die automatische AF-Sensorwahl, AI Servo AF und Serienbildschaltung, wenn das Objekt in Bewegung ist. Bei statischen Motiven kann man auch mit AI Focus AF oder One Shot AF und Einzelbildschaltung arbeiten.

Die Mönche beim Bettelgang marschierten recht flott und quer zur optischen Achse, sodass die Verschlusszeit 1/500 s für eine scharfe Wiedergabe erforderlich war. Foto: Artur Landt

Die Blendenautomatik ist hervorragend geeignet für Aufnahmen von bewegten oder sich bewegenden Objekten. Sport- und Actionfotografie sind ebenfalls ideale Einsatzgebiete. Je nach eingestellter Verschlusszeit kann das Objekt in Bewegung „eingefroren" (scharf), oder verwischt wiedergegeben werden. Die Blendenautomatik eignet sich auch für verwacklungsfreie Teleaufnahmen, wenn man eine kurze Verschlusszeit einstellt.

➤ BasisWissen: Verschlusszeit und Bewegung

Wenn die Verschlusszeit der Bewegungsgeschwindigkeit des Aufnahmeobjekts nicht angepasst ist, führt das teilweise auch bei Schärfenachführung zu einer mehr oder weniger ausgeprägten Bewegungsunschärfe im Bild. Wichtig in diesem Zusammenhang ist auch die Bewegungsrichtung, zumal die Schärfenachführung normalerweise nur in der Aufnahme-Achse wirklich gut funktioniert. Nehmen wir ein einfaches Beispiel. Eine Person bewegt sich mit durchschnittlich schnellem Gang in einer Kameraentfernung von fünf Meter. Wenn die Bewegung „eingefroren" werden soll, können folgende Verschlusszeiten als Anhaltswert dienen:
1/500 Sekunde bei Bewegungsrichtung quer zur Aufnahmerichtung
1/250 Sekunde bei Bewegungsrichtung schräg zur Aufnahmerichtung
1/125 Sekunde bei Bewegungsrichtung parallel zur Aufnahmerichtung
Bei Objekten mit höherer Geschwindigkeit müssen die Verschlusszeiten entsprechend kürzer ausfallen. Soll der Bewegungsablauf verwischt wiedergegeben werden, sind längere Verschlusszeiten erforderlich.

Zeitautomatik mit Blendenvorwahl (Av)

Durch die Vorwahl der Blende in der Zeitautomatik lässt sich die Ausdehnung der Schärfentiefe im Hinblick auf die Bildgestaltung bestimmen. Die Kamera steuert automatisch die passende Verschlusszeit zur vorgewählten Blende.

Durch Wahl einer großen Blendenöffnung (Blende 4,0) in der Zeitautomatik lässt sich das Kind im Vordergrund vor dem unscharfen Hintergrund plastisch herausarbeiten. Foto: Artur Landt

In der anspruchsvollen Fotografie ist die Schärfentiefe ein sehr wichtiges Mittel der Bildgestaltung. Sie wird durch die Blendenöffnung maßgeblich beeinflusst. Die Blendenvorwahl in der Zeitautomatik bietet daher die Möglichkeit, die Ausdehnung der Schärfentiefe bei hohem Bedienungskomfort zu bestimmen. Das Kürzel **Av** kommt von „Aperture value priority", was Blendenpriorität, also Blendenvorwahl bedeutet. Wenn das Av auf der Programmwählscheibe dem Index an der Kamera gegenübersteht, kann man die gewünschte Blende mit dem Einstellrad in Drittel- oder halben Stufen einstellen – die Belichtungsstufen werden mit der Individualfunktion 06 festgelegt. Die Kamera steuert automatisch, je nach Lichtverhältnissen, die zur eingestellten Blende passende Verschlusszeit zwischen 1/4000 Sekunde und 30 Sekunden. Weil der Verschlusszeitenbereich deutlich größer als der Blendenbereich ist, sind Fehlbelichtungen normalerweise nicht zu erwarten. Aber die Kamera kann gegebenenfalls sehr lange Verschlusszeiten steuern, was die Verwacklungsgefahr und die Rauschanfälligkeit erhöht. Wenn trotzdem im Sucher und auf dem Datenmonitor die Anzeige der längsten Verschlusszeit blinkt (30"), dann ist diese zu kurz für die eingestellte Blende, die Unterbelichtung wird jedoch ausgeführt. Das lässt sich vermeiden durch Einstellung einer größeren Blende (kleinere Blendenzahl), einer höheren Empfindlichkeit oder durch Blitzeinsatz, falls sich das Hauptobjekt innerhalb der Reichweite des Blitzgerätes befindet. Belichtet wird dann mit der eingestellten Blende und einer entsprechenden Synchronzeit bis 1/200 Sekunde. Ist es jedoch zu hell für die eingestellte Blende und die 1/4000 Sekunde, blinkt die Anzeige der kürzesten Verschlusszeit auf dem Rückseitenmonitor und im Sucher (4000). Die Überbelichtung wird aber durchgeführt. Um das zu vermeiden, sollte eine kleinere Blende (größere Blendenzahl) oder eine niedrigere Empfindlichkeit eingestellt werden. Und wenn auch das nicht ausreicht, kann ein „lichtschluckendes" neutralgraues Dichtefilter helfen. Die in der Zeitautomatik mit Blendenvorwahl zu empfehlenden Grundeinstellungen sind Mehrfeldmessung, One Shot AF, manuelle AF-Messfeldwahl sowie Einzelbildschaltung.

Durch die gezielte Dosierung der Schärfentiefe eignet sich die Zeitautomatik mit Blendenvorwahl sehr gut für Porträt-, Landschafts-, Stilleben- und Architekturaufnahmen. Die Mehrfeldmessung liefert bei normalen Lichtverhältnissen oder leicht erhöhten Motivkontrasten korrekt belichtete Aufnahmen. Bei sehr hohen Motivkontrasten oder bei starkem Gegenlicht ist eine manuelle Belichtungskorrektur oder der gezielte Einsatz der Selektivmessung mit Messwertspeicherung

➤ BasisWissen: Weniger ist mehr

Aufgrund des kleineren Bildsensors der EOS 400D kommen für den gleichen Bildausschnitt kürzere Brennweiten als beim KB-Format zum Einsatz. Die Schärfentiefe fällt um etwa eine Blendenstufe größer als beim Kleinbildformat aus. Unter gleichen Aufnahmebedingungen muss man beispielsweise Blende 4 an der EOS 400D einstellen, um die gleiche Schärfentiefe wie beim Kleinbildformat mit Blende 5,6 im zu erreichen (näheres auf S. 98f).

Bei dieser Aufnahme mit Blende 16 ging es darum, die Blendenöffnung so zu wählen, dass sich die Schärfentiefe von vorne bis hinten erstreckt. Foto: Artur Landt

erforderlich, wobei auch eine Ersatzmessung auf eine geeignete Fläche sinnvoll sein kann. Vor allem bei Porträtaufnahmen vor sehr hellem oder sehr dunklem Hintergrund leistet die Selektivmessung gute Dienste.

Die Abblendtaste

Die Abblendtaste ermöglicht die visuelle Beurteilung der Schärfentiefe vor der Aufnahme. Beim Druck auf die Abblendtaste werden die Blendenlamellen auf den automatisch oder manuell eingestellten Wert geschlossen. Dadurch kann man bereits vor der Belichtung im Sucher überprüfen, ob mit der Arbeitsblende die für die angestrebte Bildgestaltung erforderliche Schärfentiefe erreicht werden kann. Das gilt freilich sowohl für eine möglichst geringe als auch für eine möglichst große Ausdehnung der Schärfentiefe. Wie genau die Schärfentiefe visuell beurteilt werden kann, hängt ab von diversen optisch-physikalischen Faktoren, der Motivhelligkeit, der eigenen Sehkraft und der Arbeitsblende, zumal mit kleiner werdenden Blendenöffnung das Sucherbild zunehmend dunkler wird.

➤ PraxisTipp: Selektive und maximale Schärfe

Durch präzise Fokussierung mit einem lichtstarken Teleobjektiv und Einstellung einer großen Blendenöffnung lassen sich bestimmte Motivteile durch selektive Schärfe betonen. Das können zum Beispiel die Augenwimpern oder die Lippen bei einem Porträt sein. Aufgrund des kleineren Bildformats (siehe BasisWissen und Seite 98f) müsste man jedoch um eine Stufe stärker aufblenden, um die gleiche Schärfentiefe wie beim Kleinbildformat zu haben. Will man dagegen die maximale Schärfe erreichen, dann entscheidet man sich für die kritische Blende, so wie auf Seite 91 beschrieben. Wer jedoch die maximale Ausdehnung der Schärfentiefe wünscht, stellt die hyperfokale Distanz ein – so wie auf Seite 47 beschrieben.

Nachführmessung und Schärfentiefenautomatik

Den Umgang mit Blende und Verschlusszeit sowie die Nachführmessung bei manueller Belichtungseinstellung sollte jeder Fotoamateur beherrschen. Die automatische Bestimmung der Schärfentiefe ist dagegen eine einfache, aber feine Sache.

Wenn es darum geht, sämtliche Parameter einer Aufnahme selbst zu bestimmen, ist die manuelle Belichtungseinstellung die erste Wahl. Foto: Artur Landt

Manuelle Belichtungseinstellung (M)

Die Handwerker unter den Fotografen freuen sich über die manuelle Belichtungseinstellung, denn sowohl die Blende als auch die Verschlusszeit werden per Hand eingestellt. Aber auch Fotoanfänger und Spiegelreflex-Einsteiger sollten unbedingt die Zusammenhänge zwischen Blende und Verschlusszeit kennen lernen, weil sie grundlegend für die Fotografie sind. Das **M** auf der Programmwählscheibe muss der Indexmarkierung an der Kamera gegenüberstehen. Die Belichtungsabweichung wird auf der umfunktionierten Skala für die Belichtungskorrektur im Sucher und auf dem Rückseitenmonitor angezeigt. Die analoge Skala hat eine Nullposition, die den korrekten Belichtungsabgleich anzeigt. Die Belichtungsabweichung wird im Bereich von +/- 2 EV in Drittel- oder halben Stufen angegeben, je nach Kameraeinstellung (Individualfunktion 06). Wenn der bewegliche Index unter +2 oder −2 nicht mehr konstant aufleuchtet, sondern blinkt, dann ist die Abweichung größer als zwei Stufen. Der Belichtungsabgleich wird durch Nachführmessung realisiert, indem man die Blende oder die Verschlusszeit verändert. Die Verschlusszeit wird unmittelbar mit dem Einstellrad bestimmt. Um die gewünschte Blende einzustellen, muss man bei gedrückter AV-Taste das Einstellrad drehen. Leider entspricht die Drehrichtung nicht der Index-Bewegung. Wenn eine bestimmte Blende gewünscht wird, erfolgt der Belichtungsabgleich über die Verschlusszeit. Wird eine bestimmte Verschlusszeit eingestellt, muss der Belichtungsabgleich über die Blende stattfinden.

Die manuelle Belichtungseinstellung zählt ebenfalls zu den Programmen, weil sie in der Grundeinstellung an eine bestimmte AF-Betriebsart und Belichtungsmessart gekoppelt ist. Die freie Bestimmung der Blende und Verschlusszeit, eventuell kombiniert mit der manuellen Scharfeinstellung, ist ideal für die bewusste Lösung von schwierigen Aufnahmesituationen, wie Gegenlichtaufnahmen, gezielte Über- oder Unterbelichtungen, Low-key- oder High-key-Aufnahmen, ausgedehnte Belichtungsreihen mit konstanter Blende oder Verschlusszeit, experimentelle Fotografie, Aufnahmen mit sehr dunklen Filtern oder Trickvorsätzen.

Schärfentiefenautomatik (A-DEP)

Die Schärfentiefenautomatik ist eine echte Canon-Spezialität, die sonst kein Hersteller anbietet. Sie ist auf der Programmwählscheibe mit **A-DEP** markiert, der Abkürzung für „Auto Depth of Field". In der Schärfentiefenautomatik kann die Ausdehnung der Schärfentiefe zwischen einem Nah- und einem Fernpunkt genau bestimmt werden, sofern diese von den AF-Sensoren erfasst werden. Oder anders formuliert: In der Schärfentiefenautomatik wird alles scharf abgebildet, was sich im Bereich der neun AF-Messfelder befindet. Daher funktioniert sie nur bei Autofokus-

> **PraxisTipp: Einen Schritt zurück**
>
> Falls die Schärfentiefe mit der kleinsten Blende nicht zu erreichen ist, kann eine kürzere Brennweite oder eine größere Aufnahmedistanz bedingt Abhilfe schaffen. Bedingt, weil die Schärfentiefe vom Abbildungsmaßstab abhängt (Brennweite und Entfernung), sodass keine formatfüllenden Aufnahmen möglich sind. Bei konstanter Blende ist die Schärfentiefe bei Ausschnittvergrößerungen in identischen Bildausschnitten gleich groß.

> **BasisWissen: Blendenöffnung und Blendenzahl**
>
> Die Blendenöffnung ist eigentlich ein Öffnungsverhältnis, das als Bruchteil der Brennweite angegeben wird. Ein Öffnungsverhältnis von 1:4 oder 1:8 besagt, dass die wirksame Blendenöffnung viermal beziehungsweise achtmal kleiner als die Brennweite ist. Der Kehrwert des Öffnungsverhältnisses ist die Blendenzahl. Das Öffnungsverhältnis 1:4 wird durch die Blendenzahl 4 ausgedrückt, das Öffnungsverhältnis 1:8 durch die Blendenzahl 8. Daraus folgt, dass eine kleinere Blendenöffnung durch eine größere Blendenzahl ausgedrückt wird. Üblicher- aber auch fälschlicherweise wird die Blendenzahl als Blende bezeichnet. Die Blende ist jedoch die mechanische Vorrichtung, die in jedem Objektiv den Strahlengang und somit das einfallende Lichtbündel begrenzt.

betrieb, sodass der AF/MF-Schalter an den EF-Objektiven unbedingt auf AF stehen muss. Die Wahl der AF-Messfelder wird auf Automatikbetrieb umgeschaltet, selbst wenn in einem anderen Programm die manuelle AF-Messfeldwahl aktiviert wurde.

Die erforderliche Blende wird beim Antippen des Auslösers automatisch ermittelt und in der Sucherleiste sowie auf dem externen Datenmonitor angezeigt. Die jeweils aktiven AF-Messfelder sowie der grüne Fokusindikator rechts im Sucher leuchten konstant auf. Die Kamera steuert automatisch eine Blende und eine Entfernungseinstellung, bei der alles innerhalb der von den AF-Sensoren erfassten Zone im Bereich der Schärfentiefe liegt. Wenn die gewünschte Schärfentiefe nicht zu realisieren ist, blinkt die Blendenanzeige. Die Belichtung wird aber dennoch korrekt ausgeführt. Mit der Schärfentiefenautomatik kann man aber auch die Ausdehnung des Schärfenraumes auf ein Minimum reduzieren, nämlich wenn die AF-Messfelder nur Motivpunkte aus einer Ebene erfassen. Die visuelle Kontrolle der Schärfentiefe im Sucher ist durch Druck auf die Abblendtaste bei angetipptem Auslöser möglich. Die Verwendung des Kamerablitzes oder eines Aufsteckblitzes ist zwar technisch nicht ausgeschlossen, doch damit hebt man die Wirkung der Schärfentiefenautomatik wieder auf, weil die Kamera nach derselben Charakteristik wie die Programmautomatik arbeitet. Ferner sollte man bedenken, dass bei der Schärfentiefenautomatik oft kleine Blendenöffnungen gesteuert werden, die lange Verschlusszeiten zur Folge haben. Das erhöht die Verwacklungsgefahr, sodass der Einsatz eines Stativs eine wertvolle Hilfe sein kann. Die Schärfentiefenautomatik eignet sich sehr gut für Aufnahmen von Personengruppen, um sicher zu stellen, dass sich alle Personen im Bereich der Schärfentiefe befinden.

In der Schärfentiefenautomatik genügt es, wenn sich alle Personen im Bereich der AF-Messfelder befinden. Foto: Artur Landt

Vollautomatik und Porträtprogramm

Wer vollkommen unbelastet von der Kameratechnik mit der EOS 400D fotografieren will, findet in der Vollautomatik das passende Programm. In dem Motivprogramm für Porträtaufnahmen gelingen auf Anhieb scharfe Porträts vor einem unscharfen Hintergrund.

„Grüne" Vollautomatik

Die mit einem grünen Rechteck auf der Programmwählscheibe markierte Vollautomatik ist speziell für Fotoanfänger, Spiegelreflex-Einsteiger und Technikmuffel konzipiert. Daher erfolgen alle Kameraeinstellungen automatisch. Ja mehr noch, fast sämtliche manuellen Eingriffsmöglichkeiten sind gesperrt. Das ist nicht als Bevormundung der Anwender, sondern als Schutz vor ungewollten oder willkürlichen Kameraverstellungen gedacht. Somit kann die besagte Zielgruppe ganz unbelastet von der Aufnahmetechnik scharfe und korrekt belichtete Fotos erhalten und sich dabei voll auf das Bild und die Bildgestaltung konzentrieren. Auch unbeschwerte Schnappschüsse gelingen spielend, denn es genügt, das Motiv anzuvisieren und auf den Auslöser zu drücken.

Die Canon EOS 400D arbeitet in der Vollautomatik mit Mehrfeldmessung, automatischem Weißabgleich, ISO-Automatik, Einzelbildschaltung, automatischer AF-Messfeldwahl und AI Focus AF, also mit automatischer Umschaltung von statischem Autofokus auf Schärfenachführung, wenn die Kamera eine Objektbewegung erkennt. Der eingebaute Kamerablitz wird bei Bedarf ebenfalls automatisch herausgeklappt und gezündet. Andere wichtige Funktionen, wie Programmverschiebung, manuelle Belichtungskorrektur oder Selektivmessung sind gesperrt.

Mit der Vollautomatik gelingen ganz unbelastet von der Aufnahmetechnik scharfe und korrekt belichtete Bilder. Foto: Artur Landt

Motivprogramm für Porträtaufnahmen

Ein besonderes Merkmal professioneller Porträtaufnahmen ist die scharfe Wiedergabe des Gesichts vor einem unscharf abgebildeten Hintergrund. Wer die Zusammenhänge zwischen Abbildungsmaßstab und Blendenöffnung im Hinblick auf die Ausdehnung der Schärfentiefe kennt, ist fein raus. Wer unter den Besitzern einer Canon EOS 400D diese Zusammenhänge nicht oder noch nicht kennt, ist ebenfalls fein raus. Denn mit dem Motivprogramm für Porträtaufnahmen gelingen ganz unbelastet von der Fototechnik gekonnt aussehende Porträts.

Das Porträtprogramm ist eingeschaltet, wenn das entsprechende Piktogramm (Frauenkopf im Profil) auf der Programmwählscheibe dem Index an der Kamera gegenübersteht. Damit eine möglichst geringe Ausdehnung der Schärfentiefe erreicht wird, ist die Software des Porträtprogramms für große Blendenöffnungen ausgelegt (die durch kleine Blendenzahlen ausgedrückt werden). Folglich steuert die Canon EOS 400D im Porträtprogramm immer die größte Blendenöffnung des jeweiligen Objektivs oder der jeweiligen Brennweite bei Zooms mit variabler Anfangsöffnung bis zur Verschlusszeit 1/4000 Sekunde. Erst wenn es für diese Verschlusszeit zu hell ist, wird die Blende geschlossen.

➤ BasisWissen: Motivprogramme

Fotoanfänger, Spiegelreflex-Einsteiger und Technikmuffel können aufatmen, weil in den Motivprogrammen schon fast professionell wirkende Aufnahmen gelingen. Denn die Programmsteuerung ist auf die in den jeweiligen Motivbereichen vorherrschenden Aufnahmebedingungen abgestimmt. Einsetzen kann die Motivprogramme aber jeder, der sich im entscheidenden Augenblick über die anzuwendende Aufnahmetechnik unsicher ist.

Durch die automatische Steuerung der jeweils größtmöglichen Blendenöffnung wird das scharf abgebildete Gesicht von dem unscharf abgebildeten Hintergrund plastisch gelöst. Das Porträtprogramm harmoniert folglich am besten mit lichtstarken Objektiven ab der KB-äquivalenten Brennweite 80 Millimeter. Besonders gut geeignet für Porträtaufnahmen sind Objektive oder Zoomeinstellungen zwischen 80 und 135 Millimeter. Unbemerkte Porträts aus größerer Entfernung gelingen am besten mit längeren Telebrennweiten zwischen 180 und 200 Millimeter. Bei noch längeren Brennweiten ist die Verwacklungsgefahr bei Freihandaufnahmen sehr groß, es sei denn, es kommen Objektive mit Bildstabilisator oder ein Dreibeinstativ zum Einsatz.

Die Porträtaufnahmen mit dem entsprechenden Motivprogramm gelingen auf einfache Weise. Foto: Artur Landt

Im Motivprogramm für Porträtaufnahmen arbeitet die Canon EOS 400D mit Mehrfeldmessung, automatischem Weißabgleich, ISO-Automatik, Serienbildschaltung, automatischer AF-Messfeldwahl und One Shot AF. Es sind nur JPEG-Aufnahmen mit dem Porträt-Bildstil möglich. Wenn man mit langen, hochgeöffneten Brennweiten ein Gesicht formatfüllend fotografieren oder womöglich einen noch knapperen Bildausschnitt wählen will, kann es durchaus vorkommen, dass die Nasenspitze scharf, aber die Augen unscharf abgebildet werden. Einer hinlänglich bekannten Porträtregel zufolge, sollte man im Zweifelsfall immer auf die Augen fokussieren. Dafür genügt es, das aktive AF-Messfeld auf die Augen zu richten und die Schärfe durch Druckpunkt am Auslöser zu speichern. Anschließend lässt sich der ursprüngliche Bildausschnitt in Ruhe wählen.

➤ PraxisTipp: Ausdrucksstark

Die klassischen Porträts sind prinzipiell statische Aufnahmen, die aber einen bewegten Gesichtsausdruck freilich nicht ausschließen. Bewährt hat sich, wenn man beispielsweise die porträtierte Person in ein Gespräch verwickelt, den gewünschten Gesichtsausdruck abwartet und erst im richtigen Augenblick auslöst. Etwas problematisch ist das jedoch bei aktivierter Funktion zur Reduzierung des Rote-Augen-Effekts, denn hier vergehen einige Sekunden zwischen dem Antippen des Auslösers und dem tatsächlichen Auslösen. Der Fotograf oder die Fotografin kann jedoch im Sucher den Gesichtsausdruck der porträtierten Person beobachten und auf eine erwünschte oder unerwünschte Veränderung während des Countdowns der Vorbeleuchtung reagieren. Natürlich kann man auch einige Augenblicke nach dem Ablauf der Funktion auslösen. Auf jeden Fall ist die Funktion zur Reduzierung des Rote-Augen-Effekts für Porträtaufnahmen gedacht. Sie ist aber nicht automatisch an das Porträtprogramm gekoppelt, sondern muss im Funktionsmenü manuell eingeschaltet werden. Der Kamerablitz springt jedoch bei Bedarf automatisch heraus.

Landschafts- und Makroprogramm

Technisch wenig versierte Naturliebhaber kommen mit den beiden Motivprogrammen für Landschafts- und für Nahaufnahmen voll auf ihre Kosten. Die Wahl geeigneter Objektive führt zu besseren Bildergebnissen.

Motivprogramm für Landschaftsaufnahmen

Standardisierte Landschaftsaufnahmen gibt es glücklicherweise nicht, doch gehören Übersichtsbilder auch in der anspruchsvollen Landschaftsfotografie zum Fotoalltag. Ihre charakteristischen Merkmale sind der große Aufnahmewinkel und die ausgedehnte Schärfentiefe. Daher ist das mit dem Bergpiktogramm markierte Landschaftsprogramm für kurze Brennweiten und große Schärfentiefe ausgelegt. Es ist sozusagen das Gegenstück des für längere Brennweiten und geringe Schärfentiefe konzipierten Porträtprogramms. Im Landschaftsprogramm werden möglichst kleine Blenden gesteuert, bis der Kehrwert der Verschlusszeit erreicht wird. Die Canon EOS 400D arbeitet in diesem Programm mit Mehrfeldmessung, automatischem Weißabgleich, Landschaft-Bildstil, ISO-Automatik, Einzelbildschaltung, automatischer AF-Messfeldwahl und One Shot AF. Kamerablitz und AF-Hilfslicht lassen sich in diesem Programm nicht einsetzen, weil die meisten Landschaftsaufnahmen bei unendlicher Entfernungseinstellung stattfinden, die Reichweite des Kamerablitzes aber begrenzt ist. Wie in jedem Motivprogramm kann auch im Landschaftsprogramm die Selektivmessung und die manuelle Belichtungskorrektur nicht aktiviert werden, was bei starkem Gegenlicht und sehr hohen Motivkontrasten, die bei großen Bildwinkeln mitunter auftreten, problematisch sein kann.

Um die Programmcharakteristik des Landschaftsprogramms so wirkungsvoll wie möglich zu nutzen, sollte man vor allem kurze Brennweiten mit großem Bildwinkel, also Weitwinkelobjektive oder Zoomobjektive in Weitwinkelstellung verwenden. Objektive mit Brennweiten zwischen 10 und 28 mm (KB-äquivalent) haben bereits bei Anfangsöffnung einen sehr großen Schärfentiefenbereich, der sich durch Abblenden noch ausdehnen lässt. Dadurch ist es möglich, sowohl den Vordergrund als auch den Hintergrund scharf abzubilden. Kleine Blendenöffnungen implizieren normalerweise lange Verschlusszeiten. Wenn diese länger als der Kehrwert der Brennweite sind, ist ein stabiles Dreibeinstativ oder ein Objektiv mit Bildstabilisator hilfreich.

Motivprogramm für Makroaufnahmen

Das mit einem Blumenpiktogramm markierte Nahprogramm ist ausgelegt für die Makroeinstellung der Zooms und für die speziellen Makroobjektive. Auch im dafür optimierten Motivprogramm sind Nah- und Makroauf-

Die große Ausdehnung der Schärfentiefe ist eine Charakteristik des Landschaftsprogramms. Foto: Artur Landt

➤ PraxisTipp: Bildgestaltung mit Vordergrund

Das Landschaftsprogramm ist zwar für Übersichtsaufnahmen gedacht. Durch Schärfespeicherung bei angetipptem Auslöser oder bei manueller Fokussierung ist es jedoch möglich, auch den Vordergrund in die Bildgestaltung mit einzubeziehen. Mit Weitwinkelobjektiven in dem auf große Schärfentiefe ausgelegten Landschaftsprogramm können Aufnahmen mit monumentalem Vordergrund und weitem, sich stark verjüngendem Horizont gelingen.

nahmen schwierige Aufnahmegebiete. Mit zunehmendem Abbildungsmaßstab wird der Objektivauszug größer und die Ausdehnung der Schärfentiefe geringer, sodass stark abgeblendet werden müsste. Die Verlängerung des Objektivauszugs und die kleine Blendenöffnung führen zwangsläufig zu Lichtverlust, was recht lange Verschlusszeiten zur Folge haben kann. Bei der EOS 400D entspricht die Programmcharakteristik des Makroprogramms in etwa dem Porträtprogramm, mit dem Unterschied, dass wenn die Lichtverhältnisse es erlauben, meistens Blende 5,6 gesteuert wird. Aufgrund der recht großen Arbeitsblende fallen die Verschlusszeiten kürzer aus als im Nahbereich sonst üblich. Das erleichtert vor allem Fotoanfängern die Arbeit, weil sich die Verwacklungsgefahr in Grenzen hält. Wenn man aber bedenkt, dass die Ausdehnung der Schärfentiefe, je nach Abbildungsmaßstab, ohnehin nur wenige Millimeter beträgt und dass möglichst stark abgeblendet werden muss, wird die Blende 5,6 kaum ausreichen. Zwar entspricht die Schärfentiefe, durch das kleinere Aufnahmeformat der EOS 400D bedingt, in etwa Blende 8 beim Kleinbildformat, aber auch das ist immer noch recht knapp bemessen. Daher ist das Nahprogramm eher für Detailaufnahmen und kleinere Stilleben als für echte Makroaufnahmen geeignet. Der Kamerablitz klappt bei Bedarf automatisch heraus. Der Blitzeinsatz verringert die Verwacklungsgefahr und verleiht den Aufnahmen mehr Brillanz. Allerdings ist darauf zu achten, dass der lange Objektivauszug das Blitzlicht nicht abschattet. Wer höhere Ambitionen in diesem Motivbereich hat, kann sich auch den Makro-Ringblitz MR-14EX oder den Makro-Zwillingsblitz MT-24EX zulegen, die speziell für dieses Aufnahmegebiet konzipiert sind. Die Canon EOS 400D arbeitet im Makroprogramm mit Mehrfeldmessung, automatischem Weißabgleich, ISO-Automatik, Einzelbildschaltung, automatischer AF-Messfeldwahl und One Shot AF. Bei unbewegten Motiven ist es im Nahbereich empfehlenswert, vom Stativ zu fotografieren, um die Verwacklungsgefahr zu verringern.

Die geringe Ausdehnung der Schärfentiefe im Nahbereich und die nicht sehr kleine Blendenöffnung im Makroprogramm erlauben oft nur eine selektive Schärfe. Foto: Artur Landt

➤ BasisWissen: Einflussfaktoren auf die Schärfentiefe

Die Ausdehnung der Schärfentiefe wird durch folgende Faktoren beeinflusst:

Geringe Ausdehnung der Schärfentiefe
- große Blendenöffnung = kleine Blendenzahl
- lange Brennweite
- kurze Aufnahmedistanz
- großer Abbildungsmaßstab
- kleiner Zerstreuungskreisdurchmesser

Große Ausdehnung der Schärfentiefe
- kleine Blendenöffnung = große Blendenzahl
- kurze Brennweite
- große Aufnahmedistanz
- kleiner Abbildungsmaßstab
- großer Zerstreuungskreisdurchmesser

Abblenden um zwei Stufen halbiert den Zerstreuungskreisdurchmesser. Die Größe der Sensor-Pixel und der Abstand der Pixel-Mittelpunkte (Pixel-Pitch) sind weitere Einflussfaktoren, die sich aber als Baukonstanten des Bildsensors nicht verändern lassen.

Die anderen Motivprogramme

Die nächsten drei Motivprogramme der EOS 400D sind für besonders reizvolle, jedoch technisch schwierige Motivbereiche gedacht: Sportfotografie, Porträts bei Nacht und natürlich wirkende Aufnahmen ohne Blitzlicht.

Motivprogramm für Sportaufnahmen

Das mit einem Läuferpiktogramm gekennzeichnete Motivprogramm für Sport- und Actionaufnahmen ist kurzzeitorientiert. Kurze Verschlusszeiten sind in zweierlei Hinsicht wichtig: Erstens, um Objekte in Bewegung „einzufrieren", das heißt scharf wiederzugeben. Und zweitens, um die brennweitenbedingte Verwacklungsgefahr zu verringern. Denn in der Sportfotografie werden üblicherweise lange Brennweiten eingesetzt. Wenn die Lichtverhältnisse und die Anfangsöffnung des Objektivs es erlauben, wird üblicherweise eine kürzere Verschlusszeit als 1/250 Sekunde gesteuert. Die Canon EOS 400D arbeitet mit Mehrfeldmessung, automatischem Weißabgleich, ISO-Automatik, Serienbildschaltung, automatischer AF-Messfeldwahl und AI Servo AF. Die Schärfenachführung und die automatische Wahl der AF-Messfelder erleichtern das Verfolgen von bewegten oder sich bewegenden Aufnahmeobjekten. Ein Einbeinstativ oder ein Objektiv mit Bildstabilisator sind bei langen Brennweiten zu empfehlen. Die kurzen Verschlusszeiten und der dynamische Autofokus eigenen sich hervorragend auch für Aufnahmen von spielenden Kindern oder für Tieraufnahmen im Telebereich.

Motivprogramm für Nachtporträts

Das Motivprogramm für Nachtsporträts ist nicht für Nachtaufnahmen im herkömmlichen Sinn gedacht, weil es bei Dunkelheit mit Langzeit-Blitzsynchronisation arbeitet. Diese Funktion ist vor allem dann sinnvoll, wenn beispielsweise eine Person oder ein anderes Hauptmotiv vor einer beleuchteten Stadtkulisse oder vor einem Sonnenuntergang fotografiert werden soll. Mit anderen Programmen wird entweder das Hauptmotiv im Vordergrund oder der Hintergrund korrekt belichtet. Beim Blitzen in einem beliebigen Programm wird das Hauptmotiv korrekt, der Hinter-

Das Sportprogramm steuert kurze Verschlusszeiten, und eignet sich auch, um hyperaktive Kinder aufzunehmen. Foto: Artur Landt

Im Motivprogramm für Nachtporträts erhält die Person im Vordergrund die korrekte Belichtung durch das Blitzlicht, der Hintergrund hingegen durch die lange Verschlusszeit. Foto: Birgit Landt

Die anderen Motivprogramme

> **PraxisTipp: Mehrfachblitzen**
>
> Eine reizvolle Alternative zu den üblichen Nachtaufnahmen ist das Mehrfachblitzen. Die Kamera ist auf einem Stativ befestigt, die Entfernung manuell fokussiert und es wird bei ISO 100 eine Verschlusszeit von 30 s und eine kleine Blende (etwa 16) eingestellt. Mit einem externen Blitzgerät kann man aus diversen Positionen den Vordergrund anblitzen, wobei die volle Ladung manuell gezündet wird – das Ergebnis wird spannend.

grund aber zu dunkel wiedergegeben. Das Motivprogramm für Nachtporträts steuert bei Blitzaufnahmen eine längere Verschlusszeit, sodass auch der Hintergrund ausreichend belichtet wird. Das Hauptmotiv im Vordergrund erhält die korrekte Belichtung durch das Blitzlicht, der Hintergrund durch die lange Verschlusszeit. Die EOS 400D arbeitet mit Mehrfeldmessung, automatischem Weißabgleich, ISO-Automatik, Einzelbildschaltung, automatischer AF-Messfeldwahl und One Shot AF. Ein Stativ ist unbedingt empfehlenswert, um die Verwacklungsgefahr bei der verlängerten Belichtung zu reduzieren. Die Personen im Vordergrund sollten sich nach der Zündung des Blitzes nicht bewegen, um Doppelkonturen zu vermeiden. Der Kamerablitz springt automatisch heraus und auch das Autofokus-Hilfslicht leistet gute Dienste bei Dunkelheit. Bei Personenaufnahmen kann man zusätzlich auch die Funktion zur Verringerung des „Rote-Augen-Efekts" aktivieren. Das Nachtprogramm funktioniert auch mit systemkonformen Aufsteckblitzgeräten und ist nicht an einen bestimmten Brennweitenbereich orientiert. Weitwinkel- und Standardobjektive eignen sich jedoch besser als Teleobjektive für geblitzte Nachtaufnahmen.

Typische Available-Light-Szene: Das Blitzlicht hätte unschöne Reflexe in der Glasscheibe verursacht und die Blicke auf die Kamera gelenkt. Foto: Artur Landt

Das Available-Light-Programm

Das Programm für Aufnahmen bei vorhandenem Licht soll durch permanente Blitzabschaltung helfen, die natürliche Lichtstimmung einer Szene zu erhalten. Doch gerade wenn das Licht für Stimmung sorgt, in der Abenddämmerung oder bei Kerzenschein beispielsweise, lauert die Verwacklungsgefahr, sodass der Stativeinsatz nahezu zwingend ist. Der Kamerablitz springt nicht heraus und auch ein Aufsteckblitz lässt sich nicht zünden. Leider ist auch das AF-Hilfslicht außer Betrieb gesetzt, obwohl es sich gerade bei schwachem Umgebungslicht als hilfreich erweisen könnte. Die Canon EOS 400D arbeitet in diesem Motivprogramm mit Mehrfeldmessung, automatischem Weißabgleich, ISO-Automatik, Einzelbildschaltung, automatischer AF-Messfeldwahl und AI Focus AF. Das Available-Light-Programm ist nicht für ein bestimmtes Motivgebiet konzipiert und kann sowohl bei Außen- als auch bei Innenaufnahmen eingesetzt werden. Und natürlich nicht nur, um eine warme Lichtstimmung einzufangen, sondern auch um zur blauen Stunde zu fotografieren oder eine beleuchtete Nachtszene im Bild festzuhalten.

> **BasisWissen: Dreibein-Stative**
>
> Dreibein-Stative sind immer ein Kompromiss zwischen Stabilität und Tragbarkeit. Stabile, robuste Stative sind teuer und meistens schwer. Es ist auch denkbar, zwei Stative zu besitzen: ein kleines und leichtes für Reisen und Wanderungen sowie ein schweres und stabiles Kurbelstativ für Stilllife-, Porträt- oder Makroaufnahmen im „Wohnzimmer-" oder „Keller-Studio". Auf jedes Fotostativ gehört ein Kugelkopf mit einstellbarer Friktion und kein 3D-Neiger, der eher für Video- und Filmaufnahmen gedacht ist. Für die Testaufnahmen verwenden wir Feingetriebeneiger, bei denen sich die Kamera in jeder Richtung unabhängig von den anderen zwei verstellen lässt. Der Feintrieb ermöglicht eine sehr präzise Ausrichtung der Kamera, die ohne Feststellmechanismus ihre Position behält. Die Feingetriebeneiger sind jedoch sehr groß und schwer, was den mobilen Einsatz im Wortsinn erschwert. Einen sehr guten Kompromiss zwischen Stabilität und Gewicht bieten die Carbon-Stative von diversen Herstellern, die uneingeschränkt zu empfehlen sind. Einbeinstative sind vor allem für die Sportfotografie interessant, weil sie die volle Bewegungsfreiheit bei der Objektverfolgung bieten und die schweren lichtstarken Teleobjektive mit ihren drei bis fünf Kilogramm recht stabil zu halten sind.

Die Blitzbelichtungsmessung

Die EOS 400D ist mit einer raffinierten Blitzbelichtungsmessung ausgestattet, die sowohl mit dem eingebauten Kamerablitz als auch mit den EX-Aufsteckblitzgeräten die Blitzfotografie genauso einfach wie das Fotografieren bei Tageslicht macht.

IIn der Grundeinstellung sollte man unbedingt die Mehrfeldmessung für die E-TTL II Blitzsteuerung aktivieren, denn sie arbeitet viel differenzierter und präziser als die Integralmessung.

Die raffinierte E-TTL-II-Steuerung kann auch mit dem Kamerablitz eingesetzt werden.
Foto: Artur Landt

Ein weiteres technisches Highlight der EOS 400D ist die E-TTL II Blitzsteuerung (E-TTL=Evaluative Through-The-Lens). Die E-TTL II Blitzbelichtungsmessung arbeitet in der Grundeinstellung mit der gleichen Aufteilung der 35 Messsegmente wie die Mehrfeldmessung für Dauerlicht. Aber die Gewichtung der Messsegmente ist eine andere. Es wird nur das dem aktiven AF-Sensor entsprechende Messsegment als Hauptmessfeld gewichtet, während die anschließenden Messsegmente als Peripheriemessfelder berücksichtigt werden. Die anderen Messzonen gehen in die reine Blitzmessung nicht ein, die vor den Aufnahmen durch einen Messblitz ermittelt wird. Anders als bei der „einfachen" E-TTL Blitzsteuerung, wird zusätzlich auch die Entfernung zum Hauptobjekt für die Analyse der Helligkeitsverteilung im Motiv genutzt. Wenn beispielsweise bei einer Hochzeitsaufnahme der AF-Messpunkt das Gesicht der Braut erfasst, kann das raumdominante weiße Brautkleid bei der herkömmlichen E-TTL Blitzsteuerung dennoch zu einer Unterbelichtung führen. Der raffinierte Algorithmus der E-TTL II Blitzsteuerung bewertet die Motivsituation ganz anders, weil auch die Entfernung zum Hauptmotiv berücksichtigt wird. Dadurch werden nicht nur die durch den AF-Messpunkt erfassten Motivpartien, sondern auch Bereiche in etwa gleicher Distanz wie das Hauptmotiv als messrelevant betrachtet. Somit wird auch das weiße Brautkleid motivgerecht analysiert. Ausgeklammert werden die hoch reflektierende Bereiche erst wenn sie nicht mit der Entfernungsmessung korrelieren.

Die E-TTL II Blitzsteuerung führt zu ausgewogenen Blitzaufnahmen, bei denen sowohl der Vordergrund als auch der Hintergrund korrekt belichtet werden (gilt nicht für Nachtporträts, siehe vorherige Doppelseite). Je nach Motiv wird das Blitzlicht so fein abgestuft dosiert, dass die natürliche Lichtstimmung erhalten bleibt. Die Speicherung der so ermittelten Blitzbelichtung ist ebenfalls möglich, was eine Ausschnittsänderung erleichtert. Die E-TTL-II-Steuerung funktioniert sowohl mit dem eingebauten Kamerablitz als auch mit systemkonformen Speedlite EX-Blitzgeräten. Mit dem Topmodell Speedlite 580EX läuft die Kamera zur Hochform auf. Mit dem 580 EX und mit dem 430EX ist auch die Übertragung der Informationen über die Farbtemperatur des gerade gezündeten Blitzes vom Blitzgerät an die Kamera möglich, was zu einem sehr präzisen automatischen Weißabgleich führt. Die EOS 400D unterstützt auch die Bildsensor-abhängige Zoomkontrolle mit den Speedlites 580EX und 430EX, bei der die Zoomposition des Blitzreflektors der

Die Blitzbelichtungsmessung | 71

> **PraxisTipp: Blitzabschattung vermeiden**
> Bei bestimmten Gegenlichtblenden und Objektiven mit langer Brennweite oder großer Anfangsöffnung kann ein Teil des Leuchtwinkels des Kamera- oder sogar des Aufsteckblitzes abgeschattet werden. Die Abschattung ist an einem mehr oder weniger großen dunklen Halbkreis in der unteren Bildhälfte zu erkennen. Beim Blitzeinsatz ist es daher besser, die Gegenlichtblende zu entfernen und auf die „Blitzeignung" des Objektivs zu achten.

Kleinbild-äquivalenten Objektivbrennweite automatisch angepasst wird. Dadurch wird eine optimale Ausleuchtung der kleineren Bildsensoren und eine bessere Lichtausbeute realisiert. Die E-TTL II Blitzsteuerung funktioniert freilich tadellos auch mit den anderen Speedlite EX-Blitzgeräten: 550EX, 420EX, 380EX, 220EX, MT-24EX und MR-14EX. Mit einem oder mehreren kompatiblen Systemblitzen ist sogar drahtlose E-TTL II Blitzsteuerung möglich.

Die älteren Systemblitzgeräte der EZ-, E-, EG-Serien, die nur die TTL oder A-TTL Blitzsteuerung beherrschen (Advanced-TTL), lassen sich an der EOS 400D nicht mit der Blitzautomatik, sondern nur, wenn überhaupt, manuell betreiben. Das hat technische Gründe. Bei der einfachen TTL Blitzsteuerung (TTL = Through-The-Lens), die wir aus der analogen Fotografie kennen, wird das Blitzlicht während der Belichtung gemessen und dosiert. Das gilt auch für die A-TTL Messung, bei der zusätzlich auch das Umgebungslicht berücksichtigt wird. Dabei ermittelt eine im Kameraboden untergebrachte Messzelle das vom Film diffus reflektierte Licht und gibt beim Erreichen der erforderlichen Blitzlichtmenge das Signal für die Blitzabschaltung. Das funktioniert in der analogen Fotografie recht gut, weil die verschiedenen Filmsorten homogene, diffuse, weitgehend identische Reflexionseigenschaften haben. Elektronische Bildsensoren reflektieren jedoch das Licht gerichtet, richtungsabhängig, sodass in einigen Teilbereichen eine viel stärkere Reflexion als in anderen stattfinden kann. Das inhomogene, uneinheitliche Reflexionsverhalten der Bildsensoren führt jede für analoge Filme abgestimmte Blitzbelichtungsmessung irre. All das kann in der digitalen Fotografie zu fehlbelichteten Blitzaufnahmen führen. Wirkungsvolle Abhilfe schafft hier die Vorblitzmessung, bei der die Blitzdosierung anhand eines Messblitzes vor der eigentlichen Aufnahme erfolgt, wie bei der E-TTL und vor allem bei der E-TTL II Blitzsteuerung.

Der dunkle Halbkreis in der unteren Bildhälfte ist auf die Abschattung des Kamerablitzes durch eine zu große Gegenlichtblende zurückzuführen. Foto: Artur Landt

Bei langen Blitzleuchtzeiten oder geringer Blitzintensität kann eine warme, rötliche Farbtendenz im Bild sichtbar werden. Bei kurzen Blitzleuchtzeiten dagegen ist eher mit einem Blaustich zu rechnen. Fotos: Artur Landt

> **BasisWissen: Farbtemperatur-Information**
>
> Die Farbtemperatur des Blitzlichts verändert sich mit der Blitzleistung und der Blitzleuchtzeit (Torzeit). Unmittelbar nach der Zündung des Blitzes erfolgt eine Blitzentladung von großer Intensität, die nach Erreichen des Maximalwerts zunehmend langsamer wieder gegen Null sinkt. Im Verlauf der Blitzentladung ändert sich mit der Blitzintensität auch die spektrale Zusammensetzung des Blitzlichts, also die Farbtemperatur. In der ersten steilen Phase ist der Blauanteil etwas größer, während beim Nachglühen der Blitzröhre oder bei starker Leistungsdrosselung der Rotanteil zunimmt. Bei sehr kurzen Blitzleuchtzeiten ist folglich mit einem Blaustich zu rechnen. Bei sehr langen Leuchtzeiten oder sehr geringer Blitzintensität kann eine warme, rötliche Farbtendenz zu erkennen sein. Diese Farbverschiebungen werden in der analogen Fotografie durch die chemischen Prozesse bei der Filmentwicklung und die Farbfilterung beim Printen weitgehend ausgeglichen, können aber in der digitalen Fotografie bildwirksam werden. Daher hat Canon einen eigenen Standard für die Übertragung der Informationen über die Farbtemperatur des gerade gezündeten Blitzes vom Blitzgerät an die Kamera entwickelt, der von den Speedlite-Blitzgeräten der neuen Generation, wie dem 580EX und dem 430EX, unterstützt wird. An der EOS 400D muss entweder der automatische Weißabgleich oder die Festeinstellung für den Blitzlicht-Weißabgleich aktiviert sein.

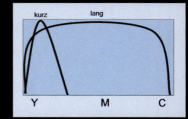

Blitzkorrekturen und Blitzspeicherung

Die raffinierte E-TTL II Blitzsteuerung arbeitet sehr zuverlässig, aber es gibt immer wieder Motive, bei denen eine gezielt abweichende Blitzbelichtung gewünscht wird. Dann ist die manuelle Blitzbelichtungskorrektur oder die Blitzspeicherung gefragt.

Manuelle Blitzbelichtungskorrektur

Für gezielte Blitzkorrekturen ist es sinnvoll, mit der Individualfunktion 08 die Integralmessung als Blitzbelichtungsmessart zu aktivieren, weil sich ihre Wirkung mit etwas Erfahrung besser einschätzen lässt als die der Mehrfeldmessung.

Bei der manuellen Belichtungskorrektur für Dauerlicht wird die Übertragung der Empfindlichkeit an das Blitzgerät nicht verändert, sodass die Blitzleistung und somit die Belichtung des Vordergrunds unverändert bleibt, die Belichtung des Hintergrunds aber, je nach Art und Ausmaß der manuellen Belichtungskorrektur, verändert wird. Blitzbelichtungskorrekturen beeinflussen dagegen nur die Dosierung des Blitzlichts und die Helligkeit bei der Wiedergabe der Objekte in Blitzreichweite, nicht jedoch die Belichtung des Hintergrunds. Eine Änderung der Empfindlichkeitseinstellung an der Kamera würde zwar einer Blitzbelichtungskorrektur entsprechen, gleichzeitig aber das Rauschen erhöhen (bei höheren ISO-Einstellungen) und den Hintergrund, je nach Korrektur, entweder unter- oder überbelichten. Die separate Blitzbelichtungskorrektur kann entweder an der Kamera oder am EX-Blitzgerät eingegeben werden. An der EOS 400D ist die Blitzbelichtungskorrektur auf der zweiten Registerkarte im roten Kameramenü versteckt. Der Korrekturwert wird auf dem Rückseitenmonitor permanent angezeigt, während im Sucher nur das Erinnerungssymbol zu sehen ist. Die Korrekturschritte (0,3 oder 0,5 EV) lassen sich mit der Individualfunktion 06 bestimmen. Die Blitzbelichtungskorrektur wird durch das Ausschalten der Kamera nicht gelöscht und muss wieder auf Null gestellt werden. Die EOS 400D bietet einen Korrekturumfang von +/– 2 EV, die EX-Blitzgeräte dagegen +/– 3 EV. Wenn an der Kamera und am Speedlite unterschiedliche Werte für die Blitzbelichtungskorrektur eingestellt wurden, hat die Einstellung am Aufsteckblitz Priorität. Die Blende und Verschlusszeit werden bei der Blitzbelichtungskorrektur nicht verändert, sondern nur die Blitzleistung erhöht oder gedrosselt. Da man bei der E-TTL II Blitzsteuerung nicht weiß, wie der Kameracomputer die Messsegmente gewichtet und somit die Belichtung bereits korrigiert, ist es bei Blitzkorrekturen sinnvoll, mit der Individualfunktion 08 die mittenbetonte Integralmessung als Blitzbelichtungsmessart zu aktivieren. Denn dann erfolgt üblicherweise keine computergesteuerte Korrektur und die Wirkung der Integralmessung lässt sich mit etwas Erfahrung besser einschätzen als die der Mehrfeldmessung.

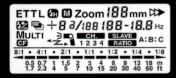

Die Blitzbelichtungsreihenautomatik kann nicht an der Kamera, sondern nur an entsprechend ausgestatteten Aufsteckblitzgeräten eingestellt werden.

Die Blitzbelichtung wird durch Druck auf die Belichtungsspeichertaste (*) gespeichert.

Die Blitzbelichtungsreihenautomatik

Die Blitzbelichtungsreihenautomatik ist ein Ausstattungsmerkmal professioneller Blitzgeräte, wie dem Speedlite 580X oder 550X. Sie kann nicht an der Kamera, sondern nur an entsprechend ausgestatteten Aufsteckblitzgeräten im Bereich von +/– 3 EV eingestellt werden. Die FEB-Funktion hat bei Blitzaufnahmen die gleiche Wirkung wie die AEB-Funktion bei Dauerlicht (FEB= Flash Exposure Bracketing, AEB= Automatic Exposure Bracketing). Sie liefert also zusätzlich zur korrekten Belichtung je eine Über- und eine Unterbelichtung. Allerdings betrifft das nur die Belichtung der Objekte in Blitzreichweite, denn, genauso wie bei der manuellen Blitzbelichtungskorrektur, wird die Belich-

Blitzkorrekturen und Blitzspeicherungen

> ### ➤ PraxisTipp: Einstelllicht-Funktion
> Einige Speedlites, wie 580EX, 550EX, 430EX oder die Makroblitze (aber auch Fremdfabrikate, wie der Makroblitz Sigma EM-140 DG) haben eine Einstelllicht-Funktion. Beim Druck auf die Abblendtaste werden eine Sekunde lang Blitze mit einer Frequenz von 70 Hertz gezündet, sodass die Blitzwirkung im Hinblick auf die Lichtführung, die Objektmodulation und den Schattenwurf bereits vor der Aufnahme beurteilt werden kann.

tung des Hintergrundes nicht geändert, sondern nur die Blitzleistung variiert. Die Blende und Verschlusszeit bleiben also konstant, lediglich die Blitzleistung wird erhöht oder gedrosselt.

Manuelle Blitzbelichtungskorrekturen oder Blitzbelichtungsreihen sind immer dann gefragt, wenn unterschiedliche Akzente für die Belichtung des Vordergrundes in Blitzreichweite und des Hintergrundes gesetzt werden sollen. Blitzkorrekturen können trotz ausgeklügelter E-TTL II Blitzsteuerung auch bei sehr dunklen oder sehr hellen raumdominanten Flächen im Motiv durchaus sinnvoll sein.

Die Blitzbelichtungsspeicherung

Die Blitzbelichtungsspeicherung lässt sich mit dem Kamerablitz und sämtlichen Blitzgeräten der EX-Serie einsetzen (FEL= Flash Exposure Lock). Die Blitzbelichtung wird durch Druck auf die Belichtungsspeichertaste (*) gespeichert. In der Praxis wird die zentrale Messfläche, also die Spotmarkierung, zuerst auf die anzumessende Motivpartie gerichtet. Beim Druck auf die Selektivtaste wird ein Messblitz mit 1/32 der Maximalleistung des jeweiligen EX-Geräts gezündet. Im Sucher und auf dem Rückseitenmonitor erscheint für etwa eine halbe Sekunde die Anzeige **FEL**. Das Blitzsymbol und der Asteriskus (*) leuchten links in der Sucherleiste gleichzeitig auf, solange die Blitzbelichtung gespeichert wird. Anschließend kann man den gewünschten Bildausschnitt wählen und auslösen. Die Blitzbelichtung erfolgt mit dem gespeicherten Wert. Die FE-Speicherung lässt sich vor dem Auslösen löschen, indem man die Programm-Wählscheibe in eine andere Position dreht. Die Blitzbelichtungsspeicherung muss vor jeder Aufnahme neu erfolgen, es sind also keine Serienaufnahmen mit FE-Speicherung möglich. Bei Porträtaufnahmen vor sehr dunklem oder sehr hellem, stark reflektierendem Hintergrund führt eine FE-Speicherung auf das Gesicht zur korrekten Blitzbelichtung.

> ### ➤ BasisWissen: Die Leitzahl
>
> **Die Leitzahl gibt die Leistung eines Blitzgeräts an und ist ein rechnerisches Produkt aus Blendenwert und Blitzentfernung. Sie wird bei jedem Kamera-, Aufsteck- oder Stabblitzgerät vom Hersteller angegeben. Folgende Formeln können als Rechenhilfe bei Blitzaufnahmen angewendet werden:**
> **Leitzahl = Arbeitsblende x Blitzdistanz**
> **Arbeitsblende = Leitzahl : Blitzdistanz**
> **Blitzdistanz = Leitzahl : Arbeitsblende**
>
> **Die Leitzahl hängt von der Empfindlichkeitseinstellung an der Kamera und dem Leuchtwinkel des Blitzreflektors ab. Die Angaben beziehen sich normalerweise auf ISO 100 und stimmen nur wenn die Aufnahmerichtung und -entfernung weitgehend übereinstimmen mit der Blitzrichtung und -entfernung. Beim Vergleich der Leistung diverser Blitzgeräte ist bei der Leitzahlangabe stets auf die Brennweiten-äquivalente Zoomposition des Blitzreflektors zu achten. Die Leitzahl nimmt in Richtung Tele zu und in Richtung Weitwinkel ab, das hängt mit der Verengung oder Erweiterung des Abstrahlwinkels des Blitzreflektors zusammen.**

Fein abgestufte Blitzbelichtungsreihe, die nicht nur mit der Blitzbelichtungsreihenautomatik entsprechender Blitzgeräte, sondern auch mit der manuellen Blitzbelichtungskorrektur der Kamera durchgeführt werden kann.
Foto: Artur Landt

Kamerablitz und Synchronisationsmodi

Der Kamerablitz der EOS 400D arbeitet ebenfalls mit der raffinierten E-TTL II Blitzsteuerung, während die Blitzgeräte anderer Kameras nur die einfache TTL-Steuerung beherrschen. Diverse Synchronisationmodi bieten motivgerechte Blitzlösungen.

Der eingebaute Kamerablitz

Das eingebaute, herausklappbare Blitzgerät der EOS 400D ist mit Leitzahl 13 bei ISO 100 zwar nicht sehr leistungsstark, dafür aber immer dabei und einsatzbereit. Der Blitzreflektor leuchtet den Bildwinkel eines 17 mm Objektivs aus. Die volle Aufladezeit wird von Canon mit etwa 3 Sekunden angegeben. Ein Blitz-Piktogramm links in der Sucherleiste signalisiert die Blitzbereitschaft, der Schriftzug **buSY** den Ladevorgang. Bei schwachem Licht oder Gegenlicht klappt das Blitzgerät in der Vollautomatik und den Motivprogrammen für Porträt-, Makro- und Nachtaufnahmen automatisch heraus. In der Programm-, Zeit- und Blendenautomatik sowie bei manueller Belichtungseinstellung muss das Blitzgerät durch Druck auf die Blitztaste herausgeklappt werden. Der ausgeschwenkte Kamerablitz zündet immer. Wenn kein Blitzlicht mehr benötigt wird, genügt es, den Blitz herunterzudrücken, er rastet dann wieder ein.

Der Kamerablitz ist zwar nicht sehr leistungsstark, man hat ihn aber immer dabei und die E-TTL II Blitzsteuerung sorgt für ausgewogene Belichtungen.

Die Reichweite des Kamerablitzes beträgt nur wenige Meter. Sie ist aber ausreichend für Porträt- und Partyaufnahmen. Normalerweise kann man auch Statuen in Kirchen und Museen oder kleinere Stilleben und Detailaufnahmen noch damit ausleuchten. Auch in der Makrofotografie leistet der Kamerablitz gute Dienste ab einer Entfernung von etwa einem Meter. Ein feine und sehr praxisgerechte Lösung ist den Konstrukteuren von Canon auch beim Kamerablitz gelungen, weil er etwas höher als sonst üblich ausschwenkt. Der größere Abstand zur optischen Achse verringert geringfügig den Rote-Augen-Effekt sowie die Gefahr der Blitzlichtabschattung durch Gegenlichtblenden oder Objektive. Wenn das eingebaute Blitzgerät für bestimmte Aufnahmen zu schwach sein sollte, kann man entweder die Empfindlichkeit erhöhen oder eins der leistungsstarken EX-Blitzgeräte verwenden. Es ist jedoch nicht möglich, den eingebauten Kamerablitz zusammen mit einem Aufsteckblitz einzusetzen.

Diverse Synchronisationsmodi

In der Grundeinstellung arbeitet die EOS 400D mit Synchronisation auf den ersten Verschlussvorhang. Das ist bei statischen Motiven und kürzeren Synchronzeiten sinnvoll, führt aber bei Aufnahmen von bewegten Objekten mit langen Verschlusszeiten zu einer etwas befremdlichen Bildwirkung, denn die Wischspuren folgen dann nicht dem Bewegungsablauf, sondern eilen ihm voraus. Um das zu vermeiden, muss die **Synchronisation auf den zweiten Verschlussvorhang** mit der Individualfunktion 09 an der Kamera eingestellt werden. Dann zündet die Kamera sowohl den eingebauten Blitz als auch den Aufsteckblitz zweimal, einmal bei Durchdrücken des Auslösers und einmal am Ende der Belichtung. Die Blitzsynchronisation auf den zweiten Verschlussvorhang führt zu einem natürlichen Bildeindruck bei Aufnahmen von bewegten Objekten mit langen Verschlusszei-

> **PraxisTipp: Der scharfe Blitzkern**
>
> Hoch im Kurs stehen Aufnahmen von Objekten in Bewegung, bei denen der Hintergrund unscharf, das Objekt jedoch sowohl einen scharfen, brillanten Kern als auch Mehrfachkonturen aufweist. Dafür wählt man in der Blendenautomatik eine längere Verschlusszeit vor: 1/30s, 1/15s, 1/8 s, je nach Geschwindigkeit und Richtung. Das Objekt muss sich innerhalb der Blitzreichweite befinden, die Belichtung erledigt die E-TTL II Blitzsteuerung.

ten. Die Wischspuren folgen dann dem Bewegungsablauf und eilen ihm nicht voraus, wie bei der Synchronisation auf den ersten Verschlussvorhang.

Besondere Anforderungen an die Blitztechnik stellt die **Ultrakurzzeit-Synchronisation**, denn sie impliziert eine spezielle Frequenzsteuerung des Blitzlichts. Mit Speedlite EX-Systemblitzen können im FP-Modus (FP = Focal Plane = Schlitzverschluss) sämtliche Verschlusszeiten zwischen der Blitzsynchronzeit von 1/200 s und der kürzesten Verschlusszeit von 1/4000 s blitzsynchronisiert werden. Um eine gleichmäßige Beleuchtung der gesamten Sensorfläche zu realisieren, wird eine große Anzahl von Einzelblitzen mit einer extrem hohen Frequenz gezündet. Die Blitzleistung nimmt jedoch durch die stroboskopartige „Stückelung" des Blitzes stark ab. In dieser Funktion kann beispielsweise die Blende weit geöffnet werden, sodass sich bei Porträts mit offener Blende der Hintergrund auch bei Blitzaufhellung in Unschärfe auflöst.

Aufnahmen mit scharfem Blitzkern lassen sich nicht nur bei Sportveranstaltungen, sondern auch im Alltag realisieren.
Foto: Artur Landt

Durch die **Langzeitsynchronisation** können längere Verschlusszeiten bis zu 30 Sekunden gesteuert werden. Auch die Bulb-Einstellung ist blitzsynchronisiert. Dadurch ist es möglich, sowohl das Hauptmotiv im Vordergrund als auch den dunkleren Hintergrund korrekt zu belichten. Das ist sinnvoll, wenn beispielsweise eine Person vor einer beleuchteten Stadtkulisse oder vor einem Sonnenuntergang aufgenommen werden soll. Mit der Blitzbelichtungsspeicherung (FEL=Flash Exposure Lock) lässt sich die Blitzbelichtung gezielt auf bestimmte Motivdetails abstimmen und speichern. Mit der manuellen Blitzbelichtungskorrektur kann man gezielt in die Blitzsteuerung der Kamera eingreifen, ohne den Automatikkomfort einzubüßen.

Die Synchronisation auf den ersten oder den zweiten Verschlussvorhang wird mit der Individualfunktion 09 an der Kamera eingestellt.

> **BasisWissen: Blitzsynchronisation**
>
> Die EOS 400D ist mit einem elektromagnetisch gesteuerten, vertikal ablaufenden Lamellenschlitzverschluss ausgestattet. Bei sehr kurzen Verschlusszeiten wird nicht die gesamte Sensoroberfläche gleichzeitig belichtet. Der Schlitz ist schmäler als das Bildfenster und belichtet den Sensor sukzessive. Wenn bei einer dieser kurzen Verschlusszeiten geblitzt wird, erreicht das Blitzlicht nur diejenige Sensoroberfläche, die sich hinter dem Schlitz befindet. Bei einer bestimmten Verschlusszeit ist der Schlitz so groß wie der Bildsensor. Bei der EOS 400D ist das bei der 1/200 s der Fall und diese Verschlusszeit wird als kürzeste Blitzsynchronzeit bezeichnet. Alle längeren Verschlusszeiten sind ebenfalls blitzsynchronisiert, weil der Schlitzverschluss das gesamte Bildfenster gleichzeitig freigibt. Mit Speedlite EX-Systemblitzen können im FP-Modus (FP = Focal Plane = Schlitzverschluss) auch die kürzeren Verschlusszeiten blitzsynchronisiert werden. Um eine gleichmäßige Beleuchtung der gesamten Sensorfläche zu realisieren, wird eine große Anzahl von Einzelblitzen mit einer extrem hohen Frequenz gezündet. Dadurch verringert sich aber die Blitzleistung mitunter erheblich.

Der Rote-Augen-Effekt

Die Funktion zur Verringerung des Rote-Augen-Effekts soll verhindern, dass kerngesunde Menschen auf den Fotos mit „Kaninchenaugen" erscheinen. Weiches Blitzlicht hilft gegen Alien-Porträts und führt zu einer angenehmeren Lichtwirkung.

Die Funktion wird im roten Aufnahmemenü unabhängig vom Blitzstatus ein- oder ausgeschaltet.

Die Speziallampe für die Vorbelechtung der Pupillen.

Ein Aufsteckblitzgerät an einer Blitzschiene hat den Rote-Augen-Effekt wirkungsvoll verhindert. Foto: Artur Landt

Verringerung des Rote-Augen-Effekts

Hinter dieser umständlichen aber zutreffenden Bezeichnung verbirgt sich eine unerfreuliche Erscheinung, die schon so manches Porträt ruinieren kann. Wenn kerngesunde Menschen auf den Fotos mit „Kaninchenaugen" abgebildet werden, dann sprechen Fachleute vom „Rote-Augen-Effekt". Die Canon EOS 400D ist mit einer Funktion zur Verringerung des Rote-Augen-Effekts ausgestattet, die in jedem blitzfähigen Programm aktiviert werden kann. Sie macht aber nur bei Personenaufnahmen Sinn. Die Funktion wird im roten Aufnahmemenü unabhängig vom Blitzstatus eingeschaltet, kann aber nur bei aufnahmebereitem Kamerablitz benutzt werden. Sie arbeitet folgendermaßen: Beim Antippen des Auslösers sendet die neben dem Einstellrad positionierte Speziallampe für etwa 1,5 Sekunden einen Lichtstrahl aus. Die Leuchtdauer wird durch eine abnehmende Balkenreihe im Sucher angezeigt. Die Kamera lässt sich auch während des Countdowns jederzeit auslösen. Sinnvoll ist es jedoch, erst nach Ablauf des Countdowns auslösen – am besten dann, wenn die zu porträtierende Person den gewünschten Gesichtsausdruck zeigt.

Der Rote-Augen-Effekt entsteht dadurch, dass das Blitzlicht von der roten Netzhaut durch die weit geöffneten Pupillen reflektiert wird. Die Stärke des Rote-Augen-Effekts hat viele Einflussfaktoren: Blickrichtung und Augenbeschaffenheit der porträtierten Person, Blitzentfernung, Distanz zwischen dem Blitzreflektor und der optischen Achse des Objektivs. Ja, sogar das Umgebungslicht beeinflusst die „Kaninchenaugen": Bei wenig Licht sind die Pupillen weit geöffnet, was den Effekt verstärkt und deutlicher sichtbar macht. Die Vorbeleuchtung soll die Pupillen vor der Aufnahme etwas schließen, sodass der Effekt nicht mehr so deutlich in Erscheinung tritt. Aber man darf nicht allzu viel von dieser Funktion erwarten. Denn auf Grund der oben beschriebenen Einflussfaktoren kann die Wirkung von Person zu Person oder von Aufnahme zu Aufnahme unterschiedlich ausfallen. Aufsteckblitze haben eine größere Distanz zur optischen Achse, sodass sie von vornherein den Effekt weniger begünstigen als der Kamerablitz. Sie bieten ferner die Möglichkeit, indirekt zu blitzen, wobei die automatische Blitzsteuerung in vollem Umfang erhalten bleibt.

Und wenn alles nichts genutzt hat, kann man am PC eine mehr oder weniger geglückte „Operation" durchführen. Diverse Bildbearbeitungsprogramme bieten spezielle Tools für die Retusche der Kaninchenaugen. Bei den besseren Werkzeugen kann man nicht nur das Rot entfärben, sondern die entfärbte Fläche auch abdunkeln. Allerdings muss man die Auswahl mit dem Fadenkreuz oder dem Rahmen sehr sorgfältig vornehmen und die Mitte der Iris treffen. Mitunter kann es vorkommen, dass rote Farbsäume um die Iris zurückbleiben. Mit etwas Erfahrung lässt sich auch das korrigieren, aber die Bilder können mehr oder weniger befremdlich aussehen. Denn

> **PraxisTipp: Blitzschiene**
>
> Mit der optionalen Blitzschiene Speedlite Bracket SB-E1 lassen sich die Aufsteckblitzgeräte auch seitlich an der Kamera befestigen. Dadurch ist der Abstand zur optischen Achse des Objektivs größer, was den Rote-Augen-Effekt reduziert und die Lichtführung auch im Hochformat verbessert. Das externe Blitzschuhverlängerungskabel ist 60 cm lang und verbindet die Kamera mit dem Blitzgerät.

meistens hat man graue bis schwarze statt blaue oder grüne Augen im Bild. Zwar lassen sich die Augen nachträglich beliebig einfärben, doch ist es fraglich, ob man den Originalfarbton trifft. Daher ist es einfacher und besser, wenn man den Rote-Augen-Effekt bereits bei der Aufnahme vermeidet oder zumindest verringert.

Weiches Blitzlicht

Das Frontalblitzen führt zu einer recht harten Beleuchtung, die nicht immer erwünscht ist, und verstärkt den „Rote-Augen-Effekt". Abhilfe kann das indirekte Blitzen schaffen. Mit Aufsteckblitzgeräten mit dreh- und schwenkbarem Reflektor wird das Blitzlicht nicht direkt zum Motiv, sondern gegen die Decke oder die Wand abgestrahlt und dann zum Motiv reflektiert. Das erzeugt eine gleichmäßige, weiche und schattenarme Beleuchtung. Allerdings sollten die Decken und Wände weiß oder neutralgrau sein, um keine Farbstiche zu erzeugen. Mit systemkonformen Blitzgeräten bleibt die E-TTL II Blitzsteuerung auch beim indirekten Blitzen im vollem Umfang erhalten.

Aufsteckblitzgeräte mit dreh- und schwenkbarem Reflektor strahlen das Blitzlicht nicht direkt zum Motiv, sondern gegen die Decke oder die Wand ab und liefern eine gleichmäßige, weiche und schattenarme Beleuchtung. Foto: Metz

Zubehörhersteller bieten zahlreiche Reflektoren und Diffusoren für alle Aufsteckblitzgeräte an. Sie haben diverse, teilweise skurrile Formen und werden normalerweise am Blitzreflektor mit Klettband befestigt. Es gibt sogar aufblasbare Lichtwannen in verschiedenen Größen. Die Reflektoren und Diffusoren machen das Blitzlicht weicher, die Schatten werden abgeschwächt. Daher sind sie ideal für Porträts oder Stilleben. Wenn sie an ein entsprechendes Blitzgerät befestigt werden, lässt sich die E-TTL II Blitzsteuerung ohne Einschränkung einsetzen.

Diffusoren werden normalerweise am Blitzreflektor mit Klettband befestigt und machen das Blitzlicht weicher. Foto: Metz

> **BasisWissen: Keine Angst vor Schatten**
>
> Die weiche, diffuse Beleuchtung verhindert weitgehend die Schattenbildung. Das muss, je nach gewünschter Bildaussage, nicht immer erwünscht sein. Denn Schatten sind wichtige Elemente der Bildgestaltung. Sie entstehen nur im dreidimensionalen Raum und gelten als wichtige Raumsymbole in der zweidimensionalen Bilddarstellung. In den Raum geworfen, wird der Schatten zur Darstellung der räumlichen Tiefe eingesetzt. Auch die Formen, Konturen und Strukturen eines Objekts werden durch das Zusammenspiel von Licht und Schatten betont. So kann beispielsweise, je nach Schattenrichtung, ein Relief oder eine Oberflächenstruktur vertieft oder erhaben erscheinen. Schatten sind maßgeblich für den Bildkontrast und erzeugen somit Spannung und Dynamik, ja sie prägen sogar die Stimmung eines Bildes. Durch ihre Form setzen dunkle, konturierte Schatten wichtige grafische Akzente. Kräftige Schlagschatten können sogar zum eigentlichen Motiv werden, ohne dass man das Schatten werfende Objekt überhaupt im Bild sieht. Je nach gewünschter Bildwirkung kann der Schatten naturgetreu oder verzerrt sein.

Foto: Artur Landt

Blitzsteuerung in den Kreativprogrammen

Mit der ausgeklügelten Blitzsteuerung der EOS 400D lässt sich das Blitzlicht problemlos als Stilmittel der Bildgestaltung oder als aufnahmetechnisches Hilfsmittel bei schlechten Lichtverhältnissen einsetzen. Manuelle Eingriffe sind jederzeit möglich.

Das durch das Fenster scheinende Sonnenlicht hat schon fast Gegenlichtcharakter, sodass die Blitzaufhellung in der Programmautomatik die Statue ins richtige Licht setzt. Foto: Artur Landt

In den Kreativprogrammen muss der Kamerablitz per Tastendruck ausgeklappt oder das aufgesteckte Systemblitzgerät, am besten ein Speedlite der EX-Serie, vor der Aufnahme eingeschaltet werden. Die Blitzbereitschaft wird durch das Blitzsymbol links in der Sucherleiste angezeigt. Die manuelle Blitzbelichtungskorrektur oder die Blitzbelichtungsspeicherung lassen sich jederzeit einsetzen.

In der **Programmautomatik** ist die Blitzfotografie eine sehr einfache Angelegenheit. Sie eignet sich für alle, die technisch unbekümmert einfach korrekt belichte Blitzaufnahmen haben möchten. Je nach Lichtverhältnissen wird eine Verschlusszeit zwischen 1/60 s und 1/200 s sowie eine passende Blende automatisch eingestellt. Bei wenig Licht wird das Blitzlicht als Frontal- oder Hauptblitz, bei Gegenlicht als Aufhellblitz eingesetzt. Damit erreicht man normalerweise eine Aufhellung oder Ausleuchtung der Motivdetails in Blitzreichweite, was für Schnappschüsse, Porträts, Nah- oder Partyaufnahmen ausreicht. Blitzbetrieb und Programmshift passen nicht zusammen. Daher wird beim Einschalten des Blitzgeräts die gegebenenfalls durchgeführte Programmverschiebung wieder rückgängig gemacht.

In der **Blendenautomatik** kann man auch bei Blitzaufnahmen die gewünschte Verschlusszeit vorwählen. Das kann vor oder nach dem Herausklappen des Kamerablitzes beziehungsweise Einschalten des systemkonformen Aufsteckblitzes erfolgen. Sämtliche Verschlusszeiten zwischen der kürzesten Synchronzeit von 1/200 s und 30 s sind blitzsynchronisiert und können manuell eingestellt werden. Wenn eine kürzere Verschlusszeit als die 1/200 s eingestellt ist, wird beim Erreichen der Blitzbereitschaft beziehungsweise beim Antippen des Auslösers automatisch auf die kürzeste Synchronzeit umgeschaltet. Mit sämtlichen Blitzgeräten der EX-Serie steht auch die Kurzzeitsynchronisation zur Verfügung. Diese Funktion muss am Blitzgerät eingeschaltet werden und wird sowohl am Aufsteckblitz als auch im Sucher durch das Kürzel **H** neben dem Blitzpiktogramm angezeigt (H=High Speed). In dieser Blitzfunktion können sämtliche Verschlusszeiten zwischen 1/200 s und 1/4000 Sekunde vorgewählt werden. Die Blende wird in Abhängigkeit von der eingestellten Verschlusszeit und dem vorherrschenden Umgebungslicht automatisch gesteuert. Sie kann auf dem Rückseitenmo-

▶ BasisWissen: Kein Blitz in A-DEP

In der Schärfentiefenautomatik (A-DEP) kann man zwar blitzen, aber es macht keinen Sinn. Denn die Wirkung der Schärfentiefenautomatik wird bei Blitzaufnahmen aufgehoben und die Blitz- und Belichtungssteuerung entspricht der Programmautomatik. Die Aufnahmen werden folglich auch beim Blitzeinsatz korrekt belichtet, aber die Schärfentiefe entspricht nicht der A-DEP-Steuerung, sondern der herkömmlichen Programmautomatik.

nitor und im Sucher abgelesen werden. Interessant ist auch die Blitzsynchronisation mit längeren Verschlusszeiten in der Blendenautomatik, um auf die Belichtung des Hintergrundes gezielt einwirken zu können. Die Blitzfotografie bietet in Verbindung mit langen Verschlusszeiten eine Reihe kreativer Möglichkeiten, wie zum Beispiel Mitzieheffekte mit verwischtem Hintergrund und scharf abgebildetem Hauptobjekt. Auch Aufnahmen von Objekten in Bewegung mit einem scharfen „Blitzkern" und mehr oder weniger unscharfen Konturen können in diesem Programm gelingen.

Die **Zeitautomatik** bietet durch die Blendenvorwahl die Möglichkeit, die Schärfentiefe als Mittel der Bildgestaltung einzusetzen, ohne den Blitzkomfort zu beeinträchtigen. Über die Blendenvorwahl lässt sich auch die Reichweite des Blitzgerätes beeinflussen. Die Kamera steuert, je nach Lichtverhältnissen, automatisch die passende Blitzsynchronzeit zwischen der 1/200 s und 30 s. Wenn ein entsprechend ausgestattetes Blitzgerät verwendet wird, kann auch die Kurzzeitsynchronisation eingesetzt werden. Das ist beispielsweise bei Porträtaufnahmen bei sehr hellen Lichtverhältnissen sinnvoll, wenn sich durch eine große Blendenöffnung der Hintergrund in Unschärfe auflösen soll, ohne auf die Blitzaufhellung des Gesichts verzichten zu müssen. Eine kleine Blendenöffnung (= große Blendenzahl) kann beispielsweise bei Modellaufnahmen sinnvoll sein, um die Schärfentiefe auszudehnen. Immer wenn lange Verschlusszeiten zu erwarten sind, sollte die Kamera auch bei Blitzaufnahmen auf ein stabiles Stativ befestigt werden. Mit der Individualfunktion 03 lässt sich auch in der Zeitautomatik die Blitzsynchronzeit generell auf 1/200 s festlegen. Das verringert nicht nur die Verwacklungsgefahr, sondern auch die Möglichkeit, über die Verschlusszeit die Helligkeit des Hintergrunds zu beeinflussen.

Ohne Blitz wirkt das Bild flau. Die dezente Blitzaufhellung verleit dem Bild mehr Brillanz und Farbsättigung. Fotos: Artur Landt

▶ PraxisTipp: Manuelle Blitzbestimmung

Bei manueller Belichtungseinstellung kann man sowohl die Blende als auch die Verschlusszeit bestimmen. Es lassen sich sämtliche Blendenwerte des jeweiligen Objektivs und sämtliche Verschlusszeiten zwischen der 1/200 s und 30 s einstellen. Wenn kürzere Verschlusszeiten eingestellt sind, schaltet die Kamera automatisch auf die 1/200 s um – es sei denn, die Kurzzeitsynchronisation an einem EX-Speedlite ist aktiviert. Durch die freie Einstellung der Blende und Verschlusszeit lässt sich das Verhältnis von Dauerlicht und Blitzlicht bestimmen. Das ist sehr wichtig, wenn eine bestimmte natürliche Bildwiedergabe gewünscht wird. Nehmen wir ein einfaches Beispiel: Sie möchten sowohl einen Innenraum als auch die durch die Fenster sichtbare Außenwelt mit voller Durchzeichnung abbilden. Jede herkömmliche TTL-Blitzautomatik wird den Raum korrekt belichten, während die Außenwelt zu dunkel erscheint. Wenn Sie ohne Blitzlicht die Belichtung auf die Außenwelt abstimmen, wird der Raum viel zu dunkel abgebildet. Wenn der natürliche Lichtcharakter der Szene erhalten bleiben soll, muss die Außenwelt geringfügig heller als der Innenraum erscheinen. Das Blitzlicht wird über die Blende, das Dauerlicht über die Verschlusszeit dosiert beziehungsweise belichtungswirksam.

Blitzsteuerung in den Motivprogrammen

In der Vollautomatik und den Motivprogrammen für Porträt-, Makro- und Nachtaufnahmen läuft die Blitzfotografie praktisch von alleine ab. Das gilt sowohl für Aufnahmen mit dem eingebauten Kamerablitz als auch mit aufsteckbaren Systemblitzgeräten.

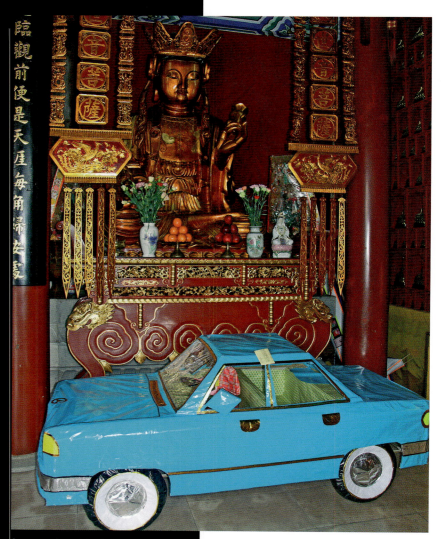

Szene aus einem chinesischen Totentempel, das Papierauto wird fürs Jenseits mit verbrannt. Der Kamerablitz klappt in der Vollautomatik automatisch heraus und wird von der E-TTL II Blitzmessung gesteuert, was für eine ausgewogene Belichtung sorgt. Foto: Artur Landt

Die EOS 400D ist so ausgelegt, dass auch Fotoanfänger und Technikmuffel sie bedienen können. Das gilt auch für die Blitzfotografie in der „grünen" Vollautomatik und den Motivprogrammen für Porträt-, Makro- und Nachtaufnahmen. Bei schlechten Lichtverhältnissen oder bei Gegenlicht klappt das eingebaute Blitzgerät automatisch heraus. Auch Aufsteckblitzgeräte können eingesetzt werden. Die Funktion zur Reduzierung des Rote-Augen-Effekts kann in jedem Programm aktiviert werden, ist aber nur im Porträtprogramm sinnvoll. Die Blitzbereitschaft wird durch das konstante Aufleuchten des Blitzsymbols links im Sucher angezeigt. Nur dann ist das verwendete Blitzgerät voll einsatzbereit. Manuelle Blitzbelichtungskorrektur, Blitzbelichtungsspeicherung und sonstige Eingriffe in die Blitzsteuerung sind nicht möglich.

Die Blitzfotografie in der „grünen" **Vollautomatik** ist vor allem Einsteigern in die Spiegelreflexfotografie zu empfehlen, die zu unrecht „Ehrfurcht" vor dem Blitzeinsatz haben. Auch technisch desinteressierte Fotografinnen und Fotografen können von den Vorzügen der vollautomatischen Blitz- und Belichtungssteuerung profitieren. Wenn es erforderlich ist, springt der Kamerablitz automatisch heraus und es genügt, in gewohnter Weise auf den Auslöser zu drücken.

Im Motivprogramm für **Porträtaufnahmen** ist der Blitzeinsatz sinnvoll, vor allem in Verbindung mit der Funktion zur Verringerung des Rote-Augen-Effekts. Porträts in Innenräumen, bei Kerzenlicht oder schwacher Raumbeleuchtung sind genauso wichtige Einsatzgebiete für die Motivausleuchtung, wie Outdoor-Porträts im Schatten oder bei Gegenlicht für die Blitzaufhellung. Die Mär von der „Zerstörung der Stimmung durch Blitzlicht" kann man indes getrost vergessen. Anfänger werden in jenen stimmungsvollen Motivsituationen mehr unscharfe und fehlbelichtete als stimmungsvolle Aufnahmen machen.

> **PraxisTipp: Kein Blitz im Landschafts- und Sportprogramm**
>
> Nicht nur im Blitz-Aus-Programm, sondern auch im Landschafts- und Sportprogramm lässt sich der Kamerablitz nicht einsetzen. Das Landschaftsprogramm ist für große Aufnahmedistanzen ausgelegt und die Motive befinden sich normalerweise jenseits der Reichweite der Blitzgeräte. Das Sportprogramm steuert kurze Verschlusszeiten, um die Bewegung „einzufrieren", die üblicherweise kürzer als die Blitzsynchronzeit der Kamera sind.

Auch im Motivprogramm für **Nahaufnahmen** ist der Blitzeinsatz oft erforderlich, weil der lange Objektivauszug im Nahbereich viel Licht „schluckt". Bei kleinen Abbildungsmaßstäben mit kurzen Objektiven kann man auch den eingebauten Kamerablitz anstelle eines Makroblitzes verwenden, wenn die Aufnahmedistanz nicht weniger als einen Meter beträgt. Bei größeren Abbildungsmaßstäben und beim Einsatz von Objektiven mit langem Objektivauszug kann der Kamerablitz abgeschattet werden. In solchen Fällen ist ein Ringblitz zu empfehlen, der in das Frontgewinde der Objektive eingeschraubt wird. Die Steuereinheit wird in den Blitzschuh der Kamera befestigt. Sehr gut geeignet ist der Makro-Ringblitz MR-14EX oder der Doppelblitz MT-24EX. Durch die zwei auch einzeln zuschaltbaren Blitzröhren ist beim MR-14EX auch so etwas ähnliches wie Lichtführung möglich. Das MT-24EX besteht ohnehin aus zwei getrennten Blitzgeräten, die ebenfalls einzeln geschaltet werden können und noch mehr Spielraum für die Motivausleuchtung bieten.

Die Beleuchtungsstärke nimmt mit dem Quadrat der Entfernung ab, sodass die Puppe im Vordergrund mehr Blitzlicht erhält, als die Puppen im Hintergrund. Foto: Artur Landt

Im Motivprogramm für **Nachtaufnahmen** arbeitet die Canon EOS 400D bei Dunkelheit automatisch mit Langzeitsynchronisation. Falls sich eine Person im Vordergrund befindet, kann man zusätzlich die Funktion zur Verringerung des Rote-Augen-Effekts einschalten. Das Nachtprogramm ermöglicht es auf einfache Weise, sowohl den Hintergrund durch lange Verschlusszeit, als auch den Vordergrund durch direktes Anblitzen korrekt zu belichten. Die Kamera sollte aber auf ein stabiles Stativ befestigt sein, damit die Verwacklungsunschärfe die Aufnahmen nicht ruiniert. Um die Erschütterung der Kamera so gering wie möglich zu halten, lässt sich auch der Selbstauslöser aktivieren. Auf diese Weise hat die Fotografin oder der Fotograf im Augenblick des Auslösens „keine Hand im Spiel". Wer kein Stativ verwenden möchte oder keines griffbereit hat, sollte unbedingt auf Objektive mit Bildstabilisator zurückgreifen.

> **BasisWissen: Beleuchtungsdistanz**
>
> Nach dem Lambert´schen Quadratgesetz nimmt die Beleuchtungsstärke einer punktförmigen Lichtquelle mit dem Quadrat der Entfernung ab. Bei Verdoppelung der Beleuchtungsdistanz, so wird die Entfernung zwischen (Blitz-)Lichtquelle und Aufnahmeobjekt bezeichnet, verringert sich die Beleuchtungsstärke folglich auf ein Viertel. Bei dreifacher Beleuchtungsdistanz bleibt nur noch ein Neuntel der Beleuchtungsstärke übrig. Das ist aus dem Physikunterricht bekannt und führt dazu, dass man den Einfluss der Beleuchtungsdistanz auf die Lichtwirkung im Bild falsch einschätzt. Denn bei Lichtquellen gleicher Art und Größe gilt: Bei kleiner Beleuchtungsdistanz ist das Licht weicher und die Farbsättigung geringer als bei großer Beleuchtungsdistanz, die ein härteres Licht und eine höhere Farbsättigung liefert. Bei kleiner Beleuchtungsdistanz entsteht ein vergrößertes Schattenbild und die Vergrößerung der Beleuchtungsdistanz bewirkt eine Verkleinerung des Schattenbilds.

Entfesseltes Blitzen und Blitzanlagen

Mit mehreren im Raum platzierten Blitzgeräten lässt sich bereits eine rudimentäre Lichtführung realisieren. Für professionelle Bildergebnisse sollte man jedoch eine Kompaktblitzanlage einsetzen, mit der auch die Lichtformung möglich ist.

Aufsteckblitzgeräte mit Slave-Funktion, wie das 430EX und das 580EX lassen sich frei im Raum aufstellen und von einem Master-Gerät drahtlos steuern. Fotos: Canon

Eine große Flächenleuchte aus Gegenlichtposition über den flächig angeordneten Zigarren und Aufheller aus Styropor an der Kameraseite sorgten für die gewünschte Motivausleuchtung, die mit einem Aufsteckblitz nicht zu realisieren gewesen wäre. Foto: Artur Landt

Drahtlose Blitzsteuerung

Die raffinierte E-TTL II funktioniert auch drahtlos mit einem oder mehreren konformen Blitzgeräten. Die drahtlose Blitzsteuerung verbindet die Präzision der Vorblitzmessung mit den Vorteilen der Lichtführung mit mehreren entfesselten Blitzgeräten. Die Steuersignale der Kamera werden von einem Steuergerät übertragen, das als Master bezeichnet wird. Blitzgeräte, die als Master eingesetzt werden können, sind die Speedlites 580EX und 550EX sowie die Makroblitze MR-14EX und MT-24EX. Der Infrarot-Transmitter ST-E2 ist kein Blitzgerät, sondern ein Steuergerät mit Master-Funktion. Das Master-Gerät wird in den Blitzschuh der Kamera aufgesteckt, während ein oder mehrere Slave-Blitzgeräte im Raum aufgestellt werden. Die Aufsteckblitzgeräte 580EX und 550EX lassen sich für den Einsatz als Master- oder Slave-Blitz umschalten. Andere Blitzgeräte, wie die Speedlites 430EX und 420EX haben nur eine Slave-Funktion und können nicht als Master eingesetzt werden. Die entfesselte Aufstellung von bis zu drei Gruppen von systemkonformen Blitzgeräten, beispielsweise als Haupt-, Aufhell- oder Hintergrundlicht, ist möglich. Dafür sind die Kanäle A, B und C an entsprechenden Blitzgeräten gedacht (der ST-E2 hat nur A und B). Aus Gründen der Lichtführung kann die Leistung der Geräte in den einzelnen drei Gruppen (Kanälen) manuell oder automatisch variiert werden. Die Anzahl der Kanäle ist zwar auf maximal drei begrenzt, nicht aber die der Blitzgeräte. Es können nämlich beliebig viele kompatible Blitzgeräte von der Kamera aus drahtlos gesteuert werden. Die Reichweite für die drahtlose Blitzsteuerung beträgt etwa 10 Meter bei Außenaufnahmen und rund 15 Meter in Innenräumen.

Kompaktblitzanlagen

Eine Kompaktblitzanlage ist eine größere, jedoch lohnende Investition für den anspruchsvollen Studiofotografen. Anders als Studioblitzanlagen benötigen Kompaktblitzanlagen keinen Generator, sondern werden direkt an die Steckdose angeschlossen. Daher eignen sie sich auch für den Einsatz in dem zum Fotostudio umfunktionierten Wohnzimmer oder im Hobbyraum. Sie sind relativ klein und lassen sich samt Zubehör in einem Spezialkoffer platzsparend verstauen oder zu einer anderen Location transportieren. Moderne Kompaktblitzgeräte sind leistungsstark (bis 1500 Ws) und hervorragend ausgestattet mit proportionalem oder unproportionalem Einstelllicht, optischer und akustischer Abblitzkontrolle, Auslösung über Synchronkabel, Funk und Fotozelle, regelbarer Blitzleistung, Bajonett für Reflektoren oder sonstige Vorsätze und vieles mehr. Zu empfehlen sind drei Geräte mit einer Leistung von mindestens 500 oder 600 Ws sowie eine große und

> **PraxisTipp: Steuerung der Kompaktblitzanlagen**
>
> Die EOS 400D hat keine Synchronbuchse. Mit einem einfachen Trick können Sie jedoch auch Kompaktblitzanlagen einsetzen: Die Fotozelle an jedem Kompaktblitzgerät aktivieren, dann den Kamerablitz ausklappen. Die Blitzanlage wird durch den Kamerablitz gezündet. Da die Studioblitze eine wesentlich höhere Leistung haben, wird der Kamerablitz nicht belichtungswirksam – er beeinflusst weder die Lichtführung noch die Belichtung.

eine kleine zusammenfaltbare Lichtwanne, eine längliche Softbox, ein Reflexschirm, ein Spotvorsatz und drei Lampenstative. Damit lässt sich eine professionelle Lichtführung und eine gezielte Objektmodulation durch Licht und Schatten realisieren. Auch die Art des Lichts kann frei bestimmt werden (weich, hart, diffus, spotartig). Für die Belichtungsmessung ist ein separater Blitzbelichtungsmesser erforderlich, der Blitzlicht und Dauerlicht sowohl einzeln als auch zusammen messen kann und durch Vorsätze verschiedene Messarten ermöglicht.

Gekonnte Lichtführung

Professionell wirkende Studioaufnahmen implizieren die gekonnte Lichtführung. Sie kann bereits mit der klassischen Beleuchtungsanordnung realisiert werden, die üblicherweise aus Hauptlicht, Aufhelllicht und Hintergrundlicht besteht, wobei ein Effektlicht hinzu kommen kann. Das Hauptlicht ist die wichtigste Lichtquelle. Alle anderen Lichtquellen fungieren nur als untergeordnete Hilfslichter. Das Hauptlicht ist erst dann richtig positioniert, wenn die bereits sichtbare Bildwirkung nur noch durch den Einsatz weiterer Lichtquellen verbessert werden kann. Mit dem Aufhelllicht werden die Schatten aufgehellt und der Motivkontrast reduziert. Das Aufhelllicht sollte den Charakter des Hauptlichts und die dadurch vorgegebene Bildwirkung nicht oder zumindest nicht wesentlich verändern. Das Hintergrundlicht kann die Hintergrundfläche gleichmäßig ausleuchten oder einen Helligkeitsverlauf hervorrufen sowie den gewünschten Tonwertunterschied zwischen Objekt und Hintergrund hervorrufen. Beim Positionieren des Hintergrundlichts ist darauf zu achten, dass kein Licht von dieser Lichtquelle auf das Aufnahmeobjekt fällt. Ein dezent gesetztes Effektlicht kann bestimmte Objektpartien hervorheben, Spitzlichter erzeugen oder Dynamik ins Bild bringen. Aus einer Gegenlichtposition erzeugt das Effektlicht einen Lichtsaum um das Objekt. Stark seitlich angebracht, kann das Effektlicht Konturen, Details oder Strukturen betonen. Das Effektlicht muss sorgfältig platziert werden und darf die allgemeine Beleuchtung nicht aus dem Gleichgewicht bringen.

Kompaktblitzanlagen, wie die Broncolor Minicom, werden direkt an die Steckdose angeschlossen, sind relativ klein und lassen sich samt Zubehör in einem Spezialkoffer platzsparend verstauen oder transportieren. Foto: Bron Elektronik

> **BasisWissen: Professionelle Beleuchtung**
>
> Die Positionierung der Lichtquellen sollte in der Reihenfolge ihrer Wichtigkeit erfolgen: Hauptlicht, Aufhelllicht, Effektlicht und Hintergrundlicht. Die angestrebte Bildwirkung muss bereits nach dem Setzen des Hauptlichts klar zu erkennen sein und sollte durch jede weitere Lichtquelle noch deutlicher werden. Die Schatten auf dem Hintergrund lassen sich mit dem zuletzt gesetzten Hintergrundlicht effektiv unterdrücken. Die Lichtquellen sollten von der schwachen zur starken Leistung geregelt werden. Wer von vornherein Lichtorgien veranstaltet, wird nur mit viel Mühe die richtige Gewichtung der einzelnen Lichtquellen finden. Der Einsatz von zwei oder mehreren Hauptlichtern aus unterschiedlichen Richtungen sollte vermieden werden, denn die Zangenbeleuchtung führt zu einer merkwürdigen Bildwirkung. Die Hilfslichter müssten deutlich schwächer als das Hauptlicht sein.
>
> Zu einer anspruchsvollen, objektangepassten Beleuchtung gehören auch Hilfsmittel wie Aufheller und Abdunkler (wir vermeiden die despektierliche umgangssprachliche Bezeichnung „Neger"). Als Aufheller werden mehr oder weniger reflektierende helle Flächen bezeichnet, die Teile des Hauptlichts auf die Schattenpartien zurückwerfen (spezielle Reflexfolien, Alufolie, Styroporplatten, etc.). Für eine starke, punktuelle Aufhellung können auch Rasierspiegel verwendet werden. Lichtabsorbierende, tief matte Materialien können störendes Licht abhalten oder absorbieren (schwarzer Samt als Hintergrund).

Objektmodulation durch Licht und Schatten

Im Mittelpunkt professioneller Blitzfotografie steht die Objektmodulation, also die bildwirksame „Formgebung" und „Gestaltung" des Aufnahmeobjekts durch das Zusammenspiel von Licht, Schatten und Reflexen.

Die hochglänzende Oberfläche des Wasserkessels hat eine aufwändige Einspiegelung mehrerer Flächenleuchten sowie diverser Aufheller und Abdunkler erfordert.
Foto: Artur Landt

Durch die Objektmodulation lassen sich die Formen, Konturen und Strukturen der Aufnahmeobjekte betont, objektgerecht oder abgeschwächt wiedergeben. Denn jedes Aufnahmeobjekt wird sowohl durch seine Form als auch durch seine Oberfläche bestimmt. Matte Oberflächen sind relativ einfach auszuleuchten, weil sie das auffallende Licht gleichmäßig in alle Richtungen reflektieren (remittieren). Glänzende Objekte erzeugen eine ausgeprägte Reflexion, die mitunter so stark sein kann, dass die eigentliche Oberfläche gar nicht mehr als solche wahrgenommen wird und in der Spiegelung der Fotograf samt Kamera und Beleuchtung zu sehen ist. Ein zentraler Punkt der Objektmodulation besteht darin, Reflexe zu unterdrücken oder bewusst zu setzen. Eine gekonnte Objektmodulation kann bewirken, dass ein langweiliger Alltagsgegenstand zum Kunstobjekt wird.

Die effektive Größe der Lichtquelle beeinflusst das Ausmaß der Lichtstreuung und den Beleuchtungskontrast: je größer die Lichtquelle, desto gestreuter das Licht und desto geringer der Kontrast. Das weiche, gestreute Licht von Flächenleuchten eignet sich sehr gut für das Ausleuchten von Objekten mit glänzender Oberfläche – wie Chrom oder Glas. Üblicherweise wird eine Lichtwanne oder Softbox mit scharfer Leuchtfeldbegrenzung in die Oberfläche eingespiegelt. Die Einspiegelung eines Reflexionsschirms gilt hingegen als dilettantisch – denn ein Regenschirm hat nichts im Objekt zu suchen. Schwarze, lichtabsorbierende Flächen oder weiße Aufheller lassen sich jedoch zur Betonung der Objektform in die Hochglanzflächen ebenfalls einspiegeln. Die Aufheller oder Abdunkler sollten in diesem Fall möglichst glatt sein, denn jede erkennbare Oberflächenstruktur wird als Struktur des Aufnahmeobjekts wahrgenommen.

Eine leuchtende, brillante Wiedergabe von Getränken oder anderen Flüssigkeiten in transparenten Gefäßen wird erreicht, indem man eine mit Alufolie beklebte Pappe in etwas verkleinerter Gefäßform zuschneidet und hinter der Flasche oder dem Glas platziert. Der Abstand sollte so groß sein, dass der reflektierende Aufheller genügend Licht erhält. Die Konturen durchsichtiger Objekte lassen sich mit schwarzen Kartonstücken betonen, die möglichst objektnah, jedoch im Bild nicht sichtbar platziert werden sollten. Bei der Aufnahme von Textilien wird normalerweise großer Wert auf die Wiedergabe der Farbe und Struktur gelegt. Die Struktur kann durch hartes Streiflicht oder extrem flaches Seitenlicht gut moduliert werden – allerdings ist dann die Farbwiedergabe miserabel. Folglich muss eine zusätzliche Lichtquelle aus seitlicher oder nahezu frontaler Richtung die Farbwiedergabe verbessern, ohne die Wiedergabe der Strukturen abzuschwächen.

C Wechselobjektive

- Digitaleignung und Digitalobjektive 86
- Brennweite und Anfangsöffnung 88
- Bildwinkel und Verlängerungsfaktor 90
- Mechanische Grundelemente 92
- Die Bildschärfefehler 94
- Farbfehler und Verzeichnung 96
- Schärfentiefe und Beugung 98
- Der extreme Weitwinkelbereich 100
- Der moderate Weitwinkelbereich 102
- Der Standardbereich 104
- Der moderate Telebereich 106
- Der extreme Telebereich 108
- Makro-Objektive 110
- Objektive mit Bildstabilisator 112
- Tilt&Shift-Objektive 114
- Fisheye- und Spiegellinsen-Objektive 116
- Tele-Extender 118
- Brennweitenabhängige Bildgestaltung 120
- Brennweiten- und Perspektivenvergleich 122
- Die Gesetze der Zentralperspektive 124
- Die perspektivische Darstellung 126
- Der Tanz um das Motiv 128

Digitaleignung und Digitalobjektive

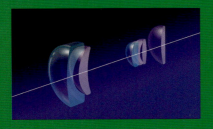

Im aktuellen Canon-Lieferprogramm sind nahezu 70 Wechselobjektive zu finden und auch die Fremdhersteller stocken ihr Objektivangebot für EOS-Kameras kontinuierlich auf. Bei der Wahl der Objektive sollte man stets auf ihre Digitaleignung achten.

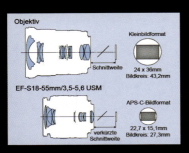

Die EF-S-Objektive sind eigens für die kleineren Bildsensoren im APS-C-Format bis etwa 23 x 15 Millimeter konzipiert, wobei das „S" für Short Back Focus steht. Aufgrund der verkürzten Schnittweite ragt der Scheitel der Hinterlinse tiefer in das Gehäuse hinein. Die EF-S-Objektive zeichnen einen kleineren Bildkreis aus und sind relativ kompakt.
Skizze: Canon

Mit leistungsfähigen Objektiven der neuen Generation, wie dem EF 4/70-200 mm L IS USM läuft die EOS 400D zur Höchstform auf.
Foto: Canon

Grundsätzlich stellt ein elektronischer Bildsensor andere Anforderungen an den Strahlengang eines Objektivs als eine chemische Filmemulsion. Die Sensoroberfläche hat eine dreidimensionale Struktur mit erhabenen Stegen oder Leiterbahnen zwischen den Pixeln, was bei schrägem Lichteinfall zu einer Randabschattung der lichtempfindlichen Fläche der einzelnen Fotodioden führen kann. Zudem ist die Diodenoberfläche stärker reflektierend als die chemischen Emulsionsschichten. Auch die den Dioden vorgelagerten Mikrolinsen und Farbfilter reagieren recht empfindlich auf schräg einfallende Strahlenbündel und können mehr oder weniger ausgeprägte Farbinterferenzen und Artefakte bewirken. Geneigte Strahlenbündel können in Verbindung mit der Vignettierung und Verzeichnung sogar die kamerainternen Bildbearbeitungsfunktionen, wie Anti-Aliasing, Rauschunterdrückung und Scharfzeichnung nachhaltig stören.

Im Idealfall sollte der speziell für elektronische Bildsensoren optimierte Strahlengang einen nahezu parallelen Lichtstrahlverlauf zur optischen Achse aufweisen, der als telezentrisch bezeichnet wird. Die Konstruktion solcher Objektive setzt jedoch voraus, dass der Bajonettdurchmesser der Kamera mindestens doppelt so groß wie die Formatdiagonale des Bildsensors ist. Das EOS-Bajonett ist zwar größer als das der D-SLR-Modelle anderer Hersteller, aber diese Bedingung wird von keiner Kamera mit Kleinbild-Bajonett erfüllt, sodass keine streng telezentrischen Objektive für diese Systeme konstruiert werden können. Bei den Canon-Objektiven verlaufen die Strahlen im Mittelfeld weitgehend parallel zur optischen Achse und nur im Randbereich der kleineren Sensoren ist, je nach Objektivkonstruktion, eine mehr oder weniger ausgeprägte Schieflage festzustellen. Das spielt in der Praxis aber keine so große Rolle, weil bei der EOS 400D die den Pixeln vorgelagerten Weitwinkel-Mikrolinsen im Randbereich leicht verschoben positioniert sind (microlens shifting). Dadurch werden auch schräg einfallende Lichtstrahlen auf die lichtempfindliche Pixelfläche gelenkt und die Lichtausbeute wesentlich erhöht. Auch eine partielle Erhöhung der Empfindlichkeit für die Randbereiche der Sensoren ist übliche Praxis und kompensiert wirksam die Vignettierung – erhöht aber gleichzeitig das Rauschen am Bildrand geringfügig.

Um den Anforderungen der Bildsensoren besser gerecht zu werden, bringt Canon immer mehr neue Objektive mit speziell für Digitalkameras gerechnetem Strahlengang und hoher Auflösung heraus. Die Objektive der EF-S-Serie sind eigens für die kleineren Bildsensoren im APS-C-Format bis etwa 23 x 15 Millimeter konzipiert und können nicht an analogen KB-Kameras oder an Digicams mit Vollformatsensor (36 x 24 mm) verwendet werden. Das „S" steht für Short Back Focus und ist ein Hinweis auf die verkürzte Schnittweite, sodass der Scheitel der Hinterlinse tiefer in das Gehäuse hineinragt. Die EF-S-Objektive zeichnen einen kleineren Bildkreis aus, sind preiswerter herzustellen sowie relativ leicht und kompakt.

> **PraxisTipp: Probieren geht über Studieren**
>
> Je nach verwendeten Objektiven können mitunter große Unterschiede in der Abbildungsleistung auftreten. Und der Umkehrschluss gilt auch: Ein und dasselbe Objektiv kann an verschiedenen D-SLR-Kameras unterschiedliche Leistungsergebnisse liefern. Daher ist in der digitalen Fotografie ein Kameratest immer auch ein Objektivtest und umgekehrt. Folglich sollten die Objektive stets mit der eigenen Digitalkamera ausprobiert werden.

Die neuen Objektive der EF-Serie (Electronic Focus) sind für Digitalkameras mit Vollformatsensor optimiert, können jedoch mit exzellenten Ergebnissen auch an analogen SLR-Modellen verwendet werden. Das hat Canon durch einen sehr hohen Korrektions- und Konstruktionsaufwand erreicht. Dazu zählen besondere Linsenbauformen, wie zum Beispiel Meniskuslinsen statt planparallele Linsen für die Frontlinse und Asphären im inneren optischen Aufbau sowie die Super-Spektra-Vergütung an freien Glasoberflächen, die Reflexe und Geisterbilder wirkungsvoll unterdrücken, was gerade in der digitalen Fotografie besonders wichtig ist. Einen expliziten Hinweis zur Digitaleignung der EF-Objektive gibt Canon jedoch nicht.

Mit der speziell für Digitalkameras gerechneten EF-S-Bauserie oder den neuen optimierten EF-Objektiven ist man dennoch auf der sicheren Seite, was die Digitaleignung betrifft. Was ist aber mit den vorhandenen Objektiven, kann man damit auch digital fotografieren? Denn die allgemein herrschende Meinung attestiert den für analog gerechneten Objektiven nur eine lausige Bildqualität an Digicams. Die Praxiserfahrung zeigt jedoch etwas anderes: An digitale AF-SLR-Kameras mit APS-C-Sensor, wie der EOS 400D, können grundsätzlich gute KB-Objektive angesetzt werden. Wichtiger als das Alter der Objektive ist eine gute optische Qualität. Einen Flaschenboden, mit dem man auch bei analogen Aufnahmen nicht zufrieden ist, muss man ja nicht auch noch für digitale Bilder einsetzen wollen. Ein qualitativ hochwertiges Objektiv, mit dem scharfe und brillante Dias gelingen, lässt sich hingegen mit guten Ergebnissen in die digitale Kette einbinden (siehe BasisWissen).

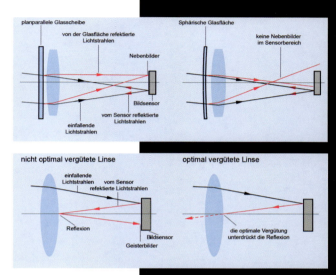

Bei den neuen Objektiven der EF-Serie setzt Canon Meniskuslinsen statt planparallele Linsen für die Frontlinse ein und an freien Glasoberflächen wird die Super-Spektra-Vergütung im Vakuum aufgedampft. Beide Maßnahmen sollen Reflexe und Geisterbilder unterdrücken und somit die Digitaleignung der Objektive verbessern. Skizzen: Canon

> **BasisWissen: Analog geht vor digital**
>
> Grundsätzlich sind von der Auflösung her spezielle Objektive nur dann erforderlich, wenn sich das Aufnahmeformat erheblich verkleinert, wie beispielsweise bei den 7,2 x 5,3 Millimeter kleinen Sensoren der 10 Megapixel Zoomkameras. Das ist aber beim 22,2 x 14,8 Millimeter großen CMOS-Sensor der EOS 400D nicht der Fall. Das hat mit der Objektivauflösung und der Pixelgröße zu tun. Die Pixelgröße der EOS 400D liegt bei 5,7 Mikrometer (µm). Wenn man bei einem guten Objektiv für die analoge Fotografie von einer durchschnittlichen Auflösung von 80 Linienpaaren pro Millimeter bei Arbeitsblende 5,6 oder 8 ausgeht, entspricht das 6,25 Mikrometer (1000 : 160 = 6,25 µm). Das ist somit ausreichend für den 10 Megapixel Sensor der EOS 400D mit einer Pixelgrößen von 5,7 µm. Die Auflösung der Objektive ist bei Anfangsöffnung noch größer und verringert sich erst bei kleineren Blendenöffnungen. Bei den EF-Objektiven, die für das volle 24 x 36 mm KB-Format gerechnet sind, werden die Randstrahlen beim kleineren Bildsensor der EOS 400D ohnehin beschnitten und somit nicht bildwirksam. Folglich kann man unter dem Aspekt der Auflösung die EF-Objektive problemlos an der EOS 400D verwenden.

Brennweite und Anfangsöffnung

Die Objektive werden durch zwei feststehende Kenngrößen definiert: die Brennweite und die relative Öffnung (Anfangsöffnung). Diese Werte werden auch Objektivkonstanten genannt und sind auf jedem Objektiv eingraviert.

Die Brennweite und die Anfangsöffnung sind die Visitenkarte eines jeden Objektivs, wobei die Angaben meistens der „verdrehten" angloamerikanischen Schreibweise folgen, hier 18-55 mm und 1:3,5-5,6, was einem Zoom mit variabler Anfangsöffnung 3,5-5,6/18-55 mm entspricht. Im Bild ist durch die Frontlinse auch die Eintrittspupille sichtbar. Foto: Canon

Die Brennweite

Die Brennweite gilt als die wichtigste Kenngröße eines Objektivs und wird in Millimeter angegeben. Genau betrachtet, hat jedes Objektiv zwei Brennweiten: eine im Bildraum und eine im Objektraum. Man unterscheidet folglich zwischen einer Objekt- und einer Bildbrennweite. Die Brennweite wird, vereinfacht ausgedrückt, durch den Abstand des objektseitigen beziehungsweise bildseitigen Hauptpunktes zum entsprechenden Brennpunkt dargestellt. Bei Objektiven ist eigentlich immer die Bildbrennweite gemeint und sie ist auf jedem Objektiv eingraviert. Die Brennweite ist ausschlaggebend für den Abbildungsmaßstab, den Objektivauszug und das Öffnungsverhältnis.

Lichtriese: Das Canon EF 1,2/85 mm L II USM hat die enorme Anfangsöffnung von 1:1,2. Der maximale Durchmesser beträgt 91,5 Millimeter. Foto: Canon

Die Brennweite bestimmt neben der Aufnahmeentfernung wie groß ein Objekt in der Bildebene abgebildet wird. Sämtliche Objektive mit identischer Brennweite bilden ein und dasselbe Motiv bei gleichbleibender Aufnahmeentfernung stets in derselben Größe ab. Um das an einem Beispiel zu zeigen: Ein Objektiv mit Brennweite 180 mm bildet einen 15 Meter entfernten Gegenstand in einer Größe von sagen wir 2,1 Zentimeter ab, und zwar unabhängig davon, ob das Objektiv an einer APS-, Kleinbild-, Mittelformat- oder Großformatkamera angebracht ist. Der einzige Unterschied besteht darin, dass, je größer das Aufnahmeformat, desto mehr Umfeld abgebildet wird. Außerdem ist es wichtig zu wissen, dass sich die Abbildungsgröße proportional zur Brennweite verhält. Bei gleichbleibendem Aufnahmeabstand bewirkt eine Verdoppelung der Brennweite die Verdoppelung der Abbildungsgröße und umgekehrt. Gehen wir von folgendem Beispiel aus: Ein Gegenstand wird mit einem 50 mm Objektiv 1,2 Zentimeter groß abgebildet. Ein 100 mm Objektiv bildet denselben Gegenstand 2,4 Zentimeter groß ab, während die Abbildung mit einem 25 mm Objektiv nur 0,6 Zentimeter groß ist (gleiche Aufnahmedistanz in allen drei Fällen vorausgesetzt). Die Bezeichnung der Brennweite als normal, lang oder kurz, ist immer auf die Diagonale des jeweiligen Aufnahmeformats bezo-

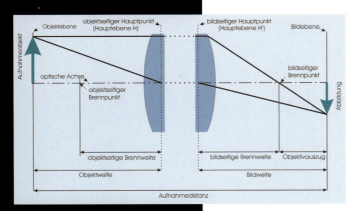

Schematische Darstellung der wichtigsten optisch-physikalischen Größen eines Objektivs.

▶ BasisWissen: EF- und EF-S-Objektive

Die Objektive der Canon EF-Reihe haben vollelektronische Signalübertragung, elektromagnetische Blendensteuerung und eingebauten Autofokus-Motor. Sie zeichnen den Bildkreis für das Format 36 x 24 mm aus. Die Objektive der EF-S-Serie sind eigens für die kleineren Bildsensoren im APS-C-Format bis etwa 23 x 15 Millimeter konzipiert und können nicht an analogen KB-Kameras oder an Digicams mit Vollformatsensor verwendet werden.

gen. Die Diagonale des Kleinbildformats (24 x 36 Millimeter) beträgt 43,3 Millimeter. Als Normalobjektiv für das Kleinbildformat gilt (aufgerundet) ein Objektiv mit Brennweite 50 Millimeter. Der 22,2 x 14,8 Millimeter große Bildsensor der EOS 400D hat eine Diagonale von rund 27 Millimeter und als Normalobjektiv gilt ein Objektiv mit Brennweite 30 Millimeter.

Die relative Öffnung

Die relative Öffnung gehört neben der Brennweite ebenfalls zur „Visitenkarte" eines Objektivs. Nach der Definition bezeichnet man das Verhältnis des Durchmessers der vollen Eintrittspupille zur Brennweite als relative Öffnung. Die Eintrittspupille ist, vereinfacht ausgedrückt, das virtuelle Bild der größten Blendenöffnung, das beim Betrachten eines Objektivs durch die Frontlinse sichtbar und messbar ist. Wenn ein Objektiv mit Brennweite 90 mm eine relative Öffnung von 1:2 aufweist, dann hat die Eintrittspupille einen Durchmesser von 45 Millimeter. Daraus folgt, dass der wirksame Durchmesser der Frontlinse nicht kleiner als 45 Millimeter sein darf. Die relative Öffnung wird auch Öffnungsverhältnis, Anfangsöffnung oder Lichtstärke genannt und entspricht der größten Blendenöffnung beziehungsweise der kleinsten Blendenzahl des jeweiligen Objektivs. Die Bezeichnung Lichtstärke ist in diesem Zusammenhang etwas irreführend, weil die relative Öffnung einen rein mathematischen oder geometrischen Wert darstellt, der die tatsächliche Lichtdurchlässigkeit (Transmission) eines Objektivs außer Acht lässt. Der Lichtverlust durch Absorption und Reflexion wird aber bei der effektiven Öffnung oder effektiven Lichtstärke berücksichtigt. Bei hochwertigen Objektiven ist kein nennenswerter Unterschied zwischen relativer und effektiver Öffnung zu verzeichnen. Die effektive Öffnung liefert den Ausgangspunkt für die TTL-Messung der Kamera, sodass auch bei Abweichungen zum tatsächlichen Blendenwert keine Fehlbelichtungen entstehen – allerdings ist die erforderliche Verschlusszeit dann entsprechend länger.

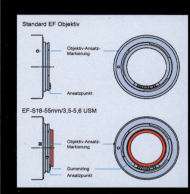

Die EF-S-Objektive haben einen versetzten Ansatzpunkt, der die Verwendung an Kameras mit Vollformatsensor verhindern soll. Skizze: Canon

▶ PraxisTipp: Technische Daten richtig deuten

In den Prospekten findet man meistens in tabellarischer Form die technischen Daten der Objektive. Diese Daten sind jedoch von unterschiedlicher Bedeutung. Je nach Einsatzgebiet eines Objektivs ist mal die eine, mal die andere Information wichtig. Hier eine kurze Auflistung:

Linsen und Linsengruppen – dokumentieren zwar den Konstruktionsaufwand, von deren Anzahl kann man aber nicht auf die Abbildungsqualität eines Objektivs schließen.

Kürzeste Entfernungseinstellung oder maximaler Abbildungsmaßstab sind Angaben, die für Makro- und Nahaufnahmen, aber auch für formatfüllende Porträt- und Detailaufnahmen wichtig sind.

Kleinste Blende – damit kann die maximale Schärfentiefe bei einem bestimmten Abbildungsmaßstab errechnet werden.

Filterdurchmesser – obligatorische Angabe beim Filterkauf.

Die anderen Angaben, wie Baulänge, größter Durchmesser oder Gewicht, spielen vor allem bei Reise-, Landschafts- oder Naturfotografen eine Rolle, sind aber für alle Fotografen wichtig, die ihre Ausrüstung lange Zeit tragen oder auf engem Raum verstauen müssen.

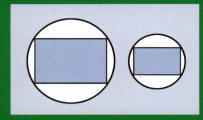

Bildwinkel und Verlängerungsfaktor

Neben den Objektivkonstanten ist auch der formatbezogene Bildwinkel wichtig für die Beschreibung eines Objektivs. Da der EOS 400D-Bildsensor kleiner als das KB-Format ist, muss ein Verlängerungsfaktor von 1,6x berücksichtigt werden.

Unterschiedliche Sensorgrößen, links Vollformatsensor, rechts APS-C-Sensor, führen zu unterschiedlich großen Diagonalen des Aufnahmeformats und verändern somit den formatbezogenen Bildwinkel. Foto: Canon

Der Bildwinkel

Der Bildwinkel zählt zwar nicht zu den Objektivkonstanten, ist aber dennoch eine sehr wichtige Angabe. Allerdings wird sie nicht selten auch in Fachkreisen missverstanden, weil der Begriff Bildwinkel gleichzeitig eine Art Sammelbegriff darstellt und für verschiedene Einzelbegriffe eingesetzt wird, wie beispielsweise gesamter Bildwinkel, effektiver Bildwinkel, Feldwinkel, Formatwinkel oder Aufnahmewinkel. Außerdem hat der Bildwinkel in der Großformatfotografie eine andere Bedeutung und einen anderen Stellenwert (ermöglicht Kameraverstellungen) als in der analogen oder digitalen Spiegelreflexfotografie. Um den Bildwinkel zu definieren, ist es sinnvoll, vom Bildkreis auszugehen. Jedes Objektiv entwirft ein kreisförmiges Bild in der Bildebene, das zum Rand hin zunehmend unschärfer und dunkler wird. Dieses runde Bild wird als Bildkreis bezeichnet. Der noch scharf ausgezeichnete Bereich bildet den nutzbaren Bildkreis und ist bei Großformat- oder Shiftobjektiven ausschlaggebend für die Verstellmöglichkeiten. Die von der Peripherie (Kreislinie) des nutzbaren Bildkreises begrenzte Fläche wird als Bildfeld definiert. Die Projektion des Bildes durch das Bildfenster der Kamera ergibt das effektive Aufnahmeformat (nicht mit dem genormten Nennformat zu verwechseln). Wenn wir die Diagonale des Aufnahmeformats als Basis eines Dreiecks annehmen, dann bilden die beiden gleichen Schenkel den Aufnahmewinkel (Formatwinkel oder doppelter Feldwinkel, siehe Abbildung unten).

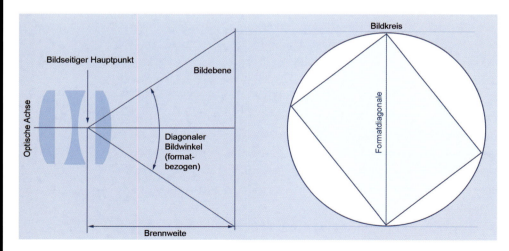

Schematische Darstellung des formatbezogenen Bildwinkels und der Formatdiagonalen.

Der Bildwinkel (genauer: der auf das Aufnahmeformat bezogene Aufnahmewinkel) ist abhängig von der Brennweite und dem Aufnahmeformat. Um das an zwei Beispielen zu zeigen: Ein KB-Objektiv mit Brennweite 20 mm hat, bezogen auf das Aufnahmeformat 24 x 36 mm, einen diagonalen Bildwinkel von 94°, während bei einem 200 mm Tele der Bildwinkel nur noch 12° beträgt. In der Kleinbildfotografie gilt ein Objektiv mit Brennweite 50 mm und einem diagonalen Bildwinkel

> **PraxisTipp: Multiplizieren und Ablesen**
>
> Bei EF-Objektiven muss die Brennweite mit 1,6 multipliziert und der Bildwinkel an der EOS 400D entsprechend der „neuen Brennweite" in der Objektivtabelle abgelesen werden. Das EF 1,8/85 mm hat einen KB-bezogenen Bildwinkel von 28°30'. Für die EOS 400D multipliziert man 85 mm mit 1,6 und erhält 136 mm. Bei 135 mm liest man in der Tabelle 18°. Zum Vergleich: Das EF-S 17-85 mm hat bei 85 mm, die 136 mm entsprechen, 18°25'.

von etwa 45° als Normalobjektiv oder Normalbrennweite. Aufgrund des kleineren Bildsensors der EOS 400D gilt ein Objektiv mit Brennweite 30 Millimeter und einem formatbezogenen diagonalen Bildwinkel von etwa 45° als Normalobjektiv. Davon hängt auch die Einteilung der Objektive in Weitwinkel- oder Teleobjektive ab. Objektive mit einem größeren diagonalen Bildwinkel als etwa 60° werden als Weitwinkelobjektive bezeichnet. Objektive mit einem kleineren diagonalen Bildwinkel als etwa 35° können als Teleobjektive betrachtet werden. Sehr wichtig beim Bildwinkel- oder Brennweitenvergleich ist das Kleingedruckte, nämlich auf welches Aufnahmeformat sich die Angaben beziehen.

Der Verlängerungsfaktor

Die Größenunterschiede zwischen einem Vollformatsensor mit 36 x 24 mm oder einem Kleinbildfilm mit 24 x 36 mm einerseits und dem APS-C-Sensor der EOS 400D mit 22,2 x 14,8 Millimeter andererseits, führen zu unterschiedlich großen Diagonalen des Aufnahmeformats und verändern somit den formatbezogenen Bildwinkel. Da die Bildwinkelumrechnung nicht ohne komplizierte Winkelfunktionen durchzuführen ist, wurde der Cropfaktor eingeführt, der unter seinen diversen anderen Bezeichnungen besser bekannt ist: KB-äquivalente Brennweite, Brennweitenäquivalenz, Brennweitenfaktor oder Verlängerungsfaktor. Beim Bildsensor der EOS 400D beträgt der Verlängerungsfaktor 1,6-fach. Dabei handelt es sich nicht um eine Brennweitenverlängerung, wie immer wieder irrtümlich angenommen wird. Denn die Brennweite ist sowohl bei Festbrennweiten als auch bei Zooms eine Objektivkonstante, die durch das Aufnahmeformat nicht verändert wird. Ein Objektiv mit Brennweite 50 mm hat immer die gleiche Brennweite, und zwar unabhängig davon, ob es an einer 6 x 7 cm-Mittelformatkamera, an einer 24 x 36 mm Kleinbildkamera oder an einer Digitalkamera mit einem 22,2 x 14,8 mm APS-C-Sensor verwendet wird. Das 50 mm Objektiv, um bei unserem Beispiel zu bleiben, bildet ein und dasselbe Motiv bei gleichbleibender Aufnahmeentfernung stets in derselben Größe ab. Der einzige Unterschied zwischen den Formaten besteht darin, dass, je größer das Aufnahmeformat, desto mehr Umfeld abgebildet wird. Was sich verändert, ist also nur der formatbezogene Bildwinkel. Beim APS-C-Sensor der EOS 400D mit einem Verlängerungsfaktor von 1,6x wird aus einem Weitwinkelzoom 20–35 mm ein Standardzoom 32–56 mm. Das führt zu einem Bildwinkelverlust im Weitwinkelbereich und zu einem Bildwinkelgewinn im Telebereich, wo sich ein 100–300er KB-Zoom in ein 160–480 mm Telezoom verwandelt.

> **BasisWissen: Bildwinkelangaben**
>
> Die Eigenschaften und die Einsatzbereiche der einzelnen Objektive lassen sich am besten durch die Brennweite und den formatbezogenen Bildwinkel beschreiben. Grundsätzlich beziehen sich die Angaben im vorliegenden Buch auf die KB-äquivalente Brennweite respektive auf den formatbezogenen Bildwinkel an der EOS 400D. Canon gibt jedoch in den Objektivtabellen den auf das maximale Aufnahmeformat bezogenen Bildwinkel an, das ist das KB-Format bei der EF-Serie und das APS-C-Format bei der EF-S-Serie. Bei EF-S-Objektiven muss nur die Brennweite mit 1,6 multipliziert werden, der angegebene Bildwinkel stimmt. Das EF-S 3,5-4,5/10-22 mm USM hat folglich den formatbezogenen diagonalen Bildwinkel eines 16-35 mm KB-Zooms und wird von Canon mit 107°30'-63°30' in der Objektivtabelle angegeben. Das entspricht somit weitgehend dem Bildwinkel von 108°10'-63°, der für das Kleinbildformat beim EF 2,8/16-35 mm L USM in der Tabelle zu finden ist.
>
> Grundsätzlich bedient man sich jedoch folgender Konstruktion: Durch den Cropfaktor errechnet man jene Brennweite, mit der sich an der EOS 400D in etwa der gleiche formatbezogene Bildwinkel wie an einer KB-Kamera realisieren lässt. Bei EF-Objektiven multipliziert man am einfachsten die Brennweite mit 1,6 und geht entsprechend dem PraxisTipp vor. Diese umständliche Vorgehensweise ist erforderlich, weil der Bildwinkel sich nicht linear zur Brennweite verhält. Daher ist die genaue Umrechnung des formatbezogenen Bildwinkels nicht ohne Winkelfunktionen möglich.

Der APS-C-Sensor der EOS 400D ist mit 22,2 x 14,8 Millimeter kleiner als ein Vollformatsensor mit 36 x 24 mm. Weil die Formatdiagonale von rund 27 Millimeter 1,6 mal kleiner als beim KB-Format ist (43,3 mm), muss ein Cropfaktor von 1,6x berücksichtigt werden.

Mechanische Grundelemente

Die mechanischen Grundelemente sichern die Funktionstüchtigkeit der aus hochwertigen Einzelteilen mit hohem Konstruktionsaufwand hergestellten Objektive über Jahre hinweg. Einige davon sind auch für die Ergonomie und die Einstellungspräzision wichtig.

Das Bajonett hat als Verbindungsstück zwischen Kamera und Wechselobjektiven wichtige Funktionen. Es muss sehr präzise gefertigt sein, damit die Objektivachse stets vollkommen senkrecht zur Bildebene ausgerichtet bleibt. Die elektronischen Funktionen zwischen Kamera und Objektiv müssen perfekt übertragen werden. Das Metallbajonett der EOS 400D und der meisten Objektive ist so robust, dass selbst bei jahrelangem Gebrauch und tausendfachem Objektivwechsel praktisch kein Materialverschleiß die Genauigkeit beeinträchtigt. Das Kunststoffbajonett preiswerter Objektive ist zwar besser als sein Ruf, erreicht aber nicht die Robustheit eines Metallbajonetts.

Das zum Kampfpreis konstruierte Leichtgewicht EF-S 3,5-5,6/18-55 mm II hat ein Kunststoffbajonett und keinen separaten Fokussierring. Foto: Canon

Die Objektivfassung (der Objektivtubus) ist ein Hohlzylinder aus Metall oder Kunststoff, in dem die Linsen und Linsengruppen mit höchster Präzision in genau berechneten Abständen positioniert und zentriert sind. Je genauer die Zentrierung erfolgt, desto besser ist die Abbildungsqualität des Objektivs. Die Zentrierung muss bei jeder Betriebstemperatur in vollem Umfang erhalten bleiben. Daher wird die Fassung der hochwertigen Objektive aus Materialien gefertigt, die weitgehend unempfindlich auf große Temperaturschwankungen reagieren. Die Objektivfassung und sämtliche (vom Strahlengang aus „sichtbaren") Objektivteile sollten eine spezielle, lichtabsorbierende Struktur aufweisen und mit einer schwarzen, nichtreflektierenden Farbbeschichtung überzogen sein.

Wesentlich robuster präsentiert sich das EF-S 2,8/17-55 mm IS USM, das mit einem Metallbajonett, separatem Fokussierring, Ultraschallmotor und Bildstabilisator ausgestattet ist. Foto: Canon

Die Einstellschnecke (der Schneckengang) ist ein hochpräziser Drehtubus mit mehrgängigen Gewinden, der Linsen und Linsengruppen in der Objektivfassung für die Scharfeinstellung verschiebt. Wenn beide Teile der Einstellschnecke aus dem gleichen Material oder aus Materialien mit nahezu identischen thermischen Ausdehnungskoeffizienten gefertigt sind, kann man jederzeit leichtgängig und präzise fokussieren. Die Teile der Einstellschnecke müssen genau aufeinander eingeschliffen sein, was sehr geringe Fertigungstoleranzen voraussetzt. Unerlässlich für eine gute und konstante Gleitfähigkeit ist das Schmieren der Teile mit einem Spezialfett, das auch bei extremen Temperaturen die gleichen Eigenschaften besitzt. Das Spezialfett sollte nur sehr dünn aufgetragen werden, damit es bei großer Hitze nicht ausläuft. Wichtig sind auch die Drehmomente der Einstellschnecke und die Führungscharakteristik. Optimal ist die Geradführung, bei der die Position der Frontlinse und der Frontlinsenfassung unverändert bleibt. Das erleichtert den Einsatz von Polarisations-, Verlauf- oder Trickfiltern, weil die einmal eingestellte Filterposition und somit die Filterwirkung durch das Fokussieren nicht mehr verändert wird.

Moderne Objektive sind Meisterwerke der Optik und Feinmechanik. In der Röntgendarstellung sind alle im Text beschriebenen mechanischen Elemente zu sehen. Abbildung: Canon

> ➤ **BasisWissen: Innenfokussierung**
>
> Bei der Innenfokussierung (IF) werden nur bestimmte Glieder in einem feststehenden Tubus verschoben, was eine sehr schnelle und leise Scharfeinstellung zur Folge hat, wobei die Objektivlänge unverändert bleibt. Auch die Frontlinse dreht sich nicht, was für den Einsatz bestimmter Filter wichtig ist. Während die Fremdhersteller solche Objektive mit dem Kürzel IF kennzeichnen, verzichtet Canon auf den entsprechenden Hinweis.

Die Blende ist eine mechanische Schließvorrichtung aus mehreren sichelförmigen Lamellen, die in jedem Objektiv den Strahlenraum und somit das einfallende Strahlenbündel begrenzt. Eine Blende, die der Strahlenbegrenzung dient, wird Öffnungs- oder Aperturblende genannt. Bei modernen Objektiven wird nur noch die Irisblende als Konstruktionsform oder Konstruktionsprinzip eingesetzt. Die Irisblende besteht aus mehreren sichelförmigen Lamellen, die sich praktisch stufenlos schließen lassen. Die elektromagnetische Blendensteuerung (EMD, Electromagnetic Diaphragm) in den EF- und EF-S-Objektiven arbeitet präzise und verschleißarm, da die Irisblende ohne mechanische Elemente von der Kamera aus gesteuert wird. Sie ermöglicht die genaue Blendenanzeige auch bei Zooms mit variabler Anfangsöffnung oder beim Einsatz von Telekonvertern. Die EMD bietet zudem zahlreiche Optionen für die Positionierung im Strahlengang der Objektive, die bei einer mechanischen Blendensteuerung nicht gegeben sind.

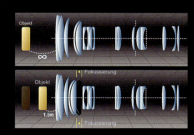

Die Innenfokussierung (IF) erfolgt durch Verschieben bestimmter Glieder in der optischen Achse, sodass die Objektivlänge unverändert bleibt und die Frontlinse nicht rotiert.

Die Blendenöffnung wird als Bruchteil der Brennweite angegeben und als Öffnungsverhältnis ausgedrückt. Ein Öffnungsverhältnis von 1:8 besagt, dass die wirksame Öffnung acht Mal kleiner als die Brennweite ist. Der Kehrwert des Öffnungsverhältnisses ist die Blendenzahl, in unserem Beispiel die Blendenzahl 8. Üblicherweise (aber auch fälschlicherweise) wird im Sprachgebrauch der Fotografen die Blendenzahl als Blende bezeichnet (Blende 8 statt Blendenzahl 8). Die Irisblende moderner Objektive ist als Springblende konstruiert, bei der die Blendenlamellen bei der Scharfeinstellung und bei der Belichtungsmessung beziehungsweise Belichtungseinstellung geöffnet bleiben (Offenblendenmessung). Beim Druck auf den Auslöser wird die Blende auf den vorgewählten Wert geschlossen, bevor der Verschluss geöffnet wird. Unmittelbar nach der Belichtung wird die Blende wieder ganz geöffnet. Dadurch steht dem Fotografen, vom Augenblick der Belichtung abgesehen, stets ein helles Sucherbild zur Verfügung. Zur Beurteilung der Schärfentiefe kann die Blende beim Druck auf die Abblendtaste auf den vorgewählten Wert geschlossen werden. An die Funktion der Blende sind hohe Anforderungen zu stellen. Sie muss auch bei extremen Temperaturbedingungen genau auf den vorgegebenen Wert schließen und sehr genau reproduzierbar sein. Ein langer Schließweg bei kurzer Schließzeit sowie ein minimaler Prellschlag bieten die besten Voraussetzungen dafür. Als Prellschlag wird das kurze Zurückschnellen der Blendenlamellen auf eine größere Öffnung bezeichnet, das durch das abrupte Stoppen der Lamellen am Anschlag für die vorgewählte Blende hervorgerufen wird.

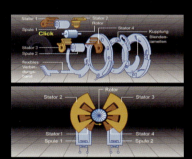

In den EF- und EF-S-Objektiven setzt Canon die elektromagnetische Blendensteuerung ein. Diese EMD-Steuerung ist verschleißarm und schließt die Blende schnell, leise und präzise auf den vorgewählten Wert. Anders als bei einer mechanischen Blendenübertragung lässt sich die Blende an nahezu jeder beliebigen Stelle im Strahlengang des Objektivs anbringen. Skizzen: Canon

> ➤ **PraxisTipp: Auflagemaß konstant halten**
>
> Das Auflagemaß ist, als Abstand zwischen Bajonett und Bildebene, zwar ein Konstruktionselement der Kamera, das aber in die optische Rechnung und Konstruktion der Objektive eingehen muss. Bereits kleinste Abweichungen des Auflagemaßes können große Auswirkungen auf die Scharfeinstellung vor allem bei unendlich (größeres Auflagemaß durch Randerhebungen an Dellen im Bajonett) oder auf die Schärfe bei offener Blende haben (Auflagemaß nicht vollkommen parallel zur Bildebene). Damit das Auflagemaß stets konstant bleibt, müssen das Kamera- und das Objektivbajonett frei von Unebenheiten und perfekt ausgerichtet sein – und es bei starker mechanischer Beanspruchung durch häufiges Wechseln der Objektive auch bleiben. Daher ist man mit verschraubten Metallbajonetten nicht nur an der Kamera, sondern auch am Objektiv auf der sicheren Seite. Bei häufigem Objektivwechsel kann bei einem Kunststoffbajonett im Laufe der Jahre durch Abrieb auch das Auflagemaß beeinträchtigt werden.

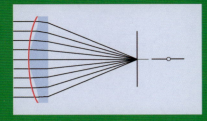

Die Bildschärfefehler

Sphärische Aberration, Koma, Astigmatismus und Bildfeldwölbung können eine Verschlechterung der Bildqualität bewirken, die sich durch softwarebasierte Signalverarbeitung oder Bildbearbeitung nicht mehr korrigieren lässt.

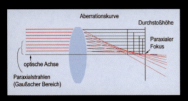

Schematische Darstellung der sphärischen Aberration. Skizze: Canon

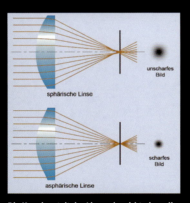

Die Kugelgestalt der Linsen bewirkt, dass die Strahlenbündel in den Randzonen stärker gebrochen werden als in der Linsenmitte, was sich durch einen Unschärfesaum im Bild bemerkbar macht. Asphärische Linsen weichen von der Kugelform ab, haben mehrere Krümmungsradien und sind praktisch frei von Kugelgestaltsfehlern. Skizze: Canon

Schematische Darstellung der Koma. Skizze: Canon

Die **sphärische Aberration** wird durch die Krümmung der Linsen hervorgerufen, weil die Randzonen größere Neigungswinkel zur optischen Achse als die mittleren Zonen haben. Das bewirkt, dass die Strahlenbündel in den Randzonen stärker gebrochen werden als in der Linsenmitte. Die Zonen befinden sich rotationssymmetrisch zur optischen Achse. Der Brennpunkt der Randstrahlen liegt näher an der Linse als der Brennpunkt der achsennahen Strahlen. Die äußere Begrenzung, in der sich sämtliche gebrochene Strahlen im Bildraum schneiden, wird als Kaustik bezeichnet. Die Kaustik verläuft in diesem Fall ebenfalls rotationssymmetrisch zur optischen Achse. Als Folge der unterschiedlich starken Brechung in verschiedenen konzentrischen Linsenzonen werden die Bildpunkte nicht als Punkte, sondern als Scheibchen abgebildet, was die allgemeine Bildschärfe beeinträchtigt. Bekannt ist dieser Abbildungsfehler auch als Kugelgestaltsfehler, weil er durch die Kugelform der Linsen hervorgerufen wird. Er wird aber auch Öffnungsfehler genannt, weil er mit zunehmender Größe der Anfangsöffnung eines Objektivs stärker in Erscheinung tritt. Bei vielen Objektiven wird die sphärische Aberration mit asphärischen Linsen korrigiert. Diese weichen von der Kugelform ab, haben mehrere Krümmungsradien und sind praktisch frei von Kugelgestaltsfehlern. Mit Mehrfach-Beugungsgliedern (DO-Elemente) lassen sich dieselben optischen Eigenschaften wie mit einer asphärischen Linsenfläche realisieren, was ebenfalls eine deutlich verbesserte Korrektion der sphärischen Aberration bewirkt.

Die **Koma**, auch als Asymmetriefehler bezeichnet, ist, vereinfacht ausgedrückt, die sphärische Aberration der schief zur optischen Achse einfallenden Strahlenbüschel. Die Koma bewirkt, dass am Bildrand die Punkte nicht als Punkte, sondern als tropfenförmige Flächen mit einem kometenartigen Schweif abgebildet werden (daher „Koma"). Die Ursache dafür ist in der unterschiedlich starken Brechung der schräg einfallenden Strahlenbüschel an den Linsenoberflächen begründet. Anders als beim Öffnungsfehler, sind die Brechungswinkel beim Koma nicht rotationssymmetrisch, sondern asymmetrisch angeordnet (daher auch die Bezeichnung „Asymmetriefehler"). Folglich ist auch die Kaustik nicht rotationssymmetrisch, sondern mehr oder weniger stark asymmetrisch. Die Auswirkung der Koma wird durch den Linsendurchmesser, die Linsenform, den Bildwinkel und vor allem durch die Lage der Blende im Objektiv bestimmt. Lichtstarke Objektive mit einem großen Bildwinkel und asymmetrischem Aufbau sind stärker von Komaerscheinungen betroffen.

Der **Astigmatismus**, auch Punktlosigkeit oder Zweischalenfehler genannt, ist ein weiterer Abbildungsfehler, der für schräg zur optischen Achse einfallende Strahlenbüschel gilt. Ein auf der optischen Achse liegender Gegenstandpunkt wird in der Bildebene ebenfalls als Punkt abgebildet. Ein Gegenstandpunkt, der außerhalb der optischen Achse liegt, wird nicht als Punkt, sondern als eine kreuzförmige Strichfigur abgebildet, wobei die Striche in zwei verschiedenen Bildebe-

> **PraxisTipp: Fehlerbekämpfung**
>
> Abblenden reduziert die sphärische Aberration, weil die am stärksten gebrochenen Randstrahlen beschnitten werden. Bei einer bestimmten kleinen Blendenöffnung wird die Koma unwirksam. Diese Blendenöffnung wird in der Fachsprache als natürliche Blende bezeichnet. Die Auswirkung der Bildfeldwölbung lässt sich durch Abblenden etwas vermindern, weil die Schärfentiefe die Unschärfe mehr oder weniger überlagert.

> **BasisWissen: Aberrationen**
>
> Die Abbildungsfehler werden in der Fachsprache auch als Aberrationen bezeichnet und lassen sich in monochromatische und in chromatische Abbildungsfehler einteilen, genauer in Abbildungsfehler, die bei monochromatischem Licht, und in Abbildungsfehler, die bei farbigem Licht entstehen. Die monochromatischen Fehler können als Bildschärfefehler oder Bildmaßstabsfehler auftreten. Die wichtigsten Bildschärfefehler sind Öffnungsfehler (sphärische Aberration), Asymmetriefehler (Koma), Punktlosigkeit (Astigmatismus) und die Bildfeldwölbung. Die Bildmaßstabsfehler sind Verzeichnungsfehler. Die Abbildungsfehler, die bei farbigem Licht auftreten (Farbfehler oder chromatische Aberrationen), lassen sich in Farblängsfehler und in Farbquerfehler klassifizieren. Die monochromatischen Abbildungsfehler sind auf bestimmte geometrische Bedingungen im paraxialen Gebiet zurückzuführen. Die Ursache für die Farbfehler ist in der Dispersion zu suchen, das heißt in der Veränderung der Brechzahl mit der Wellenlänge des einfallenden Lichtes.

nen entstehen, genauer: in zwei verschiedene Bildschalen, daher die Bezeichnung Zweischalenfehler. Der Querschnitt des schräg einfallenden Strahlenbüschels hat nicht eine kreisrunde, sondern eine elliptische Form (daher die Bezeichnung Punktlosigkeit). Das ist auf die Krümmung der Linse zurückzuführen, die bewirkt, dass schiefe Strahlenbüschel beim Eintreten in die Linse auf zwei verschiedene wirksame Krümmungsradien für den Meridionalschnitt (senkrecht) und den Sagittalschnitt (waagerecht) auftreffen. Folglich gibt es in der senkrechten Ebene eine andere Lichtbrechung als in der waagerechten. Das führt bei einem nicht astigmatisch korrigierten optischen System dazu, dass horizontale und vertikale Strukturen nicht gleichzeitig scharf in einer Ebene abgebildet werden können. Das Standardbeispiel für den Astigmatismus ist ein Kreuz, bei dem der Längs- und der Querbalken in verschiedenen Ebenen erscheinen. Bei optischen Systemen hängt der Astigmatismus von der Form der Linsen und der Lage der Blende ab. Durch Abblenden lassen sich die negativen Auswirkungen dieses Fehlers nur bedingt, wenn überhaupt reduzieren. Der Astigmatismus ist recht schwer zu korrigieren. Für die Korrektur werden spezielle Glassorten und Linsen mit bestimmten Krümmungsradien eingesetzt. Die restlose Korrektur gelingt meistens jedoch nur in einem achsennahen Bereich.

Die **Bildfeldwölbung** kann üblicherweise zusammen mit der Koma und dem Astigmatismus korrigiert werden. Durch die Korrektur des Astigmatismus ist es möglich, die zwei Bildschalen für den meridionalen und für den sagittalen Querschnitt zur Deckung zu bringen. Die Abbildung einer Gegenstandsebene erfolgt in diesem Fall in einer einzigen Bildschale (sogenannte Petzvalschale), die von der Bildebene mehr oder weniger abweicht. Das führt dazu, dass in der Bildebene entweder der mittlere Bereich oder der Randbereich scharf abgebildet wird. Wenn man bei unkorrigierten Objektiven auf die Bildmitte fokussiert, werden die Randzonen unscharf abgebildet.

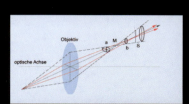

Schematische Darstellung des Astigmatismus. Skizze: Canon

Schematische Darstellung der Bildfeldwölbung. Skizze: Canon

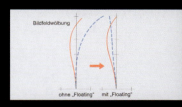

Die Bildfeldwölbung lässt sich im Nahbereich durch Floating Elements reduzieren. Floating Elements sind bewegliche Linsenglieder, die bei Objektiven mit stark unsymmetrischer Bauweise zur Verbesserung der Abbildungsleistung im Nahbereich eingesetzt werden und auch eine gewisse Verringerung der sphärischen Abberation bewirken.
Skizzen: Canon

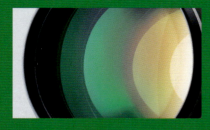

Farbfehler und Verzeichnung

Farbfehler betreffen vor allem Teleobjektive, während die Verzeichnung verstärkt bei kurzen Brennweiten auftreten kann. Die sichtbare Beeinträchtigung der Bildqualität lässt sich nicht durch Abblenden reduzieren.

Kurzwellige blaue Strahlen werden stärker gebrochen als mittelwellige grüne und als langwellige rote Strahlen. Das führt zur chromatischen Aberration (Abb. unten). Der verbleibende restliche Farblängsfehler wird als sekundäres Spektrum bezeichnet.
Skizze: Canon

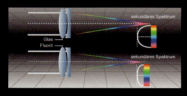

Mit hochbrechenden Fluoritgläsern mit anomaler Teildispersion lässt sich das sekundäre Spektrum wirkungsvoll reduzieren.
Skizzen: Canon

Die **chromatische Aberration** ist ein Farbfehler, der auf die Veränderung der Brechzahl eines optischen Mediums mit der Wellenlänge des Lichts zurückzuführen ist. Das sichtbare Licht, das in der bildmäßigen Fotografie als Träger der Bildinformationen wirksam ist, besteht, vereinfacht ausgedrückt, aus den additiven Grundfarben Rot, Blau und Grün. Beim Durchgang durch ein anderes Medium, beispielsweise ein optisches System, wird das weiße Licht in seine Grundfarben zerlegt (genauer: das weiße Licht wird durch Dispersion in alle enthaltenen Spektralfarben zerlegt). Jede Farbe hat eine andere Wellenlänge und somit einen anderen Brennpunkt. Kurzwellige blaue Strahlen werden stärker gebrochen als mittelwellige grüne und als langwellige rote Strahlen. Das führt dazu, dass die drei Grundfarben in drei verschiedenen Ebenen scharf abgebildet werden, was einen Farbsaum und somit eine unscharfe Abbildung in der Bildebene erzeugt. Dieser Farbfehler, der als chromatische Aberration bezeichnet wird, nimmt mit der Brennweite zu und tritt nicht nur bei schiefen Strahlenbündeln, sondern auch im Paraxialgebiet und sogar in der optischen Achse auf. Die Abbildungen der drei Grundfarben weichen sowohl durch ihre Lage auf der optischen Achse, als auch durch ihre Abbildungsgröße in der Bildebene voneinander ab. Folglich unterscheidet man zwischen einem Farblängsfehler und einem Farbquerfehler. Der Farblängsfehler tritt in der optischen Achse auf und wird durch die unterschiedlichen Brennpunkte für die einzelnen Farben hervorgerufen. Der Abstand zwischen dem Brennpunkt für die am stärksten gebrochenen blauen Strahlen und dem Brennpunkt für die am schwächsten gebrochenen roten Strahlen wird als Fokusdifferenz bezeichnet. Die Fokusdifferenz ist um so größer, je stärker die Dispersion der verwendeten Glassorte ist. Der Farblängsfehler wird auch als chromatische Schnittweitendifferenz oder Farbortsfehler bezeichnet. Die von den verschiedenen Wellenlängen erzeugten Bilder müssen nicht nur in einer Ebene liegen, sondern auch gleich groß sein, das heißt, den gleichen Abbildungsmaßstab haben. Das wird aber nur dann erreicht, wenn die Brennweite für alle Farben identisch ist. Ansonsten spricht man von einem Farbvergrößerungsfehler (chromatische Vergrößerungsdifferenz), der sich durch einen Farbsaum bemerkbar macht. Bei schiefen Strahlenbüscheln und bei

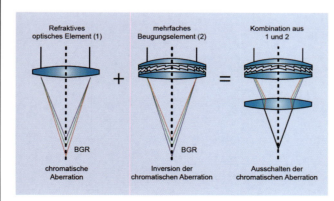

Auch DO-Elemente werden für die Korrektion der chromatischen Abberation eingesetzt.
Skizze: Canon

> **PraxisTipp: L-Objektive**
>
> Wer höchste Ansprüche an die Bildqualität und die Robustheit der Objektive legt, sollte sich für die L-Reihe entscheiden. Das sind besonders aufwändig korrigierte und konstruierte Hochleistungsobjektive von Canon, die an einem roten Ring an der Vorderfassung zu erkennen sind. Bislang trägt noch kein einziges EF-S-Objektiv den Zusatz „L", doch die EF-Objektive der L-Serie decken den Brennweitenbereich von 14 bis 600 mm ab.

großem Bildwinkel tritt eine weitere Form der chromatischen Aberration auf, die als Farbquerfehler bezeichnet wird. Der Farbquerfehler wirkt sich senkrecht zur optischen Achse aus und wird üblicherweise nur bei hochwertigen Objektiven korrigiert.

Die meisten Objektive sind achromatisch korrigiert, sodass zwei Grundfarben in einer Bildebene fokussiert werden. Ein solches optisches System nennt man Achromat. Der Achromat ist aber nicht frei von Farbfehlern, weil die dritte Farbe in einer anderen Ebene abgebildet wird. Es verbleibt also ein restlicher Farblängsfehler, der als sekundäres Spektrum bezeichnet wird. Die Achromasie (oder der Achromatismus), das heißt das Freisein von Farbfehlern, ist somit nur für zwei Grundfarben gegeben. Damit eine weitgehende oder sogar vollkommene Achromasie erreicht wird, muss das sekundäre Spektrum korrigiert werden, sodass die Brennpunkte der drei Grundfarben in eine einzige Bildebene fallen. Ein Objektiv, das für alle drei Grundfarben korrigiert ist, wird als Apochromat bezeichnet. Anders als andere Hersteller verwendet Canon den Begriff „Apochromat" oder das Kürzel APO nicht. Objektive mit UD- und Super UD-Gläsern oder DO-Elementen können jedoch als apochromatisch oder nahezu apochromatisch korrigiert gelten.

L-Objektive sind mit Silikondichtungen gegen das Eindringen von Feuchtigkeit und Schmutz geschützt (rote Markierung). Skizze: Canon

Die **Verzeichnung** ist ein Abbildungsfehler, der eine gekrümmte Wiedergabe gerader Linien verursacht. Diese Erscheinung ist eine Störung der Bildgeometrie, die dadurch entsteht, dass ein Objekt nicht im gesamten Bildfeld im gleichen Abbildungsmaßstab abgebildet wird. Die unterschiedlichen Abbildungsmaßstäbe sind darauf zurückzuführen, dass die Brennweite nicht für alle auftretenden Bildwinkel gleich ist. Die Konstanz der Brennweite ist somit nicht gegeben. Die Verzeichnung wirkt sich rotationssymmetrisch zur optischen Achse aus und hängt hauptsächlich von der Lage der Blende im optischen System und dem Korrektionsgrad der sphärischen Aberration ab. Die Lage der Blende bestimmt auch die Art der Verzeichnung. Wenn sich die Blende vor dem optischen System befindet, nimmt der Abbildungsmaßstab zum Bildrand hin ab und das Objekt wird tonnenförmig verzeichnet sowie insgesamt kleiner abgebildet (negative Verzeichnung). Wenn sich die Blende hinter dem optischen System befindet, nimmt der Abbildungsmaßstab zum Bildrand hin zu und das Objekt wird kissenförmig verzeichnet sowie insgesamt größer abgebildet (positive Verzeichnung). Einige Zoomobjektive verzeichnen auch bei bestimmten Brennweiten wellenförmig, das heißt in der Mitte tonnenförmig und am Rand kissenförmig. Die Verzeichnung kann durch Abblenden nicht reduziert werden und ist besonders störend bei Architektur- oder Reproaufnahmen.

> **BasisWissen: Restfehler**
>
> Üblicherweise lässt sich ein Objektiv nur für eine bestimmte Entfernungseinstellung, genauer für einen bestimmten Abbildungsmaßstab, oder für ein spezielles Aufnahmegebiet optimal korrigieren. In diesen Bereichen sind die Abbildungsfehler weitgehend beseitigt, während sie sich in den nicht optimal korrigierten Bereichen durchaus störend bemerkbar machen können. Die Abbildungsfehler lassen sich niemals vollständig korrigieren, sodass jedes Objektiv mehr oder weniger ausgeprägte Restfehler aufweist. Nur wenige Abbildungsfehler, wie beispielsweise die Verzeichnung, treten einzeln in Erscheinung. Normalerweise überlagern und addieren sich die nicht restlos korrigierten Einzelfehler, die beispielsweise nur noch als Randabfall der Schärfe oder als flaue Abbildung wahrgenommen werden.

Schärfentiefe und Beugung

Durch eine optische Täuschung namens Schärfentiefe empfinden wir bestimmte Bereiche vor und hinter der eigentlichen Schärfenebene als ausreichend scharf. Das kann den Bildeindruck verbessern. Die Beugung hingegen verschlechtert die Bildqualität.

Schärfentiefe und Zerstreuungskreis

Bei dreidimensionalen Objekten kann aufgrund der Abbildungsgesetze nur eine Objektebene wirklich scharf in der Bildebene abgebildet werden. Jeder Punkt des Aufnahmeobjekts, der außerhalb der Bildebene liegt, wird nicht mehr als Punkt, sondern als Scheibe abgebildet. Diese Scheibe wird als Unschärfe- oder Zerstreuungskreis bezeichnet. Der zulässige Zerstreuungskreisdurchmesser wird ermittelt, indem man die Normalbrennweite durch 1500 oder die Formatdiagonale durch 1300 teilt. Für höhere Qualitätsansprüche müsste die Normalbrennweite sogar durch 2000 geteilt werden. Für normale Ansprüche ergibt das 0,033 Millimeter beim KB-Format (50 mm : 1500 oder 43,3 mm : 1300) und 0,020 Millimeter beim APS-C-Format des 30D-Sensors (30 mm : 1500 oder 27 mm : 1300). Durch die Schärfentoleranz der menschlichen Netzhaut empfinden wir die abgebildeten Scheiben noch als Punkte, sofern sie kleiner als das Auflösungsvermögen des Auges sind, das unter optimalen Bedingungen im allgemeinen mit 1 Bogenminute angenommen wird. Bei einem Betrachtungsabstand von 25 Zentimeter entspricht das aufgerundet 0,08 Millimeter. Daher erscheinen auch Bereiche vor und hinter der Einstellebene mehr oder weniger scharf. Als Schärfentiefe bezeichnet man die Ausdehnung des Bereichs, der vom Auge in der Abbildung als noch ausreichend scharf empfunden wird. Gemeint ist also die Tiefe der Schärfe und nicht die Schärfe der Tiefe, sodass die oft verwendete Bezeichnung „Tiefenschärfe" falsch ist. Die Schärfentiefe ist abhängig vom Zerstreuungskreisdurchmesser, dem Abbildungsmaßstab und der Blendenöffnung. Abblenden um zwei Stufen halbiert den Zerstreuungskreis. In der digitalen Fotografie kommt der Bildsensor als begrenzender Faktor ins Spiel, sodass auch die Pixelgröße und der Pixel-Pitch eine Rolle spielen.

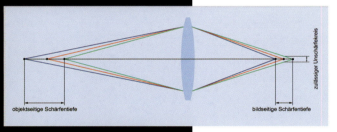

Schematische Darstellung der Schärfentiefe und des zulässigen Zerstreuungskreises.
Skizze: Canon

Bei Blende 5,6 ist gerade nur die abgedeckte Bootsspitze scharf, der Rest löst sich in Unschärfe auf. Bei Blende 36 erstreckt sich die Schärfentiefe von vorne bis hinten aus, sodass die ganze Plane scharf zu sehen ist.
Fotos: Artur Landt

Schärfentiefe und Beugung

> **PraxisTipp: Äpfel und Birnen vergleichen**
>
> Bei gleicher Sensorgröße kann eine Kamera mit 12 MP eine geringere Schärfentiefe als eine mit 6 MP aufweisen, weil sie höher auflöst und die Unschärfe eher in Erscheinung treten lässt, während die niedrigere Auflösung des 6 MP Sensors die Unschärfe teilweise überlagert. Das kann auch bei zwei Kameras mit je 8 MP vorkommen, wenn die Sensorabmessungen und damit die Pixelgröße und der Pixel-Pitch voneinander stark abweichen.

Beugung und kritische Blende

Bei offener Blende ist das theoretische Auflösungsvermögen eines Objektivs am größten. Aber bei Anfangsöffnung machen sich die Abbildungsfehler, die niemals vollständig korrigiert werden können, am stärksten bemerkbar. Also liegt es nahe, die

Bei diesem Bild war eine kleine Blendenöffnung erforderlich, um die gewünschte Schärfentiefe im Nahbereich zu erreichen – allerdings, ohne dabei die Auflösung der feinen Stacheln durch Beugung zu beeinträchtigen. Mit Blende 22 gelang der Balanceakt. Foto: Artur Landt

negative Auswirkung der nicht korrigierten Abbildungsfehler durch Abblenden zu reduzieren, weil dadurch die störenden Randstrahlen im Wortsinn ausgeblendet werden. Allerdings wird durch das Abblenden auch das Auflösungsvermögen der Objektive vermindert. Schuld daran ist die Beugung, die immer entsteht, wenn Licht eine kleine Öffnung, wie beispielsweise eine Blende, passiert. Durch die Wellennatur des Lichtes bedingt, werden die Lichtstrahlen an den Kanten der Blende gebeugt, sodass sie sich nicht mehr geradlinig fortpflanzen können. Das führt dazu, dass ein Punkt nicht als Punkt, sondern als Scheibchen abgebildet wird. Der Durchmesser dieses Bildscheibchens nimmt mit kleiner werdender Blendenöffnung zu. Wenn man nun so weit abblendet, dass dieses Bildscheibchen größer wird als der zulässige Zerstreuungskreisdurchmesser, geht das zu Lasten der allgemeinen Bildschärfe. Die Beugungserscheinungen lassen sich durch Fourier-Transformationen beschreiben.

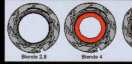

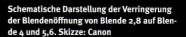

Schematische Darstellung der Verringerung der Blendenöffnung von Blende 2,8 auf Blende 4 und 5,6. Skizze: Canon

Die Beugung wird neben der Blendenöffnung auch vom Abbildungsmaßstab und von der Art des Lichts beeinflusst, weil jede Wellenlänge an einem anderen Ort gebeugt wird. Die Beugung wird ausgerechnet im Nahbereich größer, wo aufgrund der geringeren Schärfentiefe eine stärkere Abblendung erforderlich ist. In der Praxis geht es folglich darum, die Blendenöffnung zu ermitteln, bei der eine Verbesserung der Restfehler und die Bildverschlechterung durch Beugung sich die Waage halten. Dieser Blendenwert wird als kritische Blende bezeichnet und ist von Objektiv zu Objektiv verschieden. Bei den meisten Objektiven wird die kritische Blende durch Abblenden um zwei bis drei Stufen erreicht. Vor allem im Nahbereich ist oft eine stärkere Abblendung erforderlich, um die gewünschte Schärfentiefe zu erreichen. Dann greifen Profifotografen zu einer anderen Formel: In Abhängigkeit vom Zerstreuungskreisdurchmesser und dem Abbildungsmaßstab wird die Blende ermittelt, bei der Beugungsscheibchen und Zerstreuungskreis den gleichen Durchmesser haben. Die so errechnete Blende wird als förderliche Blende bezeichnet.

> **BasisWissen: „Digitale" Beugung**
>
> In der digitalen Fotografie hängt die Beugung auch von der Sensorauflösung, der Pixelgröße und dem Pixel-Pitch ab. Grundsätzlich gilt: Je höher die Auflösung und je kleiner der Pixel-Pitch, desto größer die Beugung. Wenn beispielsweise der als Pixel-Pitch bezeichnete Abstand der Pixelmittelpunkte kleiner als die maximal aufgelöste Frequenz des Objektivs ist, macht sich die Beugung „früher" bemerkbar – sie tritt also nicht erst bei der kritischen Blende des jeweiligen Objektivs, sondern bereits bei größeren Blendenöffnungen auf. Bei der EOS 400D kann man unter diesem Aspekt bis etwa Blende 16 ohne Bedenken abblenden. Die Schärfentiefe entspricht dann der Blende 22 beim Kleinbildformat. Die Pixelgröße und der Pixel-Pitch der EOS 400D verkraften jedoch auch kleinere Blendenöffnungen ohne dass sich eine dramatische Verschlechterung der Bildqualität bemerkbar macht.

Der extreme Weitwinkelbereich

Aufnahmen mit extremen Weitwinkelobjektiven von 10 respektive 16 bis 22 mm üben eine besondere Faszination auf die Betrachter aus. Aufgrund des Verlängerungsfaktors sind auf die Bildsensorgröße der EOS 400D abgestimmte Objektive zu empfehlen.

Das Canon EF 2,8/14 mm L USM hat auf das Kleinbild-Format bezogen einen beeindruckenden diagonalen Bildwinkel von 114° und ist somit ein extremes Weitwinkelobjektiv. An der EOS 400D bewirkt der Cropfaktor aufgrund des kleineren Aufnahmeformats eine KB-äquivalente Brennweite von 22 mm und einen formatbezogenen diagonalen Bildwinkel von etwa 90°. Das hat immer noch eine ausgeprägte Weitwinkelcharakteristik, liefert aber dennoch nur einen Torso der ursprünglichen Bildwirkung. Daher ist man mit dem EF-S 3,5–4,5/10–22 mm USM besser bedient, weil der KB-äquivalente Brennweitenbereich 16–35 mm entspricht und der formatbezogene diagonale Bildwinkel 107°30'–63°30' beträgt. In diesem Brennweitenbereich agieren auch Objektive der Fremdhersteller, wie zum Beispiel das Sigma AF 4–5,6/10–20 mm EX DC HSM.

Die Objektive ab Brennweite 10 mm, oder genauer: Objektive im KB-äquivalenten Brennweitenbereich von 16 bis 22 mm bewirken durch den großen formatbezogenen diagonalen Bildwinkel von rund 108° bis 90° eine andere, eher ungewohnte Sicht der Dinge. Ungewohnt, weil sie von unserem Blickwinkel und damit auch von unseren Sehgewohnheiten abweicht. Das eröffnet neue kreative Möglichkeiten bei der Bildgestaltung. Extreme Weitwinkelobjektive erzeugen eine dramatische Raumwirkung. Durch die Nähe zum Hauptmotiv wird der Vordergrund sehr dominant wiedergegeben, während der Hintergrund im Bild in weite Ferne rückt. Bei Aufnahmen mit monumentalem Vordergrund, sich stark verjüngendem Hintergrund und weitem Horizont kommt der Bildkomposition eine überaus große Bedeutung zu. Zunächst muss das (Haupt-)Objekt im Vordergrund sorgfältig platziert werden, wobei auch andere Positionen als die vom Goldenen Schnitt diktierten denkbar sind. Der extrem weite Bildwinkel erfasst einen sehr großen Bildausschnitt. Mit zunehmendem Bildwinkel wächst aber die Gefahr, dass sich unter der Fülle der Details auch viele störende befinden. Das merkt man oft erst, wenn es zu spät ist, nämlich im Ausdruck oder am PC-Monitor in der 100% Darstellung. Um dem vorzubeugen, sollte man den Bildaufbau bewusst gestalten und das gesamte Bildfeld im Sucher sorgfältig „abtasten".

Raumdominanter Vordergrund und große Schärfentiefe: Die Brennweite 10 mm gibt dem Bild Raum und Weite. Foto: Artur Landt

Aufnahmen mit dominantem Vordergrund und sich stark verjüngendem Horizont sind eine Domäne extremer Weitwinkelobjektive. Der ausgedehnte Vordergrund darf nicht „tot" sein, sondern sollte in die Bildgestaltung mit einbezogen werden. Foto: Artur Landt

Die extremen Weitwinkelobjektive haben bereits bei offener Blende einen sehr großen Schärfentiefenbereich, der an der EOS 400D sogar um eine Blendenstufe größer als beim Kleinbild-Format ausfällt. Das ist darauf zurückzuführen, dass der 400D-Bildsensor um 1,6x kleiner als das KB-Format ist, sodass eine kürzere Brennweite für den gleichen Motivausschnitt zum Einsatz kommt. Durch Abblenden kann die Ausdehnung der Schärfentiefe noch weiter gesteigert werden. Dadurch ist es möglich, sowohl den Vordergrund als auch den Hintergrund gleichzeitig scharf abzubilden. Die enorme Schärfentiefe und die stark betonten perspektivischen Fluchtlinien verstärken den Eindruck der Raumausdehnung und geben dem Bild räumliche Tiefe und Weite. Das machen sich vor allem Fotojournalisten und Reportagefo-

> **PraxisTipp: Den Kontrastunterschied beachten**
>
> Bei Landschaftsaufnahmen mit extremen Weitwinkelobjektiven erfasst der sehr weite Bildwinkel dominante Himmelpartien, die sich oft über große Teile des Motivs erstrecken. Das kann bei einem hohen Kontrastunterschied zwischen Himmel und Landschaft sogar die Mehrfeldmessung täuschen. Je nach Motivkontrast und Flächenanteil des Himmels im Motiv kann eine Belichtungskorrektur von +1 bis +2 EV erforderlich sein.

Die Verzerrung rechteckiger Objekte am Bildrand nach den Gesetzen der Zentralperspektive ist eine Charakteristik extremer Weitwinkelobjektive. Fotos: Artur Landt

tografen zunutze: Die Nähe zum Hauptobjekt bei gleichzeitiger scharfer Abbildung eines großräumigen Umfelds vermittelt den Eindruck der unmittelbaren Teilnahme am Geschehen. Auch Aufnahmen in Schnappschussmanier sind mit extremen Weitwinkelobjektiven bei nicht zu großer Aufnahmedistanz problemlos möglich, weil dank des enormen Schärfentiefenbereichs eine ungenaue oder nicht erfolgte Fokussierung weniger ins Gewicht fällt. Außerdem ist die Gefahr des Verreißens bei den kurzen Brennweiten recht gering.

Während die weißen Steinkugeln in der Nähe der Bildmitte nahezu unverzerrt abgebildet werden, erscheinen die Kugeln am Bildrand elliptisch verzerrt (eiförmig). Foto: Artur Landt

Die extremen Weitwinkelobjektive eignen sich vorzüglich auch für Architekturaufnahmen. Der große Bildwinkel erlaubt bei senkrechter Ausrichtung der Bildebene sogar aus relativ kurzer Entfernung (Hochformat-)Aufnahmen von mehrstöckigen Bauten ohne stürzende Linien. Mit einer Wasserwaage, die man in den Blitzschuh der Kamera einstecken kann, dürfte die parallele Ausrichtung der Bildebene zur Objektebene mit etwas Übung kein Problem sein. Dass dabei, sofern nicht von einem erhöhten Standpunkt aus fotografiert wird, oft zuviel Vordergrund (meistens Straßenbelag oder Rasen) in der unteren Bildhälfte zu sehen ist, muss nicht unbedingt von Nachteil sein. Denn wenn der Vordergrund strukturiert ist, lässt er sich eventuell in die Bildgestaltung mit einbeziehen. Sollte der Vordergrund aber „tot" sein, kann eine Ausschnittsvergrößerung mit entsprechend korrigiertem Ausschnitt bedingt Abhilfe schaffen – bedingt, weil das normalerweise mit Qualitätseinbußen erkauft wird. Mit der kürzesten Entfernungseinstellung der Weitwinkelobjektive von 13 bis 28 Zentimetern können kleine Objekte raumdominant dargestellt werden. Durch den kurzen Aufnahmeabstand und den großen Bildwinkel ist auch im Nahbereich und bei kleinen Objekten eine überwältigende Perspektive möglich. Modellaufnahmen mit ausgesprochener Weitwinkelcharakteristik sind ein gutes Beispiel dafür. Aus geringer Aufnahmeentfernung kann aber auch ein Erdklumpen zum Berg, eine Pfütze zum See oder ein Stein zur Felswand werden.

> **BasisWissen: Weitwinkel-Verzerrung**
>
> Die Verzerrung ist kein Abbildungsfehler, sondern die übertriebene perspektivische Darstellung der Größenverhältnisse. Sie entsteht dadurch, dass die Lichtstrahlen am Bildrand einen längeren Weg zurücklegen müssen als in der Bildmitte. Zwei Faktoren beeinflussen die perspektivische Verzerrung: der Bildwinkel und die Aufnahmedistanz. Je größer der Bildwinkel und je kürzer die Aufnahmedistanz, desto größer die Verzerrung, weil die Randstrahlen schräger einfallen. Runde Objekte werden elliptisch verzerrt, während rechteckige Objekte nach den Gesetzen der Zentralperspektive „auseinandergezogen" werden. Die Verzerrung wird durch das Verkanten der Kamera verstärkt. Wirklich störend ist die Verzerrung jedoch nur bei runden Objekten, bei Porträts und bestimmten Sachaufnahmen. Bei exakt paralleler Ausrichtung der Bildebene zur Objektebene hat sie bei rechteckigen Objekten jedoch ein „natürliches" Ausmaß, das sich nicht störend auswirkt, weil die Wiedergabe perspektivisch korrekt ist. Das bekannteste Beispiel für perspektivische Verzerrung sind die stürzenden Linien: Senkrechte Linien verlaufen nicht parallel nach oben, sondern laufen nach den Gesetzen der Zentralperspektive in einem Fluchtpunkt zusammen, ohne „gebogen" zu werden. Die perspektivische Verzerrung ist daher nicht mit der Verzeichnung zu verwechseln, die eine gekrümmte Wiedergabe gerader Linien bewirkt.

Der moderate Weitwinkelbereich

Weitwinkelobjektive im KB-äquivalenten Brennweitenbereich von 24 bis 40 mm sind sehr beliebt, weil sie unkompliziert im praktischen Umgang sind und dennoch viele kreative Möglichkeiten bei der Bildgestaltung eröffnen.

Der mittlere Weitwinkelbereich

Die Weitwinkelobjektive mit einer KB-äquivalenten Brennweite zwischen 24 mm und 28 mm erfreuen sich bei zahlreichen Fotografinnen und Fotografen großer Beliebtheit. Sie stellen den Übergang zwischen den extremen und den klassischen Weitwinkelobjektiven dar: Die Brennweite 24 mm ist eher mit den extremen Weitwinkelobjektiven verwandt, während die Brennweite 28 mm fast schon zu den gemäßigten Weitwinkelobjektiven zu rechnen ist. Diese Mittelstellung begründet auch die Universalität dieser Brennweitengruppe.

An der EOS 400D wird aufgrund des Cropfaktors ein 15 mm zu einem 24 mm Objektiv (bezogen auf den Formatwinkel). Die KB-äquivalente Brennweite 28 mm wird in etwa von einem 17 oder 18 mm Objektiv erreicht (17 x 1,6 = 27,2 mm, 18 x 1,6 = 28,8 mm). Das ist beispielsweise die kurze Brennweite der Zooms EF-S 2,8/17–55 mm IS USM, EF-S 4–5,6/17–85 mm IS USM oder EF-S 3,5–5,6/18–55 mm. Das Canon EF-S 3,5–4,5/10–22 mm USM deckt bei Zoomeinstellungen zwischen 15 und 18 mm den gesamten mittleren Weitwinkelbereich ab. Auch die Zooms für das Vollformat EF 2,8/16–35 mm L USM oder EF 4/17–40 mm L USM gehören bei entsprechender Brennweiteneinstellung hierher.

Der relativ große Bildwinkel von 84° bei 24 mm beziehungsweise 75° bei 28 mm (KB-äquivalente Brennweite, oder genauer: 78° bei 17 mm und 74° bei 18 mm) gibt den Aufnahmen eindeutige Weitwinkelcharakteristik, ohne jedoch die Perspektive übermäßig zu betonen. Bei genauer Ausrichtung der Kamera wirken die Fotos ausgewogen, ja schon fast natürlich, obwohl der Bildwinkel eineinhalb- bis zweimal größer als unser Sehwinkel ist. Wenn man die Kamera aber neigt oder beispielsweise einen sehr tiefen Aufnahmestandpunkt einnimmt, wird die Perspektive dennoch übertrieben dargestellt.

Die große Schärfentiefe und die relativ hohe Lichtstärke machen beispielsweise das EF-S 2,8/17–55 mm IS USM zu einem idealen Reportageobjektiv, wobei auch der Bildstabilisator für Reportagen in Innenräumen bei vorgefundenen Lichtverhältnissen gute Dienste leistet. Die Objektive dieser Brennweitengruppe werden gern von Profifotografen für dynamische Schnappschüsse eingesetzt, die eine unmittelbare Nähe zum Geschehen vermitteln, weil sie auch das Umfeld des Hauptobjekts erfassen. Mit 17 bis 35 Zentimeter ist die Entfernungseinstellung gering genug, um auch kleinen Objekten eine bestimmte Raumdominanz im Bild zu verleihen. Daher sind Modellaufnahmen mit Weitwinkelcharakteristik weitere mögliche Einsatzgebiete. Landschaftsfotografie, Stadtansichten, Schnappschüsse oder inszenierte Porträts mit Umfeld sind beliebte Aufnahmegebiete, in denen die Objektive dieser Brennweitengruppe ihre Stärken zeigen. Der Kamerablitz leuchtet den Bildwinkel entsprechend der Brennweite 17 mm aus (KB-äquivalent 27,2 mm). Aufsteckblitze der Oberklasse können mit Streuscheibe sogar den Bildwinkel von 84° ausleuchten.

Moderate Weitwinkelobjektive geben den Aufnahmen eindeutige Weitwinkelcharakteristik, ohne jedoch die Perspektive übermäßig zu betonen. Die Nähe zum Hauptmotiv vermittelt den Eindruck der unmittelbaren Teilnahme am Geschehen. Foto: Artur Landt

PraxisTipp: Zoomobjektive

Zoomobjektive sind preiswerter und leichter zu transportieren als eine Festbrennweiten-Palette. Sie decken einen großen Brennweitenbereich ab, was formatfüllende Aufnahmen ohne Objektiv- oder Standortwechsel ermöglicht. Heutige Zooms sind in der Abbildungsleistung nicht viel schlechter als vergleichbare Festbrennweiten, weisen aber konstruktionsbedingt eine deutlichere Verzeichnung und Vignettierung auf, sind meistens auch lichtschwächer.

Der klassische Weitwinkelbereich

Es hat Tradition, wenn der KB-äquivalente Brennweitenbereich von 35 bis 40 mm als „klassisch" bezeichnet wird. Denn jahrzehntelang galten Objektive mit 35 mm Brennweite als die Weitwinkelobjektive schlechthin – es gab nämlich keine anderen, oder zumindest keine ausreichend gut korrigierten. Fortschritte in der Objektivtechnologie haben jedoch nach und nach gut korrigierte Weitwinkelobjektive mit immer größeren Bildwinkeln ermöglicht. Der Siegeszug der extremen Weitwinkelobjektive ging einher mit einer Veränderung unserer Sehweise. Die Konsequenz war, dass die Aufnahmen mit dem 35er Objektiv nicht mehr als weitwinkel-charakteristisch, sondern eher als

Aufnahmen mit klassischen Weitwinkelobjektiven vermitteln auch bei Personenaufnahmen mit Umfeld einen realistischen Eindruck, weil die perspektivische Verzerrung nicht auffällt. Foto: Artur Landt

„normal" empfunden wurden. Dadurch hat das 35er seine Attraktivität als Weitwinkelobjektiv eingebüßt – und gleichzeitig seine Attraktivität als Standardobjektiv begründet. Mit einem Bildwinkel von 63° erfassen die Objektive bei der KB-äquivalenten Brennweite 35 mm einen wesentlich größeren Ausschnitt als das Normalobjektiv, und das bei „normaler" perspektivischer Wiedergabe. Die Schärfentiefe ist ebenfalls größer als beim Normalobjektiv und die Verwacklungsgefahr geringer. Schnappschüsse, Bildreportagen, Landschaftsfotografie, die einen realistischen Eindruck vermitteln sollen, Gruppenaufnahmen von Personen, inszenierte Porträts, bei denen auch noch das Umfeld zu sehen ist, Stillleben mit größeren Objekten oder Architekturdetails in Augenhöhe sind die Domänen der KB-äquivalenten Brennweiten 35 bis 40 mm. Neben den EF-S-Zooms decken zahlreiche EF-Zooms und Festbrennweiten mit unterschiedlichen Lichtstärken diesen Brennweitenbereich ab, hier nur einige Beispiele, bei denen der Cropfaktor berücksichtigt werden muss: EF 2,8/16–35 mm L USM, EF 4/17–40 mm, EF 3,5–4,5/20–35 mm USM, EF 2,8/24 mm und vor allem das hoch lichtstarke EF 1,4/24 mm L USM, das sich an der EOS 400D in ein hervorragendes Reportageobjektiv 1,4/38 mm „verwandelt".

BasisWissen: Was ist ein gutes Objektiv?

Ein gutes Objektiv sollte ein gleichmäßig brillantes und scharfes, farbgetreues und unverzerrtes Bild des Aufnahmeobjekts erzeugen. Maßgeblich für die Beurteilung der Abbildungsqualität eines optischen Systems sind folgende messbare Kriterien: Schärfe/Auflösung, Kontrast/Brillanz, Zentrierung, Vignettierung, Verzeichnung und spektrale Transmission. Die messtechnische Erfassung und anschließende Beurteilung der Güteparameter setzt eine extrem teure Messapparatur und langjährige Erfahrung voraus. In der digitalen Fotografie kann es aber sein, dass, je nach Art, Größe und Aufbau des Bildsensors, je nach Architektur und Workflow, ein Objektiv mit einer Kamera bessere Bildergebnisse als mit einer anderen liefert. Ferner ist bei der Beurteilung der Objektiv- und Bildqualität zu bedenken, dass sich vor jedem Bildsensor ein optisches Tiefpassfilter befindet, das Aliasing, Moiré und Kantenartefakte ausschalten soll. Das geschieht durch eine Verringerung der Kontrastübertragung im hochfrequenten Bereich, also bei feinen und sehr feinen Strukturen. Darüber hinaus ist bei Flächensensoren mit Bayer-Mosaik eine Farbinterpolation unumgänglich, die einen gewissen Weichzeichnereffekt bewirken kann.

Der Standardbereich

Die Normalobjektive mit der KB-äquivalenten Brennweite von 50 mm bestimmen die Trennlinie zwischen Weitwinkel- und Teleobjektiven. Standard- und vor allem Universalzooms sichern die fotografische Grundversorgung.

Standardobjektive

Die Objektive im KB-äquivalenten Brennweitenbereich von etwa 45 bis 60 mm werden Standard- oder Normalobjektive genannt, weil die Brennweite von 50 mm der aufgerundeten Formatdiagonalen entspricht. Das 24 x 36 mm Kleinbildformat hat eine Diagonale von 43,3 mm, doch weil Objektive mit Brennweite 50 mm einfacher zu rechnen und günstiger zu konstruieren sind, hat man sie zur Standardbrennweite auserkoren. Der Bildsensor der EOS 400D hat bei 22,2 x 14,8 Millimeter eine Diagonale von 27,3 mm, sodass die Normalbrennweite auf 30 mm aufgerundet werden kann. Das hoch lichtstarke Sigma AF 1,4/30 mm EX DC HSM ist ein typisches Normalobjektiv,

Standardobjektive eignen sich sehr gut für Aufnahmen von Personengruppen, weil weder Verzerrung noch Verzeichnung im Bild sichtbar werden. Foto: Artur Landt

das es bei einem Verlängerungsfaktor von 1,6x auf 48 mm bringt. Die Canon-Objektive EF 1,8/28 mm USM, EF 2,8/28 mm, EF 1,4/35 mm L USM und EF 2/35 mm gehen auch noch als Standardobjektive für die EOS 400D durch, weil 28 mm rund 45 mm entsprechen, bei 35 mm sind es 56 mm.

Die perspektivische Wiedergabe, die mit der KB-äquivalenten Brennweite 50 mm möglich ist, entspricht unseren Sehgewohnheiten. Außerdem wird der Bildwinkel von etwa 46° als „normal" empfunden, weil er weitgehend deckungsgleich ist mit dem Sehwinkel, in dem unsere Augen in Ruhestellung scharf sehen. Durch die Bewegung der Augen oder des Kopfes und durch die vom Gehirn gesteuerte Wahrnehmung wird jedoch ein größerer Winkel erfasst, sodass uns der Bildwinkel der Standardbrennweite etwas enger erscheint. Diese Tatsache und die in dem Abschnitt über die klassischen Weitwinkelobjektive beschriebene Veränderung unserer Sehgewohnheiten hat den Trend zu kürzeren Brennweiten beschleunigt. Die Werbekampagnen im Zusammenhang mit dem Aufkommen der Wechsel- und Zoomobjektive haben die Vorurteile gegen die Normalobjektive noch verstärkt. Immer noch weitverbreitet ist die Ansicht, die Bildgestaltung mit Normalobjektiven sei brav und langweilig. Dass dem nicht so ist, beweist, um nur ein Beispiel zu nennen, Henri Cartier-Bresson, der mit Normalobjektiven Fotogeschichte geschrieben hat.

Die lichtstarken Objektive mit der KB-äquivalenten Brennweite zwischen 45 und 56 mm eignen sich für fast alle Aufnahmegebiete: Reportage-, Schnappschuss-, Reisefotografie, Stillleben mit großen Objekten, Architekturdetails, inszenierte Porträts, Kinder- oder Gruppenaufnahmen. Eigentlich sollte immer noch jeder Fotoanfänger, wie in der guten alten Zeit, das Fotografieren damit beginnen. Die hoch lichtstarken Normalobjektive mit Anfangsöffnung 1:1,4 sind optimal für die Available Light-Fotografie, für Reportageaufnahmen in Innenräumen oder für Schnappschüsse.

> **PraxisTipp: Abblenden**
>
> Unter Abblenden versteht man das Schließen der Blende auf einen vorgewählten Wert (Arbeitsblende). Durch Abblenden um etwa zwei Stufen lässt sich meistens die Schärfe-, Brillanz- und Kontrastwiedergabe eines Zoomobjektivs steigern und die Vignettierung verringern. Das gilt auch für lichtstarke Objektive mit Festbrennweite. Wenn man aber zu stark abblendet, kann die Beugung die Abbildungsleistung wieder verschlechtern.

Standardzooms

Neben den Objektiven mit Festbrennweiten um 50 mm bieten Canon und die Fremdhersteller zahlreiche Zoomobjektive mit dem KB-äquivalenten Brennweitenbereich um etwa 28–70 mm an, die als Standardzooms bezeichnet werden. Das hat nicht allein damit zu tun, dass sie den Standardbereich abdecken, sondern auch damit, dass sie oft im Set mit den Kameras geliefert werden und sozusagen die „brennweitenmäßige Grundversorgung" sicherstellen. Auch Zooms mit erweitertem KB-äquivalenten Brennweitenbereich von 24–70 mm, 28–105 mm oder 24–135 mm können noch zu den Standardzooms gerechnet werden. Typische Vertreter dieser Gattung sind das Canon EF-S 2,8/17–55 mm IS USM (27–88 mm an der EOS 400D), das EF-S 3,5–5,6/18–55 mm (28–88 mm) und das EF-S 4–5,6/17–85 mm IS USM (27–136 mm). Aber auch Weitwinkelzooms für das KB-Format, wie das EF 4/17–40 mm L USM (27–64 mm) oder das EF 2,8/16–35 mm L USM (25–56 mm) kommen als Standardzooms für die EOS 400D in Frage.

Der Brennweitenbereich der Standardzooms ist nicht gerade üppig bemessen. Als Erstanschaffung kann man sie jedoch einsetzen, um in der Praxis herauszufinden, wo die eigenen fotografischen Vorlieben liegen – eher im Weitwinkel- oder eher im Telebereich –, und die Ausrüstung mit entsprechenden Objektiven ergänzen.

Schnappschüsse aus der Nähe mit natürlicher Bildwiedergabe lassen sich mit Normalobjektiven realisieren. Foto: Artur Landt

Universalzooms

Leichte, kompakte Universalzooms mit dem KB-äquivalenten Brennweitenbereich 28–200 mm oder 28–300 mm sind eine Spezialität der Fremdhersteller wie Sigma oder Tamron und treffen den Nerv der Zeit. Ohne lästigen Objektivwechsel mit nur einem Zoom den Weitwinkel- und Telebereich abzudecken, ist an sich eine feine Sache. Formatfüllende Aufnahmen gelingen mühelos auch ohne Standortwechsel, und die Schussbereitschaft steigt. Das ermöglicht ein schnelles und flexibles Reagieren in Schnappschuss-Situationen. Im Vergleich zu mehreren Festbrennweitern fällt die Belastung sowohl für die Foto- als auch für die Brieftasche deutlich niedriger aus. Daher haben viele Fotografinnen und Fotografen erkannt, dass es im Fotoleben nicht anders als im richtigen Leben ist: Man kann es sich leicht oder schwer machen.

> **BasisWissen: Megazooms**
>
> Kritisch zu betrachten sind Zoomobjektive, die einen großen Brennweitenbereich vom Weitwinkel- bis zum Telebereich abdecken. Die Megazooms sind zwar wesentlich besser als ihr Ruf, aber nichts für Linienzähler, die ihre Fliesen im Bad fotografieren. In Weitwinkelstellung hat das Vorderglied negative (zerstreuende) Brechkraft, das austretende Strahlenbündel ist divergent (auseinanderlaufend) und muss anschließend ein sammelndes Hinterglied (positive Brechkraft) passieren. In Teleposition hat das Vorderglied positive (sammelnde) Brechkraft, das austretende Strahlenbündel ist konvergent (zusammenlaufend) und muss anschließend von einem zerstreuenden Hinterglied (negative Brechkraft) zur Bildebene gelenkt werden. Folglich sind unterschiedliche Bildfehlerkompromisse für grundverschiedene optische Systeme erforderlich, sodass die Objektivrechner gerade bei Megazooms über sich hinaus wachsen müssen. Zooms weisen außerdem bei kurzen Aufnahmeentfernungen vor allem bei offener Blende eine systembedingte Bildfeldwölbung auf, die zu einer mehr oder weniger sichtbaren Randunschärfe bei der Wiedergabe planer Objekte führt. Konstruktionsbedingt ist die Verzeichnung und die Vignettierung bei vielen Zoomobjektiven deutlicher als bei Festbrennweiten. Die Megazooms sind auch lichtschwächer als vergleichbare Objektive mit Festbrennweite.
>
>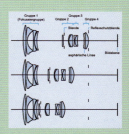

Der moderate Telebereich

Eine ganze Palette von Zooms und Objektiven mit Festbrennweite decken in unterschiedlichen Abstufungen und Lichtstärken den KB-äquivalenten Bereich von 70 bis 220 mm ab, der sich aus mittleren und klassischen Teleobjektiven zusammensetzt.

Moderate Teleobjektive sind gut geeignet für Detailaufnahmen mit hoher Auflösung. Foto: Artur Landt

Unbemerkte Schnappschüsse aus der Entfernung sind ein weiteres Einsatzgebiet für Teleobjektive. Foto: Artur Landt

Mittlere Teleobjektive mit KB-äquivalenten Brennweiten zwischen 70 und 135 mm sind einfach in der Handhabung und vielseitig in der Anwendung. Der relativ enge Bildwinkel erleichtert die viel beschworene Konzentration auf das Wesentliche. Der Bildaufbau ist leichter zu überprüfen als bei Weitwinkel- und Normalobjektiven, weil ein viel kleinerer Motivausschnitt in einem größeren Abbildungsmaßstab erfasst wird (bei gleicher Aufnahmeentfernung). Der Bildwinkel beträgt 34° bei 70 mm, 28°30' bei 85 mm und 18° bei 135 mm. Dadurch ist es auch einfacher, Überflüssiges wegzulassen und bildgestalterisch zur formalen Strenge zu finden. Die geringe Schärfentiefe bei offener oder relativ weit geöffneter Blende kann zur Unterstützung der Bildaussage gezielt eingesetzt werden. Das scharf abgebildete Hauptobjekt wird auf diese Weise vor dem unscharf erscheinenden Hintergrund plastisch herausgearbeitet. Diese Eigenschaften werden gerne in der Porträtfotografie genutzt, sodass vor allem die 80er bis 135er Teleobjektive oft auch als Porträtobjektive bezeichnet werden. An der EOS 400D werden diese KB-äquivalenten Brennweiten beispielsweise von den EF-Objektiven 1,4/50 mm USM und 1,8/50 mm II erreicht, die bei einem Verlängerungsfaktor von 1,6x der Brennweite 80 mm entsprechen. Sehr interessant ist auch das hoch lichtstarke EF 1,2/85 mm II L USM, das sich an der EOS 400D in ein 1,2/136 mm Hochleistungsobjektiv „verwandelt". Der Brennweitenbereich wird auch von zahlreichen Zooms voll oder teilweise erfasst, wie zum Beispiel EF 2,8/24–70 mm L USM, EF 3,5–4,5/24–85 mm USM, EF 4/24–105 mm L IS USM.

Zu den positiven Merkmalen dieser Brennweitengruppe zählt die Raffung des Objektraums, die aber noch nicht das Ausmaß längerer Brennweiten erreicht und somit noch als natürlich empfunden wird. Beliebte Einsatzgebiete sind Detailaufnahmen, Stillleben, Landschaftsaufnahmen (Ausschnitte mit guter Detailwiedergabe), aber auch Architekturfotografie, wenn kleinere Gebäude aus größerer Entfernung ohne stürzende Linien und ohne Vordergrund fotografiert werden sollen. Die Objektive des mittleren Telebereichs sind vergleichsweise kompakt, haben normalerweise eine recht hohe Lichtstärke und sind für Freihandaufnahmen noch gut geeignet. Sie können problemlos eingesetzt werden für die Modefotografie oder auch für diskrete Schnappschüsse aus der Entfernung. Die meisten Festbrennweiten werden als hochlichtstarke Objektive mit Anfangsöffnungen 1:1,2, 1:1,4, 1:1,8 oder 1:2 angeboten. Das helle und kontrastreiche Sucherbild und die geringe Schärfentiefe bei offener Blende erleichtern sowohl den AF-Betrieb als auch die genaue manuelle Scharfeinstellung bei ungünstigen Lichtverhältnissen. Die hochlichtstarken Objektive dieser Gruppe sind nicht nur für Porträts ideal, sondern auch für Reportagen und Theateraufnahmen, vor allem auch dann, wenn eine vorgefundene Lichtstimmung „eingefangen" werden soll (Available Light-Fotografie).

> **PraxisTipp: Aufblenden**

Um die gleiche Ausdehnung der Schärfentiefe wie beim Kleinbildformat an der EOS 400D zu erreichen, müssen die Objektive um eine Stufe aufgeblendet werden. Wenn beispielsweise eine bestimmte Schärfentiefe im Kleinbildformat mit Blende 5,6 erreicht wird, dann muss bei gleichen Aufnahmebedingungen das Objektiv an der EOS 400D auf Blende 4 aufgeblendet werden.

Als klassische Telebrennweite gilt 180 mm, aber man kann auch die Objektive mit Brennweiten zwischen 160 und 220 mm zu dieser Gruppe zählen. An der EOS 400D ist aufgrund des Cropfaktors die Umrechnung der KB-äquivalenten Brennweite erforderlich, sodass aus dem EF 2/100 mm USM ein 2/160 mm oder aus dem EF 2/135 mm L USM ein 2/216 mm wird. Das gilt natürlich auch für die Zooms, die den entsprechenden Brennweitenbereich abdecken, wie beispielsweise das EF 2,8/70–200 mm L USM. Objektive mit KB-äquivalenten Brennweiten zwischen 160 und 220 mm zeigen schon eine deutliche Telecharakteristik, die sich hauptsächlich durch drei Faktoren beschreiben lässt: Raffung des Raums, Verengung des Bildwinkels und geringe Schärfentiefe. Mit diesen Objektiven kann man problemlos aus mittleren Entfernungen kleinere Objekte formatfüllend fotografieren. Die Brennweiten reichen aber nicht aus, um größere Entfernungen zu überbrücken. So kann man beispielsweise Tiere im Zoo, nicht aber (oder nur selten) in der freien Wildbahn formatfüllend aufnehmen. Das 180er Tele hat eine 3,6-fache Vergrößerung gegenüber der Normalbrennweite. Zum Vergleich: Standard-Ferngläser haben gegenüber der Normalsicht eine 8-fache Vergrößerung. Die Objektive des klassischen Telebereichs sind gut geeignet für Landschaftsaufnahmen, um beispielsweise einen Berg oder eine Felswand formatfüllend aufzunehmen oder um durch die Raffung des Raums die Strukturen einer Landschaft herauszuarbeiten. In der Architekturfotografie können auch weiter entfernte Details (zum Beispiel am Giebel) oder ganze Häuserzeilen auf engstem Raum komprimiert aufgenommen werden. Mit Teleobjektiven dieses Brennweitenbereichs kann man unbeobachtet Porträts aufnehmen. Bei Sport- und Tieraufnahmen wird in der Regel zu viel vom Umfeld des Hauptobjekts erfasst. Klassische Teleobjektive mit großer Anfangsöffnung sind vorzüglich geeignet für Available Light-Fotografie, Theater- und Konzertaufnahmen. Der formatbezogene Bildwinkel beträgt 17° bei 160 mm und 12° bei 200 mm.

Mit klassischen Teleobjektiven lassen sich auch weit entfernte Motive auf engem Raum komprimiert aufnehmen. Foto: Artur Landt

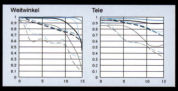

MTF-Diagramme des EF-S 3,5–4,5/10–22 mm USM in den Brennweitenextremen. Dicke Linien: 10 Lp/mm, dünne Linien: 30 Lp/mm, Schwarz: offene Blende, Blau: Blende 8, durchgezogene Linie: sagittal, gestrichelte Linie: tangential.

> **BasisWissen: Modulationsübertragung (MTF)**

Ein Bild mit hoher Auflösung und niedrigem Kontrast kann weniger scharf wirken als ein Bild mit niedriger Auflösung und hohem Kontrast. Auflösungsvermögen und Kontrastübertragung bestimmen durch ihre Wechselwirkung den Schärfeeindruck, doch einzeln betrachtet geben sie nur unzureichend Auskunft über die Schärfe. Daher ist es naheliegend, das Auflösungsvermögen in Abhängigkeit von der Kontrastwiedergabe zu messen. Diese Messmethode wird als Messung der Modulationsübertragungsfunktion (MTF, Modulation Transfer Function) bezeichnet und ist anerkanntermaßen die beste Testmethode für Objektive im Hinblick auf ihre „analoge" Eignung. Die MTF-Messungen erfassen die Kontrastwiedergabe in Abhängigkeit von verschiedenen Strukturen (Linienpaare, Ortsfrequenz). Dabei wird mit einem MTF-Meter der Strahldichteunterschied zwischen hell und dunkel (Modulation) anhand eines Testspalts durch das Objektiv gemessen. Die MTF beschreibt demnach den in der Bildebene noch auftretenden Kontrast in Abhängigkeit von der Ortsfrequenz. Hohe Prozentzahlen bedeuten einen geringen Kontrastverlust und eine gute Abbildungsqualität. Canon veröffentlicht die MTF-Diagramme beispielsweise auf der Website http://www.canon.com/camera-museum/tech/report/f_index.html.

Der extreme Telebereich

Mit diversen hoch lichtstarken Teleobjektiven im Bereich von 300 bis 1200 mm stellt Canon sein Know-how eindrucksvoll unter Beweis. An der EOS 400D angesetzt, bewirkt der Verlängerungsfaktor einen noch engeren formatbezogenen Bildwinkel.

Es ist schon beeindruckend, wenn sich das nur auf Bestellung gefertigte EF 5,6/1200 mm L USM 1200 mm mit dem 2x-Extender in ein Objektiv 11/2400 mm für das KB-Format verwandelt – an der EOS 400D entspricht das einem Supertele 11/3840 mm. Der Verlängerungsfaktor von 1,6x bewirkt jedoch schon bei kürzeren Brennweiten Erstaunliches. Aus einem EF 2,8/400 mm L IS USM wird an der EOS 400D ein 2,8/640 mm Objektiv, das im vergleich zum EF 4/600 mm L IS USM eine um eine Blendenstufe größere Anfangsöffnung hat und außerdem zu einer um rund 1000 Euro geringeren Kontobelastung führt. Wenn man also ein 600er braucht, genügt es, für die EOS 400D ein 400er zu kaufen. Entscheidet man sich für das EF 4/400 mm DO IS USM mit gleicher Anfangsöffnung, spart man sogar mehr als 2500 Euro gegenüber dem EF 4/600 mm L IS USM. Wenn der Formatwinkel von etwa 4° bei Brennweite 640 mm immer noch nicht ausreichen sollte, lässt sich das EF 4/500 mm L IS USM an der EOS 400D in ein Traumobjektiv EF 4/800 mm L IS USM mit einem Formatwinkel von etwa 2° verwandeln.

Die Überbrückung großer Distanzen setzt lange Brennweiten voraus. Foto: Artur Landt

Der Bereich zwischen 300 und 350 mm wird von EF-Objektiven mit Brennweiten zwischen 190 und 220 mm erreicht (aufgerundet). Darunter sind diverse Telezooms zu finden, aber auch das EF 2,8/200 mm L II USM, das an der EOS 400D einem 2,8/320 mm Objektiv entspricht. Teleobjektive mit großer Anfangsöffnung, wie das EF 2,8/70–200 mm L IS USM, sind vorzüglich geeignet für professionelle Konzert-, Theater- und Available Light-Aufnahmen. Bei der kürzesten Aufnahmeentfernung wird bei einigen Objektiven ein Abbildungsmaßstab erreicht, der aufgrund der langen Brennweiten Detailaufnahmen aus größerer Entfernung ermöglicht. Die hohe Lichtstärke und der AF-Ultraschallantrieb machen diese Objektive auch für Sport- und Tieraufnahmen interessant, wenn die Aufnahmedistanz nicht zu groß ist – ansonsten wird zu viel vom Umfeld des Hauptobjekts erfasst.

Die Objektive EF 2,8/300 mm L IS USM und EF 4/300 mm IS USM sowie die Zooms, die bis 300 mm reichen, haben an der EOS 400D die KB-äquivalente Brennweite von 480 mm. Die Teleobjektive mit Brennweiten zwischen 400 und 800 mm sind gut geeignet, um große Aufnahmeentfernungen zu überbrücken. Deswegen sind sie ideal für die Tier- und Sportfotografie. Die Charakteristik der langen Brennweiten ist die stark vergrößerte Abbildung des Motivs sowie die extreme Verdichtung der Perspektive. Diese Eigenschaften können auch in der kreativen oder experimentellen Fotografie eingesetzt werden.

Die Raffung des Raums ist ein typisches Merkmal der Superteles. Foto: Artur Landt

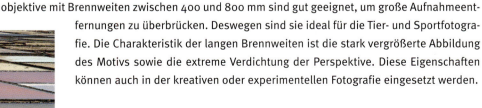

Bei den sogenannten Fernobjektiven entspricht die Baulänge weitgehend der Brennweite (sie haben normalerweise eine geringe Lichtstärke). Bei den extremen Teleobjektiven aus der EF-Serie ist die Baulänge meistens kürzer als die Brennweite. Das erfordert einen unsymmetrischen Linsenaufbau, der nur mit hohem Aufwand zu korrigieren ist. Aufgrund der Zunahme der chromatischen Aberration mit

> **BasisWissen: Bewegungsunschärfe**
>
> Die Bewegungsunschärfe im Bild kann durch eine zu schnelle Objektgeschwindigkeit im Verhältnis zur Verschlusszeit beziehungsweise durch Verwackeln oder Verreißen der Kamera während der Aufnahme entstehen. Die durch Kamerabewegung verursachte Bewegungsunschärfe ist normalerweise an Doppel- und Mehrfachkonturen zu erkennen. Die Verwacklungsgefahr wächst mit zunehmender Brennweite und längeren Verschlusszeiten.

Canon hat kompakte Telezooms mit Bildstabilisator im Lieferprogramm, wie das EF 4,5–5,6/70-300 mm DO IS USM, die sich auch für die Reisefotografie gut eignen.
Foto: Artur Landt

der Brennweite lässt sich auch das sekundäre Spektrum schwieriger in den Griff bekommen. Das sekundäre Spektrum ist ein nicht korrigierter Farbrestfehler, der sich durch einen Farbsaum, den wir als Unschärfe wahrnehmen, sowie durch mangelnde Farbsättigung im Bild bemerkbar macht. Es lässt sich in diesem Brennweitenbereich vor allem mit neuentwickelten, hochbrechenden Spezialgläsern mit anomaler Teildispersion (UD- und Super-UD-Gläser, Ultra-Low-Dispersion) sowie mit Fluorid-Linsen wirkungsvoll reduzieren. Als erster Objektivhersteller weltweit setzt Canon auch Mehrfach-Beugungsglieder in den DO-Objektiven ein (Multilayer Diffractive Optical Element), um die chromatische Aberration signifikant zu verringern.

Doch selbst die tadellosen Abbildungseigenschaften eines gut korrigierten Teleobjektivs können beeinträchtigt werden durch atmosphärischen Dunst, Luftbewegungen oder sogenannte Wärmeschlieren (werden nur teilweise durch die Korrektion reduziert), durch Verreißen der Kamera oder durch Bewegung des Objekts (Wind im Blattgrün) während des Auslösens. Und sogar bei Aufnahmen vom Stativ kann sich Bewegungsunschärfe, durch eine Windböe oder den Spiegelschlag verursacht, bemerkbar machen. Daher sind immer kurze Verschlusszeiten einzustellen.

Neben der Sportfotografie eignen sich Teleobjektive mit 400 mm bis 800 mm Brennweite sehr gut für Tieraufnahmen in freier Wildbahn oder für Landschaftsaufnahmen, wenn ein wichtiges Detail formatfüllend aufgenommen werden soll. Die Objektive können aber auch für Mode- oder Werbeaufnahmen eingesetzt werden, wobei die geringe Schärfentiefe und die Telecharakteristik für außergewöhnliche Bildaussagen gezielt verwendet werden kann. Die Gegenlichtblende schützt die große Frontlinse nicht nur vor Streulicht, sondern auch vor mechanischer Beschädigung und sollte immer aufgesteckt bleiben (sie hat normalerweise auch eine Transportposition).

> **PraxisTipp: Arbeitsweise im Telebereich**
>
> Die EF-Objektive mit Brennweiten von 300 mm, 400 mm, 500 mm oder sogar 600 mm liegen, bei ausgeprägtem Bizeps, noch recht gut in der Hand. Vor tollkühnen freihändigen Fotoeskapaden sei jedoch auch bei eingeschaltetem Bildstabilisator gewarnt. Bereits die geringste Verwacklungsunschärfe macht die hervorragende Schärfeleistung dieser Objektive zunichte. Am besten fotografiert man von einem stabilen Profistativ aus, doch durch das Gewicht von etwa 5 Kilogramm „sitzen" die Teles bis 600 mm auch auf einem Einbeinstativ recht stabil. Von einem Einbeinstativ sind übrigens eher verwacklungsfreie Aufnahmen zu erwarten als von einem der herkömmlichen Amateurstative, die in großer Fülle auf dem Markt zu finden sind. Die leichten Erschütterungen durch Wind, Springblende oder Verschlussablauf werden nämlich von einem gut gehaltenen Einbeinstativ absorbiert, während klapprige Dreibeinstative eine ausgeprägte Neigung haben, Schwingungen zu übertragen. Bei Brennweiten ab 800 mm ist sogar das Einbeinstativ tabu, es sein denn, es wird als Stütze (viertes Bein) für den Objektivtubus bei Aufnahmen mit einem stabilen Profistativ verwendet. Die drehbare Stativschelle am Objektiv (und nur diese darf benutzt werden) erleichtert das Umschalten zwischen Hoch- und Querformat. Auf keinen Fall sollte das Stativgewinde der Kamera in diesem Fall verwendet werden, um das Bajonett nicht zu beschädigen.

Makro-Objektive

Anders als Zoomobjektive mit einer mehr oder weniger ausgeprägten Makroeinstellung sind die echten Makro-Objektive an der entsprechenden Zusatzbezeichnung und dem maximalen Abbildungsmaßstab von 1:1 zu erkennen.

Aufgrund der geringen Ausdehnung der Schärfentiefe im Nahbereich muss man üblicherweise stark abblenden, in unserem Beispiel von Blende 5,6 auf Blende 36.
Fotos: Artur Landt

Die Fluchtdistanz der Kleinlebewesen hält man am besten mit Makro-Objektiven längerer Brennweite ein. Foto: Artur Landt

Makro-Objektive sind Spezialobjektive für Nahaufnahmen. Im aktuellen Canon-Lieferprogramm sind vier Makro-Festbrennweiten zu finden: EF-S 2,8/60 mm Makro USM, EF 2,5/50 mm Kompakt Makro, EF 2,8/100 mm Makro USM und EF 3,5/180 mm L Makro USM. Das 60er EF-S, das 100er und das 180er EF lassen sich ohne Zubehör bis zum Abbildungsmaßstab 1:1 fokussieren. Das 50er erreicht ohne Zubehör den Abbildungsmaßstab 1:2, mit dem dazugehörigen EF Konverter 1:1 sind jedoch auch Aufnahmen in natürlicher Größe möglich.

Die Makro-Objektive sind vielseitig einsetzbar. Sie können wie herkömmliche Objektive ihrer Brennweite verwendet werden. Für diesen Einsatzbereich gilt das, was wir bei den jeweiligen Brennweiten festgehalten haben. Sie können aber auch als Spezialobjektive den Nahbereich und somit die faszinierende Welt der Makrofotografie erschließen. Der maximale Abbildungsmaßstab von 1:1 ermöglicht es, auch kleine Objekte in natürlicher Größe abzubilden. Mit speziellem Nahzubehör wie Ringkombinationen oder Balgen ist sogar eine vergrößerte Abbildung bis 10:1 möglich. Eine besondere Stellung im Makro-Portfolio nimmt das Lupenobjektiv MP-E 2,8/65 mm 1–5 x Makro Photo ein, mit dem sich ein Vergrößerungsmaßstab von bis zu 5:1 realisieren lässt. Die Naheinstellgrenze ist mit 24 Zentimeter noch ausreichend groß für den vergrößerten Abbildungsmaßstab.

Aus den Brennweiten der Makro-Objektive ergeben sich verschiedene Einsatzbereiche. Das EF 2,5/50 mm Kompakt Makro erreicht den Abbildungsmaßstab 1:2 bei einer Entfernungseinstellung auf 23 Zentimeter (24 Zentimeter bei 1:1 mit EF-Konverter), doch die gilt bis zur Bildebene. Die Distanz zwischen Frontlinse und Aufnahmeobjekt ist tatsächlich noch geringer. Das erschwert die Lichtführung und die Ausleuchtung des Objekts, oft ist sogar der Schatten der Kamera im Bild sichtbar. Auch die Fluchtdistanz der Kleinlebewesen kann nicht eingehalten werden.

Beim 180er Makro-Objektiv ist die kürzeste Entfernungseinstellung mit 48 Zentimeter wesentlich größer, was sowohl die Motivausleuchtung als auch die Einhaltung der Fluchtdistanz erleichtert. Aber auch die Verwacklungsgefahr ist größer, denn der längere Objektivauszug bewirkt einen hö-

> **PraxisTipp: Makroblitze einsetzen**
>
> Die Makroblitzgeräte MR-14EX und MR-24EX lassen sich ohne Adapter direkt an den 60er, 100er und 180er Makro-Objektiven befestigen, für das 50er ist der Macro Lens Adapter Ring 52 mm erforderlich. Der Blitzeinsatz verleiht den Makroaufnahmen mehr Brillanz sowie Farbsättigung und verringert die Verwacklungsgefahr, wenn eine kurze Blitzsynchronzeit zwischen 1/60 s und 1/200 s gesteuert wird. Mit E-TTL II erfolgt eine ausgewogene Blitzlichtdosierung.

heren Lichtverlust. Das EF 2,8/100 mm Makro-Objektiv liegt zwischen beiden Brennweiten und ist der ideale Kompromiss, weil sich Vor- und Nachteile die Waage halten. Die kürzeste Aufnahmeentfernung von 31 cm bei 1:1 ist noch ausreichend groß, um beispielsweise die Fluchtdistanz bei Kleinlebewesen einzuhalten. Auch die Motivausleuchtung und die Lichtführung sind einfacher. Weil der Objektivauszug kürzer als beim 180er ist, fällt der Lichtverlust geringer aus, was kürzere Verschlusszeiten ermöglicht und auch die brennweitenbedingte Verwacklungsgefahr deutlich reduziert. Das EF-S 2,8/60 mm Makro USM ist speziell für die kleineren APS-C-Bildsensoren der EOS-D-Kameras konstruiert. Die optimierte Super Spectra Vergütung unterdrückt wirkungsvoll Reflexe und Spiegelungen. Der Abbildungsmaßstab 1:1 ist ohne Zubehör möglich. Die Naheinstellgrenze liegt bei 20 Zentimeter. Eine größere Aufnahmedistanz würde eine bessere Lichtführung und Ausleuchtung des Objektes bewirken und die Fluchtdistanz der Kleinlebewesen eher einhalten.

Ein Makro-Ringblitz erhöht die Brillanz und Farbsättigung im Bild. Foto: Artur Landt

Das Lupenobjektiv MP-E 2,8/65 mm 1-5x muss manuell fokussiert werden, das EF 2,5/50 mm ist mit einem AFD-Motor ausgestattet, während die anderen Makro-Objektive mit Ultraschallantrieb sehr schnell und leise arbeiten. Der genauen Scharfeinstellung im Nahbereich kommt eine noch größere Bedeutung als sonst zu, zumal auch die Schärfentiefe mit dem Abbildungsmaßstab abnimmt. Bei AF-Betrieb ist es empfehlenswert, nur den leistungsstarken zentralen AF-Kreuzsensor zu aktivieren und die Schärfe gegebenenfalls zu speichern. Bei manueller Fokussierung leistet der drehbare Winkelsucher C wertvolle Dienste, weil die integrierte Lupe eine Vergrößerung der Suchermitte um den Faktor 2,5 ermöglicht. Das erhöht die Präzision der manuellen Scharfeinstellung erheblich.

Der Cropfaktor bewirkt folgende KB-äquivalente Brennweiten beim Einsatz an der EOS 400D: 50 mm > 80 mm, 60 mm > 96 mm, 100 mm > 160 mm und 180 mm > 288 mm. Das beschreibt aber nur die Verengung des formatbezogenen Bildwinkels und hat überhaupt keinen Einfluss auf den Abbildungsmaßstab. Die drei EF-Makro-Objektive beispielsweise erreichen bei gleicher Aufnahmedistanz stets den gleichen Abbildungsmaßstab an einer Vollformatkamera und an der EOS 400D. Der Unterschied besteht lediglich darin, dass die Aufnahmen mit der EOS 400D einen kleineren Bildausschnitt als die KB-Aufnahmen erfassen. So wird beispielsweise eine 1 Cent Münze in gleicher Größe in beiden Aufnahmen abgebildet, wobei in der KB-Aufnahme mehr vom Umfeld zu sehen ist. Der Vorteil der um eine Blendenstufe größeren Schärfentiefe aufgrund des kleineren Zerstreuungskreisdurchmessers kommt gerade im Makrobereich der EOS 400D zugute.

> **BasisWissen: Abbildungsmaßstab und MTF**
>
> Der Abbildungsmaßstab bezeichnet das Verhältnis zwischen Bildgröße und Objektgröße und ist abhängig von der Brennweite und der Aufnahmeentfernung. Er bestimmt auch die Schärfentiefe und die Beugung mit. Weniger bekannt ist jedoch der Einfluss des Abbildungsmaßstabs auf die Bildschärfe. Die Kontrastwiedergabe, die den visuellen Schärfeeindruck entscheidend prägt, wird in erheblichem Maß auch von der Detailgröße und somit vom Abbildungsmaßstab bestimmt. MTF-Messungen beschreiben eine Reduzierung der Kontrastwiedergabe mit zunehmender Ortsfrequenz, das heißt mit zunehmender Anzahl der Linienpaare pro Millimeter (die im Fachjargon auch als Detailgröße R bezeichnet wird). Oder anders formuliert: Je kleiner die Strukturen oder die Details sind, desto schlechter die Kontrastwiedergabe und damit die Bildschärfe. Folglich weisen alle Objektive im Nahbereich eine schlechtere Abbildungsqualität als bei unendlich auf. Das gilt auch für Makro-Objektive, obwohl sie im Nahbereich nicht so extrem nachlassen wie herkömmliche Objektive.

Objektive mit Bildstabilisator

Der Bildstabilisator von Canon ist eine in entsprechenden Objektiven eingebaute Vorrichtung, die eine durch unruhige Kamerahaltung verursachte Verwacklungsunschärfe kompensieren kann. Canon gilt als Pionier dieser Zukunftstechnik.

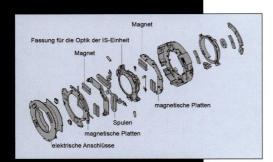

Explosionsdarstellung der Bildstabilisator-Einheit. Grafik: Canon

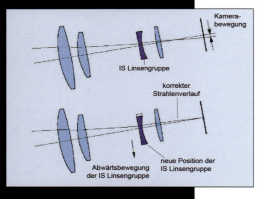

Funktionsprinzip des Bildstabilisators. Grafik: Canon

Mit dem Bildstabilisator der neuen Generation kann bis zu drei Verschlusszeiten länger „halten", als dem Kehrwert der Brennweite entspricht. Grafik: Canon

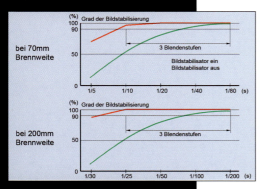

In der Fotobranche gibt es genügend Beispiele, wie eine Marktlücke durch Aussitzen geschaffen wurde. Beim elektro-optischen Bildstabilisator liegt der Fall genau andersherum. Denn hier hat Canon schon vor Jahren durch die Einführung von futuristischer Hochtechnik eine Marktlücke geschaffen. Und nun wandelt sich besagte Marktlücke dank Großserienproduktion und Produktvielfalt zum lukrativen Marktsegment. Canon hat als Pionier dieser Technologie mehr IS-Objektive (IS= Image Stabilizer) als andere Hersteller im Lieferprogramm. Die IS-Technik von Canon ist frei von Kinderkrankheiten, weil sie bei Videorecordern, Ferngläsern und Fotoobjektiven seit Jahren erfolgreich eingesetzt wird. Der Bildstabilisator funktioniert folgendermaßen: Eine bewegliche Linsengruppe kann die durch unruhige Kamerahaltung verursachte Bewegung der optischen Achse stabilisieren. Bei eingeschalteter IS-Funktion werden zwei sogenannte Gyro-Sensoren (Kreiselsensoren) – einer für horizontale und einer für vertikale Bewegungen – aktiviert. Sie ermitteln den Winkel und die Geschwindigkeit der Kamerabewegung. Die Daten der Gyro-Sensoren werden von einem im Objektiv eingebauten Hochgeschwindigkeits-Mikrocomputer analysiert und in Steuerungssignale für die Steuereinheit des Bildstabilisators umgewandelt. Die stabilisierende Linsengruppe wird entgegen der Verwacklungsrichtung bewegt, sodass der Strahlengang des Objektivs in der Bildebene fokussiert und das Bild somit scharf wird. Neben der Standard-Betriebsart, die das Zittern sowohl in vertikaler als auch in horizontaler Richtung ausgleicht, sind die Objektive der neuen Generation mit einer zweiten Betriebsart ausgestattet, die für die Verfolgung bewegter Objekte und für Mitzieheffekte ausgelegt ist. In dieser Betriebsart wird der Stabilisierungseffekt in der waagerechten Schwenkrichtung aufgehoben und nur für die senkrechte Bewegung aktiviert.

Die AF-Stop-Funktion ermöglicht es, den AF-Vorgang jederzeit per Tastendruck zu stoppen. Das ist bei der Verfolgung bewegter Objekte wichtig, wenn vorgelagerte Strukturen oder Gegenstände die Schärfeverfolgung behindern. Beim Loslassen der AF-Stop-Taste setzt der Autofokus wieder ein. Für einen schnellen Zugriff sind sämtliche Funktionstasten auf einem einzigen Bedienfeld angebracht. Bei den früheren IS-Objektiven musste der Bildstabilisator bei Stativaufnahmen ausgeschaltet werden. Die Stabilisator-Einheiten der neuen Generation können nach etwa 1 Sekunde automatisch „erkennen", ob gerade vom Stativ aus oder freihändig fotografiert wird. Sie arbeiten so differenziert, dass sogar Restschwingungen bei Stativaufnahmen neutralisiert werden. Das gilt auch für Aufnahmen vom Einbeinstativ.

Hochtechnisierte Produkte lassen oft eine Arbeit am Rande eines Nervenzusammenbruchs erwarten. Ganz anders die IS-Objektive, die, bei ausgeprägtem Bizeps,

Objektive mit Bildstabilisator

> ## ➤ PraxisTipp: Länger „halten"
>
> Laut Canon kann man mit dem Bildstabilisator der neuen Generation bis zu drei Verschlusszeiten länger „halten", als dem Kehrwert der Brennweite entspricht. Das wäre die 1/60 s statt der 1/500 s bei Brennweite 500 mm. Mit etwas Erfahrung können bei akkurater Auslöse- und Atemtechnik sogar mit der 1/15 Sekunde bei der KB-äquivalenten Brennweite 500 mm scharfe Freihandaufnahmen gelingen, das haben wir durch eigene Tests ermittelt.

extreme Telefotografie zur Fingerübung werden lassen. Sie arbeiten auch mit Bildstabilisator immer noch schnell und leise, wenn man sie an eine leistungsfähige Kamera wie die EOS 400D anschließt. Davon profitieren vor allem Tier- und Sportfotografen. An das Gewicht gewöhnt man sich, ja mehr noch: gerade aufgrund des Gewichts von 2,5 bis 5,3 Kilogramm (je nach Objektiv) liegen sie sehr ruhig in der Hand. Und wenn man die Teles nach einigen Minuten auf die starre Gegenlichtblende kurz abstellt, treten auch keine Ermüdungserscheinungen auf. Die Abbildungsleistung ist ausgezeichnet, die Freihandaufnahmen gestochen scharf. Allerdings sollten die Verschlusszeiten der Bewegungsrichtung und -geschwindigkeit angepasst sein, um die Bewegungsabläufe „einzufrieren", also scharf wiederzugeben.

Telezooms mit Bildstabilisator leisten gute Dienste auf Reisen, sodass scharfe Schnappschüsse aus der Hand gelingen.
Foto: Artur Landt

Aber auch die anderen Objektive mit Bildstabilisator eröffnen neue Möglichkeiten in der Fotografie. Und zwar nicht nur im verwacklungsgefährdeten Telebereich, sondern auch im Standard- und Weitwinkelbereich. Denn es gibt auch bei Brennweite 24 mm, 28 mm, 35 mm oder 50 mm Situationen, in denen lange Verschlusszeiten die Aufnahmen ruinieren können. Das kann beispielsweise in Kirchen, Ausstellungshallen oder Museen sein, wo man entweder keinen Aufsteckblitz und auch kein Stativ benutzen darf, oder wo die Blitzleistung für eine korrekte Blitzbelichtung in zu großen Innenräumen nicht ausreicht. Eine Landschaftsaufnahme bei Sonnenuntergang kann ebenfalls eine kritische Situation darstellen, wenn für eine große Schärfentiefe zu stark abgeblendet werden muss (was bekanntlich zu langen Verschlusszeiten führt). Durch die IS-Technik erschließen sich auch neue fotografische Arbeits- und Sichtweisen. Der Fotograf kann spontan auf das Motiv reagieren. Mit Telebrennweiten können sogar Schnappschüsse wie mit einem Normalobjektiv gelingen. Das lästige Mitführen eines Stativs erübrigt sich, was Reisefotografen zu schätzen wissen. Die optische Bildstabilisierung hat nur zwei Nachteile: den höheren Stromverbrauch und die etwas langsamere Arbeitsweise. Denn für die Bildstabilisierung ist rund eine Sekunde erforderlich.

> ## ➤ BasisWissen: Beugen, nicht brechen
>
> Ein technologischer Durchbruch ist Canon mit dem weltweit ersten Einsatz eines Mehrfach-Beugungsglieds (DO kommt von Multilayer Diffractive Optical Element) bei Fotoobjektiven gelungen. Anders als bei konventionellen optischen Linsen wird bei der mit einer extrem feinen Gitterstruktur versehenen Beugungslinse der Strahlengang im Objektiv nicht durch Brechung, sondern durch Beugung gelenkt. Das DO-Element besteht aus zwei (beim EF 4/400 mm DO IS USM) oder drei (beim EF 4,5–5,6/70-300 mm DO IS USM) konzentrischen Beugungslinsen mit gegeneinander gerichteten Gittern. Weil die Strahlenvereinigung genau gegenläufig zu jener einer brechenden Linse erfolgt, kann durch die Beugungslinsen das vor allem im Telebereich verstärkt auftretende sekundäre Spektrum wirkungsvoll reduziert werden. Durch die Wahl einer geeigneten Gitterkonstante (bei der Struktur der Beugungsgitter, die sich im Mikrometer-Bereich bewegt) lassen sich dieselben optischen Eigenschaften wie mit einer asphärischen Linsenfläche realisieren. Das führt zu einer deutlich verbesserten Korrektur der sphärischen Aberration (Öffnungsfehler), die bei lichtstarken Objektiven einen Randabfall der Schärfe bewirkt. Ferner sind die DO-Objektive um ein Viertel bis ein Drittel kleiner und leichter als herkömmliche Schwestermodelle – und das bei verbesserter Abbildungsqualität.
>
>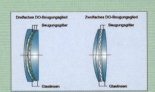
>
> Das DO-Element für Zooms besteht aus drei, das für Festbrennweiten aus zwei konzentrischen Beugungslinsen mit gegeneinander gerichteten Gittern. Skizze: Canon
>
>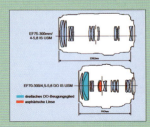
>
> Größenvergleich eines DO-Zooms mit einem herkömmlichen Zoom. Skizze: Canon

Tilt&Shift-Objektive

TS-E-Objektive sind Spezialkonstruktionen mit einem übergroßen Bildkreisdurchmesser, deren optische Achse sich mit einer ausgeklügelten Mechanik sowohl parallel verschieben als auch schwenken und neigen lässt.

Beispiel für den perspektivischen Ausgleich stürzender Linien mit dem 24er TS-E.
Fotos: Artur Landt

Während andere Hersteller ein oder zwei Shiftobjektive im Lieferprogramm haben, bietet Canon drei TS-E-Objektive an („TS" bedeutet „Tilt&Shift"), die sich nicht nur parallel um maximal ± 11 mm verstellen, sondern auch um maximal ± 8° verschwenken lassen (tilt = Neigung, shift = Verschiebung). Die drei Tilt&Shift-Objektive sind das Canon TS-E 3,5/24 mm L, TS-E 2,8/45 mm und TS-E 2,8/90 mm. Die senkrechte, waagerechte oder diagonale, parallele Verschiebung aus der optischen Achse hat die gleiche Wirkung wie die entsprechenden Verstellungen bei gewöhnlichen Shift-Objektiven. Anders als die softwarebasierte Entzerrung am PC, lässt sich das optische Shiften ohne Qualitätsverlust durch die Neuberechnung des Bildes realisieren.

Das Besondere an den Tilt&Shift-Objektiven sind jedoch die Verschwenkmöglichkeiten. Dadurch lässt sich beispielsweise die Schärfe nach dem Scheimpflugprinzip ausgleichen (siehe BasisWissen). Die Verschwenkmöglichkeiten der TS-E-Objektive sind freilich nicht so groß wie bei einer Fachkamera, sodass man die Ausdehnung der Schärfenebene eher beeinflussen als bestimmen kann. Die TS-E-Objektive bieten aber dennoch in der Kleinbildfotografie einzigartige Verstellmöglichkeiten. In bestimmten Positionen der Tilt&Shift-Ebenen zueinander (90°) ist sogar die Kombination von Verschiebung und Verschwenkung möglich. Die Verschwenkung wird oft in der Modell- und Stilllifefotografie eingesetzt.

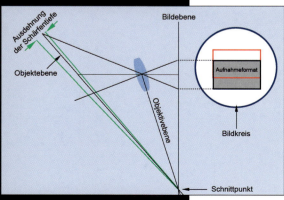

Schärfenausgleich nach Scheimpflug: Objektebene, Objektivebene und Bildebene treffen sich in einem Punkt.

Da sich systembedingt kein Autofokusmotor einbauen lässt, müssen die TS-E-Objektive manuell fokussiert werden. Am besten werden sie bei manueller Belichtungseinstellung eingesetzt. In Normalstellung haben die TS-E-Objektive bereits bei voller Öffnung eine gute Schärfe- und Kontrastleistung, die sich durch Abblenden um zwei Stufen noch steigern lässt. Bei mittleren Verstellungen sollte aber Blende 8 und bei Maximalverstellung Blende 11 eingestellt werden. Durch Floating Elements ist auch im Nahbereich eine gute Abbildungsleistung zu erwarten. Allerdings ist bei größeren Verstellwegen aufgrund der Vignettierung eine Belichtungskorrektur von +0,5 EV erforderlich.

Die TS-E-Objektive werden vor allem bei Architekturaufnahmen als Shift-Objektive eingesetzt, um „stürzende Linien" auszugleichen. Diese entstehen hauptsächlich, wenn man die Kamera neigt, wenn also die Bildebene nicht parallel zur Objektebene ausgerichtet ist. Es

> ### PraxisTipp: Keine Angst vor stürzenden Linien
>
> Stürzende Linien sind nicht immer ein Übel. Sie können, bewusst und gekonnt eingesetzt, eine Bildaussage steigern. Sie können aber auch, ungewollt oder willkürlich aufgenommen, ein Bild ruinieren. Nur gering stürzende Linien gelten als Fehler. Wenn sich beispielsweise bei einer Hochhausaufnahme die stürzenden Linien nicht vermeiden lassen, dann lieber betonen und als „dynamische Bildaussage" beschreiben.

gibt viele Möglichkeiten, stürzende Linien zu vermeiden, sie haben aber meistens einen Pferdefuß: ein erhöhter Aufnahmestandort – doch wann kann man schon im gegenüberliegenden Gebäude das richtige Stockwerk betreten; Entzerrung am PC in einem Bildbearbeitungsprogramm oder Ausschnittsvergrößerung von einer extremen Weitwinkelaufnahme – das geht aber nicht ohne Qualitätsverlust. Stürzende Linien können nur vermieden werden, wenn die Bildebene parallel zur Objektebene steht. Das lässt sich mit Shift-Objektiven problemlos realisieren. Shift-Objektive sind Objektive mit einem übergroßen Bildkreisdurchmesser. Mit einer ausgeklügelten Mechanik lässt sich die Optik aus der optischen Achse verschieben, sodass Bildpartien abgebildet werden, die sonst außerhalb des Bildkreises herkömmlicher Objektive mit vergleichbarer Brennweite liegen würden. Wichtig ist auch bei Shift-Objektiven die genaue Ausrichtung der Kamera vor der Verschiebung, die mit einer aufsteckbaren Wasserwaage erfolgen kann. Je nach Aufnahmeentfernung genügt oft eine kleine Verschiebung von nur einigen Millimetern, um eine Veränderung des Bildfelds um einige Meter zu bewirken. Die Veränderung des Bildfelds ist im Kamerasucher sichtbar, kann aber auch nach folgender Formel errechnet werden:

Schematische Darstellung der Verschiebung (Shift). Skizze: Canon

Schematische Darstellung der Verschwenkung (Tilt). Skizze: Canon

Verschiebung (in mm) : Brennweite (in mm) x Aufnahmeentfernung (in m) = Veränderung des Bildfeldes (in m) in der Objektebene in Verschieberichtung.

Konkretisieren wir das am Beispiel des TS-E 3,5/24 mm bei 11 mm Verschiebung und Aufnahmeentfernung 50 m, wobei der Cropfaktor von 1,6-fach berücksichtigt werden muss:

11 mm : (24 mm x 1,6) x 50 m = 14,32 m

In unserem Beispiel entspricht also eine Verschiebung des Objektivs um 11 Millimeter einer Verschiebung des Bildfeldes in der Objektebene von über 14 Metern.

Die Verschiebung kann senkrecht, waagerecht oder diagonal erfolgen. Die waagerechte oder die diagonale Verschiebung sind besonders effektiv, wenn man einen seitlichen Kamerastandpunkt einnehmen muss, um beispielsweise einer Spiegelung oder einem Hindernis „auszuweichen". Mit der seitlichen Verschiebung lässt sich auch ein Produkt in einer Sachaufnahme oder ein Gebäude nach den Gesetzen der Parallelperspektive darstellen. Shift-Objektive stellen in der Spiegelreflexfotografie die einzige Möglichkeit dar, die Perspektive nicht ausschließlich über den Standort zu bestimmen.

> ### BasisWissen: Das Scheimpflug-Gesetz
>
> Nach dem österreichischen Hauptmann und Kartographen Theodor Scheimpflug (1865–1911) genanntes Gesetz, wonach die Schärfenebene das gesamte Motiv von vorne bis hinten (unabhängig von der Blendenöffnung) erfasst, wenn sich Objektebene, Objektivebene und Bildebene in einem Punkt treffen beziehungsweise sich in einer Schnittgeraden schneiden – die Schnittgerade sollte dann die Verlängerung der Bildebene sein. In der Spiegelreflexfotografie bieten nur Tilt&Shift-Objektive die Möglichkeit, bestimmte Motivbereiche zu isolieren oder durch selektive Schärfe zu betonen. Diese Einstellung wird Anti-Scheimpflug genannt und ermöglicht sozusagen die Bestimmung der Unschärfe im Bild. Damit lassen sich störende Bilddetails unterdrücken oder die scharf abgebildeten Motivbereiche betonen. Der Anti-Scheimpflug kann sogar bei Objekten, die sich in der gleichen Ebene befinden, eingesetzt werden, um einige davon scharf und andere unscharf abzubilden.

Fisheye- und Spiegellinsen-Objektive

Fisheye- und Spiegellinsen-Objektive bieten durch ihre optischen Eigenschaften besondere Möglichkeiten für die kreative Bildgestaltung. Einige Objektive sind nur noch auf dem Gebrauchtmarkt erhältlich, was den Reiz des Besonderen verstärkt.

Fisheye-Objektive

Fisheye-Objektive haben eine sehr kurze Brennweite und einen extrem großen Bildwinkel. Ihr besonderes Merkmal ist die tonnenförmige Verzeichnung der waagerechten und senkrechten Linien, wenn sie von der Bildmitte abweichen. Gerade Linien, die horizontal oder vertikal durch die Bildmitte verlaufen, werden gerade wiedergegeben. Der Verzeichnungseffekt ist um so größer, je weiter entfernt die Linien von der Bildmitte sind. Außerdem werden gerade Flächen, wie zum Beispiel eine Hausfassade, gewölbt wiedergegeben. Die Regeln der Zentralperspektive werden somit außer Kraft gesetzt. Man spricht bei einem Fisheye-Objektiv von sphärischer, äquidistanter oder orthografischer Projektion beziehungsweise von sphärischer Perspektive. Diese Art der Projektion wird beispielsweise auch bei Weltkarten verwendet, bei denen die Erdoberfläche auf einer Kugel abgebildet und anschließend zweidimensional („flach") dargestellt wird.

Kreisrunde Abbildung mit 180° Bildwinkel mit einem 8 mm Fisheye-Objektiv.
Foto: Artur Landt

Im hauseigenen Objektivsortiment ist nur das Canon EF 2,8/15 mm Fisheye für das Kleinbildformat zu finden. Sigma hat die beiden Fisheye-Objektive für den Einsatz an Digitalkameras überarbeitet und mit dem Zusatz „DG" versehen. Das Sigma 2,8/15 mm EX Diagonal Fisheye zeichnet bei einem Bildwinkel von 180° das gesamte Kleinbildformat aus. An Kameras mit APS-C-Sensoren verringert sich der formatbezogene Bildwinkel auf etwa 100°. Das Sigma 4/8 mm EX Circular Fisheye liefert ein kreisrundes Bild innerhalb des Kleinbild- und APS-C-Formats, sodass sich der Bildwinkel von 180° auch beim Einsatz an D-SLR-Kameras mit kleineren Bildsensoren nicht verändert.

Bei den 15 mm Objektiven tritt der Fisheye-Effekt aufgrund des Cropfaktors nicht so deutlich in Erscheinung. Wer also „echte" Fisheye-Aufnahmen haben will, muss auf das 8 mm Circular Fisheye ausweichen. Der große diagonale Bildwinkel von 180° verleiht den Aufnahmen, trotz der Verzeichnung, schon Panorama-Charakter. Beim Fotografieren ist zu beachten, dass die Schuhspitzen nicht auf dem Bild zu sehen sind – das geschieht leichter als man denkt. Durch den großen Bildwinkel werden Motivbereiche mit unterschiedlichen Kontrasten erfasst, die den Belichtungsmesser der Kamera irreführen können. Normalerweise können, je nach Motiv, manuelle Belichtungskorrekturen von +1 bis +2 Lichtwerten erforderlich sein. Besonders gut geeignet sind Fisheye-Objektive auch für Landschaftsaufnahmen oder für experimentelle Architekturfotografie.

> ### BasisWissen: Weichzeichnerobjektive

Weichzeichnerobjektive sind Spezialobjektive, bei denen die sphärische Aberration (Kugelgestaltsfehler oder Öffnungsfehler) absichtlich nicht ausreichend korrigiert ist. Canon bietet das EF 2,8/135 mm Softfocus als echtes Weichzeichnerobjektiv an, bei dem der Weichzeichnereffekt mit einem speziellen Einstellring gesteuert werden kann. Echte Weichzeichner erzeugen einen scharfen Bildkern, der durch eine mehr oder weniger ausgeprägte Unschärfe überlagert wird. Die Überstrahlung des scharfen Bildkerns macht auch den Unterschied zu den Aufnahmen mit Weichzeichnervorsätzen, angehauchter Frontlinse, Nylonstrumpf oder durch eine mit Vaseline verschmierte Glasplatte aus, bei denen statt Überstrahlung nur eine unscharfe Abbildung zu sehen ist. Bei Weichzeichnerobjektiven sollte nicht stärker als auf Blende 5,6 abgeblendet werden, weil sonst der Weichzeichnereffekt, genauer die Auswirkung des Öffnungsfehlers, stark reduziert wird. Der Weichzeichnereffekt ist bei Mädchenaufnahmen, Porträts und Stillleben sehr beliebt und dementsprechend stark strapaziert. Daher sollte man diesen Effekt immer bewusst und im Einklang mit der Bildidee einsetzen, wobei die Gefahr, in Klischees abzugleiten, immer präsent ist.

> **PraxisTipp: Optische Bildeffekte**
>
> Die auf dieser Doppelseite beschriebenen, besonderen optischen Bildeffekte lassen sich nicht per Software digital generieren. So haben beispielsweise die digitalen Weichzeichnungsfilter, egal ob Radialer oder Gaußscher Weichzeichner, eine andere Bildwirkung als ein optischer Weichzeichnereffekt mit scharfem Kern und Randüberstrahlung, der nur mit einem Softfokus-Objektiv bei der Aufnahme erzeugt werden kann.

Spiegellinsen-Objektive

Im aktuellen Lieferprogramm bietet nur noch Tamron das MF SP 8/500 mm an. Mit etwas Glück kann man jedoch das Sigma 8/600 mm Spiegel oder das Canon RF 8/500 mm auf dem Gebrauchtmarkt finden. Es wird über den entsprechenden FD-EOS-Adapter an die Kamera angeschlossen. Spiegellinsenobjektive sind eine besondere Konstruktionsform, bei der die Lichtstrahlen durch eine große Ringlinse auf den ebenfalls ringförmigen Hauptspiegel fallen, der sie auf den vorgelagerten kleinen Fangspiegel konzentriert. Vom Fangspiegel werden die Lichtstrahlen dann durch Linsen auf die Bildfläche reflektiert. Durch das Spiegellinsen-Prinzip ist es möglich, Objektive mit sehr langer Brennweite in kompakter Form zu konstruieren. Systembedingt lässt sich keine Blende einbauen. Die angegebene Anfangsöffnung bezieht sich auf die Größe der Eintrittspupille und entspricht dem geometrischen Blendenwert. Die effektive Lichtstärke der Spiegeltele ist konstruktionsbedingt etwas geringer. Der Lichtverlust von etwa 2/3 EV bis 1 EV wird durch die Abdeckung in der Mitte der Frontlinse (der Fangspiegel ist dort angebracht) sowie durch die relativ große Lichtabsorption an den verspiegelten Flächen verursacht und von der TTL-Belichtungsmessung der Kamera berücksichtigt. Spiegellinsenobjektive sind, durch die Konstruktionsweise bedingt, weitgehend frei von chromatischer Aberration. Dementsprechend hoch ist die Schärfe- und Kontrastleistung. Systembedingt macht sich eine leichte Vignettierung bemerkbar, die durch Abblenden nicht behoben werden kann (weil eben keine Blende vorhanden ist). Die manuelle Scharfeinstellung muss sehr genau erfolgen, was vom etwas dunkleren Sucherbild bei Blende 8 erschwert wird.

Ein besonderes Merkmal der Spiegellinsenobjektive ist, neben der besonders starken Raumraffung, die sogenannte „Unschärfe-Charakteristik". Durch die ringförmigen Linsen und Spiegel verursacht, werden Details, die sich sowohl im Vordergrund als auch im Hintergrund in Unschärfe auflösen, ringförmig abgebildet. Diese „Unschärfe-Charakteristik" kann auch bewusst als Stilmittel in die Bildkomposition einbezogen werden. Angesichts moderner Teleobjektive dürfte der eigentliche Reiz des Spiegelteles in der Unschärfe-Charakteristik liegen, die im künstlerischen Bereich zum Tragen kommt.

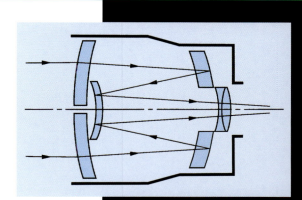

Schematische Darstellung des gefalteten Strahlengangs in einem Spiegellinsenobjektiv.

Die ringförmige Unschärfecharakteristik eines Spiegellinsenobjektivs lässt sich als Mittel der Bildgestaltung einsetzen.
Fotos: Artur Landt

Tele-Extender

Tele-Extender verlängern die Brennweite und verringern die Anfangsöffnung der jeweiligen Objektive um den angegebenen Faktor (1,4x oder 2x). Sie sind nur für den Einsatz mit bestimmen Objektiven ab Brennweite 135 mm gedacht.

Mit Telekonverter kann man die Fotoausrüstung klein halten, was vor allem in der Reisefotografie wichtig ist. Die zweite Aufnahme zeigt die Wirkung des 2x Extenders. Fotos: Artur Landt

Es mag auf den ersten Blick etwas seltsam erscheinen, dass die Tele-Extender, auch Konverter genannt, als Objektive behandelt werden. Doch die meisten Extender sind tatsächlich Objektive mit einer sogenannten negativen Brennweite, weshalb sie in früheren Zeiten auch als Tele-Negativ bezeichnet wurden. Canon bietet zwei EF-Extender mit den Bezeichnungen EF 1,4x II mit 1,4-fachem Verlängerungsfaktor und EF 2x II mit 2-fachem Verlängerungsfaktor an. Die Canon-Extender sind hochwertige optische Systeme, die aus 5 respektive 7 Linsen bestehen. Die Extender mit der Zusatzbezeichnung II weisen durch eine optimierte Vergütung und Mattierung der metallischen Innenteile einen verbesserten Streulichtschutz auf. Das kommt der digitalen Fotografie zugute. Auch der Staub- und Feuchtigkeitsschutz wurde erhöht. Die Tele-Extender sind für bestimmte EF-Objektive ab Brennweite 135 mm gerechnet. In der Praxis ist zu beachten, dass beispielsweise bei einem 2x-Konverter die Verschlusszeit viermal länger und die Verwacklungsgefahr durch die Brennweitenverlängerung (rechnerisch) verdoppelt wird. Wegen des dunkleren Sucherbilds ist auch die Scharfeinstellung, je nach Motivhelligkeit, mehr oder weniger problematisch. Das hochempfindliche zentrale AF-Messfeld der EOS 400D kann jedoch bis Anfangsöffnung 1:5,6 fokussieren. Bei kleineren Anfangsöffnungen sollte man manuell nach Sicht auf der Einstellscheibe fokussieren. Die Springblendenfunktion der Objektive bleibt in jedem Fall erhalten. Wenn Autofokusbetrieb möglich ist, kann auch der Bildstabilisator entsprechender Objektive eingesetzt werden.

Die Entfernungseinstellung am Objektiv gilt auch für die Kombination mit Tele-Extender. Die für das Objektiv angegebenen Blendenwerte und Schärfentiefenskalen stimmen aber für die neue Brennweite und das dadurch veränderte Öffnungsverhältnis nicht mehr. Wenn beispielsweise das EF 2,8/300 mm durch den Extender 2x in ein Objektiv 5,6/600 mm verwandelt wird, entspricht der aufgravierte Blendenwert 8 dem tatsächlichen Blendenwert 16 (auf die neue Brennweite von 600 mm bezogen). Die Schärfentiefe für die tatsächliche Blende entspricht jedoch, durch die Verdoppelung der Brennweite bedingt, den Werten für Blende 4. All diese Angaben beziehen sich auf das KB-Format, für das sie gerechnet sind. Beim Einsatz an der EOS 400D ist neben dem Cropfaktor von 1,6x auch die um etwa eine Blendenstufe größere Schärfentiefe, die auf den kleineren Zerstreuungskreisdurchmesser zurückzuführen ist, zu berücksichtigen.

> **PraxisTipp: Extender im Nahbereich**
>
> Tele-Extender sind nicht nur für Teleaufnahmen wichtig, sondern erschließen auch den Nahbereich. Die Verdoppelung der Brennweite bei gleichbleibender kürzester Entfernungseinstellung hat einen doppelt so großen Abbildungsmaßstab zur Folge. Bei der kürzesten Entfernungseinstellung der Teleobjektive von beispielsweise 2,5 m beim EF 2,8/300 mm L IS USM kann man auch die Fluchtdistanz der Kleinlebewesen gut einhalten.

Extender sind optische Systeme, die im Strahlengang des Objektivs eingesetzt werden, sodass eine Beeinträchtigung der Schärfe- und Kontrastwiedergabe fast immer gegeben ist. Wie hoch der Verlust an Abbildungsqualität ausfällt, hängt nicht nur vom Korrektionszustand des Extenders, sondern vor allem davon ab, ob der Konverter speziell für das betreffende Objektiv gerechnet wurde oder nicht. Die größte Verschlechterung der optischen Qualität tritt beim Einsatz von Extendern ein, die für wenig Geld eine unübertroffene Universalität aufweisen und praktisch an jedes Objektiv angeschlossen werden können. Minimal ist der Verlust bei Extendern, die speziell für ein bestimmtes Objektiv oder zumindest für einen bestimmten Brennweitenbereich und eine bestimmte Objektivkonstruktion gerechnet sind. Warum? Weil Extender immer eine vergrößernde Wirkung haben. Vergrößert werden aber nicht nur die Brennweite, sondern auch die Restfehler des jeweiligen Objektivs. Querfehler, wie Koma und chromatische Vergrößerungsdifferenz, werden mit dem Faktor der Brennweitenverlängerung vergrößert. Längsfehler, wie Bildfeldwölbung oder Schnittweitenabweichungen, werden sogar mit dem Quadrat der Brennweitenverlängerung vergrößert. Nehmen wir nun als Beispiel ein Objektiv an, bei dem die Bildfeldwölbung für einen außeraxialen Punkt gegenüber der Bildmitte um 0,03 mm abweicht, was noch einen akzeptablen Wert darstellt. In Verbindung mit einem Zweifach-Konverter wird die Bildfeldwölbung mit dem Quadrat der Brennweitenverlängerung vergrößert. Dadurch weicht in unserem Beispiel die Bildebene von der optimalen Einstellebene um 0,12 mm ab, was zu einem deutlichen Randabfall der Schärfe führt. Der Leistungsabfall betrifft somit mehr die Randzonen als die Bildmitte. Abblenden um etwa zwei Stufen kann die Abbildungsqualität insgesamt steigern. Dadurch wächst aber wiederum die Verwacklungsgefahr, weil entsprechend längere Verschlusszeiten erforderlich sind.

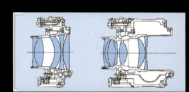

Sowohl der 1,4x als auch der 2x Extender sind komplexe optische und mechanische Konstruktionen. Skizze: Canon

Extender sind eine gute Kompromisslösung für Fotografen, die eine bestimmte Brennweite, die sie mit dem Konverter erreichen, nur selten gebrauchen. Auch die Reiseausrüstung kann klein gehalten werden, wenn durch Extender eine oder mehrere Brennweiten ersetzt werden. Mit einem guten Extender kann auch der Tierfotograf den Kauf eines teuren Objektivs umgehen, wenn beispielsweise ein Objektiv 2,8/400 mm mit einem Konverter 2x zu einem Objektiv 5,6/800 mm ausgebaut wird. Aufgrund des Cropfaktors entspricht das an den EOS 400D dem Bildwinkel der Brennweite 1280 mm!

> **BasisWissen: Fremdobjektive**
>
> Objektive von sogenannten Fremdherstellern, wie Sigma, Tamron oder Tokina, werden auch mit EOS-Bajonett gefertigt. Sie lassen sich meistens ohne weiteres an die EOS 400D ansetzen. Kompatibilitätsprobleme mit älteren Fremdobjektiven werden gegebenenfalls von den jeweiligen Herstellern normalerweise kostenlos behoben. Gelegentlich kann es vorkommen, dass der Autofokus lauter, manchmal auch langsamer als mit Canon-Objektiven ist. Eine Pauschalaussage über die Abbildungsqualität der Fremdobjektive ist aber genauso wenig möglich wie bei den Originalobjektiven. Ein direkter Vergleich der Abbildungsqualität ist nur im Einzelfall möglich, wenn die jeweiligen Objektive mit der gleichen Messmethode unter identischen Bedingungen geprüft wurden. Und dann haben mal die Originalhersteller, mal die Fremdhersteller die Nase vorn. Man kann also nicht allgemein behaupten, Fremdobjektive seien generell besser oder schlechter als Originalobjektive. Die Fragen zu rechtlichen Aspekten, wie Garantieanspruch oder Haftung, sind Gegenstand einer Rechtsberatung und dürfen hier nicht beantwortet werden. Eine wie auch immer geartete Haftung seitens des Autors oder des Verlags wird auf jeden Fall ausgeschlossen.

Brennweitenabhängige Bildgestaltung

Wechselobjektive sind unerlässlich für die Umsetzung einer Bildidee und ermöglichen die freie Wahl des Aufnahmestandorts für die Bestimmung der Perspektive. Anspruchsvolle Fotografie ist daher ohne Wechselobjektive nicht denkbar.

Die Telebrennweite löst das Aufnahmeobjekt aus dem Mannigfaltigen seiner Umgebung und aus der Beziehung zu seiner Umwelt heraus. Die Aufnahme mit der Normalbrennweite zeigt das Objekt in seiner Umgebung. Fotos: Artur Landt

Panoramadarstellung mit einem extremen Weitwinkelobjektiv. Foto: Artur Landt

Wenn man sich von einem Motiv nicht weit genug entfernen kann, greift man zu Weitwinkelobjektiven, und Teleobjektive sind dann gefragt, wenn man nicht nahe genug an das Motiv herankommt. So weit, so gut. Wer Wechselobjektive aber nur dafür einsetzt, verkennt ihre wichtigste Bestimmung: die brennweitenabhängige Bildgestaltung. Die Wahl der richtigen Brennweite für eine formatfüllende Abbildung des Motivs ist eher eine sachliche und nicht so sehr eine künstlerische Entscheidung. Denn sie ist nicht das Ergebnis bildgestalterischer Überlegungen, sondern ein von den Motivgegebenheiten diktierter Sachzwang. Ohne die Bedeutung der Brennweitenwahl für formatfüllende Aufnahmen gering zu schätzen – sie ist sozusagen die Pflicht. Die Kür sei an dieser Stelle einfach *bildideelle Brennweitenbestimmung* genannt und sie sieht in der Praxis folgendermaßen aus: Die Fotografin oder der Fotograf hat eine bestimmte Bildidee, die eine ganz gezielte Bildaussage impliziert. Die Kunst besteht nun darin, die Brennweite so zu bestimmen, dass in Abhängigkeit vom Motiv und Aufnahmestandort die Bildidee optimal umgesetzt werden kann. Denn ein aussagekräftiges Bild entsteht, sofern es kein Zufallsprodukt ist, aus dem Zusammenwirken von Bildidee, Motiv, Aufnahmestandort und der darauf abgestimmten Brennweite. Das ist, zugegeben, eine vereinfachte Darstellung, die weitere wichtige Faktoren, die ein gutes Bild ausmachen, wie zum Beispiel die Lichtführung, außer Acht lässt. Wichtig ist jedoch zunächst, sich über die Bedeutung der Brennweite bei der Bildgestaltung im Klaren zu sein.

Die zur Verfügung stehenden Brennweiten sind demnach ausschlagge-

> **PraxisTipp: Die Mitte nicht vergessen**
>
> Wer sich selbst und andere Fotografinnen und Fotografen beobachtet, wird feststellen, dass man unbewusst dazu neigt, auf Anschlag zu zoomen, sodass die meisten Fotos in den Brennweitenextremen entstehen. Wer bei einem Schwarzweißfoto die Grautöne außer Acht lässt und sich nur auf das reine Schwarz und Weiß konzentriert, wird selten ein gutes Bild erhalten. Und wer nur auf Anschlag zoomt, wird keine Zwischentöne treffen ...

bend für die Umsetzung einer Bildidee, weil sie die freie Wahl des Aufnahmestandortes für die Bestimmung der Perspektive ermöglichen. Denn die Perspektive wird nicht durch die Brennweite bestimmt, wie immer wieder irrtümlich angenommen wird, sondern durch den Aufnahmestandort und die Kameraposition. Lediglich bei Fachkameras und Shift-Objektiven kann die Perspektive auch durch Verschieben der optischen Achse beeinflusst werden. Durch den Brennweiten- und Standortwechsel entstehen unterschiedliche räumliche Eindrücke, die einen entscheidenden Einfluss auf die Raumdarstellung und somit auf die Bildaussage haben. Die Aufnahmen mit kurzen Brennweiten, also mit Weitwinkelobjektiven, zeigen eine große Raumausdehnung und erfassen sehr viel vom Hintergrund. Die Fluchtlinien werden betont und der Horizont verjüngt sich. Die Weitwinkelaufnahmen vermitteln einen dynamischen Eindruck. Das Hauptmotiv im Vordergrund wird gegenüber dem Hintergrund betont. Die Größenverhältnisse können verschoben werden, indem das Hauptmotiv im Vordergrund in übertriebener Größe dargestellt wird, und die Objekte im Hintergrund abrupt an Abbildungsgröße verlieren. Mit zunehmender Brennweite verringert sich die Raumausdehnung hinter dem Hauptmotiv. Die Fluchtlinien werden flacher oder verschwinden ganz. Der Raum erscheint insgesamt komprimiert (verdichtet) und bei sehr langen Brennweiten ist sogar kein Horizont mehr zu sehen. Die Größenverhältnisse werden ausgeglichen, Gegenstände im Hintergrund werden mit zunehmender Brennweite größer abgebildet. Das Hauptmotiv wirkt dadurch immer weniger bilddominant. Teleaufnahmen strahlen außerdem auch eine gewisse Ruhe und Ordnung aus.

Die Detailaufnahme mit einer Telebrennweite zeigt den Rettungsring aus der Mitte der Weitwinkelaufnahme. Foto: Artur Landt

Die Brennweite oder genauer der formatbezogene Aufnahmewinkel begrenzt, auch im Sucher sichtbar, den Bildausschnitt. Diese Begrenzung trägt mit zunehmender Brennweite beziehungsweise kleiner werdendem Aufnahmewinkel verstärkt die Züge einer Abgrenzung. Das Aufnahmeobjekt wird aus dem Mannigfaltigen seiner Umgebung und aus der Beziehung zu seiner Umwelt losgelöst. Dadurch wird der Betrachter gezwungen, sich auf den fotografierten Gegenstand zu konzentrieren. Durch die Isolierung kann aber auch das Wesentliche eines Gegenstandes herausgearbeitet werden. Ein für das bloße Auge scheinbar isolierter oder dominierender Gegenstand kann aber auch durch ein Objektiv mit kurzer Brennweite und großem Aufnahmewinkel in eine eigentlich nicht vorhandene Beziehung zu einem fremden Umfeld gesetzt werden. Der durch die Brennweitenwahl geschaffene Bildausschnitt kann sogar eine neue Wirklichkeit offenbaren, die sich der Wahrnehmung mit dem bloßen Auge entzieht. Die Brennweite ist aber auch für eine möglichst natürliche, augengetreue Darstellung eines Objekts ausschlaggebend. Dann sind eher Normalobjektive gefragt.

> **BasisWissen: Objektive „sehen" anders**
>
> Die Objektive „sehen" anders als das Auge und bilden die Wirklichkeit keineswegs „objektiv" ab. Wir sehen dreidimensional, also räumlich, und unsere optische Wahrnehmung spielt sich eigentlich im Gehirn ab. Das Objektiv bildet zweidimensional ab, und der räumliche Eindruck im Foto entsteht durch Lichtführung, Schärfentiefe und perspektivische Wiedergabe. Die Augen haben auch einen anderen Sehwinkel als der formatbezogene Bildwinkel der meisten Objektive. Außerdem wird, vereinfacht ausgedrückt, das von den Augen erfasste Bild permanent korrigiert, sodass wir beispielsweise mit dem bloßen Auge keine stürzenden Linien wahrnehmen. Das Objektiv ist von den Gesetzen der Wahrnehmungspsychologie unberührt und korrigiert keine stürzenden Linien. Auch ist unsere durch das Gehirn gesteuerte Wahrnehmung selektiv, das heißt, wir sehen nur das, was uns wichtig erscheint. Das Objektiv dagegen registriert alles, was vom Bildwinkel erfasst wird, also auch bei der Aufnahme übersehene Motivdetails, die im fertigen Bild „plötzlich" auftauchen.

Brennweiten- und Perspektivenvergleich

Der Brennweitenvergleich veranschaulicht die Bestimmung des Bildausschnitts, während der Perspektivenvergleich die unterschiedlichen räumlichen Eindrücke zeigt, die durch den Brennweiten- und Standortwechsel entstehen.

Der obligatorische Brennweitenvergleich, bei dem ein Motiv mit verschiedenen Objektiven, von extremen Weitwinkel- bis zu extremen Teleobjektiven ohne Standortwechsel stufenweise aufgenommen wird, ist für die eigentliche Bildgestaltung nur dann relevant, wenn aus einer bestimmten Entfernung formatfüllend fotografiert werden soll. Beim Brennweitenvergleich wird eine Aufnahmeserie mit verschiedenen Brennweiten vom gleichen Aufnahmestandort aus gemacht. Der Brennweitenvergleich hat die gleiche Wirkung, wie wenn man stufenweise Ausschnittvergrößerungen aus einer extremen Weitwinkelaufnahme anfertigen würde – was aber in der Praxis die Grenzen des Auflösungsvermögens der Objektive und Bildsensoren sprengen würde. Der Brennweitenvergleich zeigt aber auch etwas anderes, nämlich dass die Brennweite keinen Einfluss auf die Perspektive hat, wie immer wieder irrtümlich angenommen wird.

Oben links: 15 mm
Oben rechts: 20 mm
Mitte links: 28 mm
Mitte rechts: 50 mm
Unten links: 100 mm

Brennweitenvergleich
Die fünf Aufnahmen zeigen den Brennweitenvergleich. Sie sind vom gleichen Aufnahmestandort mit verschiedenen Brennweiten entstanden. Der Brennweitenvergleich hat die gleiche Wirkung, wie wenn man stufenweise Ausschnittvergrößerungen aus einer extremen Weitwinkelaufnahme machen würde. Fotos: Artur Landt

> **PraxisTipp: Visualisierung**
>
> Für die Umsetzung einer Bildidee ist es oft wichtig, in Ausschnittsprüngen zu denken und zu visualisieren. Fein raus ist, wer die Wirkung der nächsten Brennweite auch ohne Zoomen oder Objektivwechsel recht genau einschätzen kann. Überhaupt ist es sinnvoll, sich mit jedem einzelnen Objektiv, das man besitzt, auseinander zu setzen und die Wirkung der verschiedenen Brennweiten gründlich kennen zu lernen.

Oben links: 15 mm
Oben rechts: 20 mm
Mitte links: 28 mm
Mitte rechts: 50 mm
Unten links: 100 mm

Perspektivenvergleich
Die fünf Aufnahmen zeigen den Perspektivenvergleich. Sie sind mit unterschiedlichen Brennweiten von verschiedenen Aufnahmestandorten entstanden, wobei die Größe der Statue konstant bleibt. Durch den Brennweiten- und Standortwechsel entstehen unterschiedliche räumlicheEindrücke, wobei sich die Darstellung des Hintergrundes gewaltig ändert. Fotos: Artur Landt

Aussagekräftiger für die Bildgestaltung ist der Perspektivenvergleich. In unserer Bildserie bleibt die Abbildungsgröße des Hauptmotivs, also der Statue, erhalten, indem mit verschiedenen Brennweiten aus unterschiedlichen Entfernungen fotografiert wird. Der Perspektivenvergleich veranschaulicht die unterschiedlichen räumlichen Eindrücke, die durch den Brennweiten- und Standortwechsel entstehen. Vor allem die Darstellung des Hintergrunds ändert sich gewaltig. Die Weitwinkelaufnahmen zeigen eine große Raumausdehnung und erfassen sehr viel vom Hintergrund, die ganze Schlossfassade ist zu sehen. Die Statue im Vordergrund wird gegenüber dem Schloss im Hintergrund betont. Mit zunehmender Brennweite verringert sich die Raumausdehnung hinter der Statue. Die durch den Kiesweg und das Blumenbeet skizzierten Fluchtlinien werden flacher und verschwinden dann ganz. Der Raum zwischen Statue und Fassade wird stark verdichtet und erscheint komprimiert. Die Größenverhältnisse werden ausgeglichen, die Schlossfassade im Hintergrund wird mit zunehmender Brennweite größer abgebildet, während die Statue immer weniger bilddominant wirkt.

Die Gesetze der Zentralperspektive

Die Zentralperspektive bestimmt die Größenverhältnisse der abgebildeten Gegenstände und den Verlauf der Fluchtlinien im Bild, was einen enormen Einfluss auf die Bildwirkung hat. Die Perspektive wird nicht durch das Objektiv festgelegt.

Die Perspektive ist die zweidimensionale, ebene bildliche Darstellung dreidimensionaler, räumlicher Objekte. Sie wird nicht durch das Objektiv, sondern ausschließlich durch den Aufnahmestandpunkt bestimmt. Bei Fachkameras und Shift-Objektiven kann die perspektivische Bildwiedergabe auch durch Verschiebung der optischen Achse beeinflusst werden. Der räumliche, dreidimensionale Eindruck wird in der Fotografie durch die Zentralprojektion nach den Gesetzten der Zentralperspektive vorgetäuscht. Daraus ergeben sich zwei wichtige Aspekte, die große Konsequenzen für die fotografische Abbildung haben. Erstens: Die perspektivische Verkürzung bewirkt, dass gleich große Objekte, die in die Tiefe des Raumes gestaffelt sind, mit zunehmender Entfernung kleiner wiedergegeben werden. Zweitens: Die Fluchtlinien lassen parallele Linien, die in die Tiefe des Raumes gerichtet sind, in einem Punkt zusammen laufen.

Die perspektivische Verkürzung kann man sich folgendermaßen vorstellen: Zwei oder mehrere gleich große Gegenstände, die sich in verschiedenen Entfernungen befinden, werden bei der perspektivischen Darstellung in unterschiedlicher Größe abgebildet, wobei die Abbildungsgröße mit zunehmendem Abstand zur Bildebene kleiner wird. Oder anders formuliert: Gegenstände, die sich nahe der Bildebene befinden, werden übertrieben groß dargestellt, während weiter entfernte Gegenstände übertrieben klein abgebildet sind. Dieser Effekt ist bei kurzen Aufnahmeentfernungen sehr ausgeprägt und bei großen Entfernungen kaum noch wahrnehmbar. Daher ist die Wirkung der perspektivischen Verkürzung am stärksten bei Weitwinkelaufnahmen sichtbar, vor allem dann, wenn sowohl im Vordergrund als auch im Hintergrund klar definierte Objekte abgebildet werden. So kann beispielsweise ein Stein, der aus etwa 25 Zentimeter mit einem KB-äquivalenten 20 mm Weitwinkelobjektiv aufgenommen wird, im fertigen Bild den Eindruck eines gewaltigen Felsbrockens vermitteln. Ein formatfüllendes Porträt aus kurzer Distanz mit einem Weitwinkelobjektiv aufgenommen, würde eine Karikatur der Person darstellen, mit übergroßer Nase und verzerrten Gesichtszügen.

Die Gesetze der Zentralperspektive bestimmen den Verlauf der Flucht-

Ganz oben: Parallele Geraden, die senkrecht zur Bildebene in die Tiefe des Raumes gerichtet sind, laufen im Hauptfluchtpunkt zusammen.
Oben: Parallele Geraden, die schräg zur Bildebene in die Tiefe des Raumes gerichtet sind, laufen in einem Hilfsfluchtpunkt zusammen.
Fotos: Artur Landt

> ## BasisWissen: Die „andere" Perspektive
>
> Die sogenannte Parallelperspektive ist eine kombinierte Darstellung der Frontal- und Seitenansicht eines (rechteckigen) Gegenstands. Das kann ein Gebäude, eine HiFi-Anlage, ein Toaster oder eine Verpackung sein. Die bildliche Darstellung der Parallelperspektive ist nur mit einer Verschiebung der Objektivachse zu realisieren und somit eine Domäne der verstellbaren Fachkameras oder, mit gewissen Einschränkungen, der Shift-Objektive. Die kombinierte Frontal- und Seitenansicht wird durch die parallele Ausrichtung der Bildebene zur Frontseite und die anschließende seitliche Verschiebung der Objektivachse realisiert. Die Parallelperspektive ist auch für die Abbildung technischer Produkte wichtig, bei denen Konstruktionsdaten oder Bedienelemente dargestellt werden müssen. Die Maße können in allen drei Dimensionen angegeben werden, wobei die Abbildung einen räumlichen und gleichzeitig einen naturgetreuen Eindruck vermittelt.

> **PraxisTipp: In die Knie gehen**
>
> Wer überwiegend aus Augenhöhe fotografiert, wird staunen, welche perspektivischen Bildwirkungen sich durch andere, auch unkonventionelle Aufnahmestandpunkte ergeben. Wenn man Kinder porträtiert, geht man instinktiv in die Knie, um den Größenunterschied auszugleichen und nicht „von oben herab" zu fotografieren. Bei anderen Motiven begnügt man sich mit Standardansichten aus Augenhöhe, anstatt gezielt die beste Perspektive zu suchen.

linien im Bild, wobei das Objektiv als Perspektivitätszentrum (Augpunkt) gilt. Parallele Geraden, die senkrecht zur Bildebene in die Tiefe des Raums gerichtet sind, laufen in einem Fluchtpunkt zusammen. Das kann man beispielsweise feststellen, wenn man eine gerade Straße oder Eisenbahnschienen, die fast senkrecht zur Bildebene verlaufen, fotografiert. Schräg zur Bildebene gerichtete parallele Geraden laufen in sogenannten Hilfsfluchtpunkten zusammen. Das ist zum Beispiel der Fall, wenn zwei auseinandergehende Eisenbahngleise von einer Weiche aus aufgenommen werden. Oder wenn zwei im Winkel zueinander stehende Zäune oder Mauern von der Winkelspitze aus fotografiert werden.

Sämtliche parallele Geraden treffen sich immer in einem einzigen Fluchtpunkt. Der gemeinsame Treffpunkt aller zur Bildebene senkrechten Geraden (Tiefenlinien) ist der Hauptpunkt, der in der senkrechten Projektion des Perspektivitätszentrums auf der Bildebene lokalisiert wird. Die Fluchtpunkte der in die Tiefe des Raums gerichteten Geraden, die sich in einer Ebene befinden, laufen in einer Ebene, genauer in der Fluchtlinie der Ebene zusammen. Die Fluchtebene der durch das Perspektivitätszentrum verlaufenden Ebene ist die Horizontlinie. Aber auch die Fluchtpunkte aller anderen waagrechten Geraden, die in den Raum verlaufen, befinden sich auf der Horizontlinie. Die Lage der Horizontlinie in der Bildebene ist, bei senkrechter Kamerahaltung, abhängig von der Höhe des Perspektivitätszentrums, das in diesem Fall mit der optischen Achse des Objektivs übereinstimmt.

Bei einem einzelnen Gleis erkennt man ferner, dass die parallel zur Bildebene verlaufenden Schwellen auch parallel abgebildet werden. Parallel zur Bildebene verlaufende Geraden (Frontalen) bleiben auch in der Abbildung parallel, weil ihre Fluchtpunkte im Unendlichen liegen. Das gilt für vertikale, horizontale oder schräge Geraden, sofern sie parallel zur Bildebene ausgerichtet sind. Wichtig ist das vor allem für naturgetreue Abbildungen in der Repro- und Architekturfotografie.

Die perspektivische Verkürzung bewirkt, dass gleich große Gegenstände, die sich in verschiedenen Entfernungen befinden, in unterschiedlicher Größe abgebildet werden, wobei die Abbildungsgröße mit zunehmendem Abstand zur Bildebene kleiner wird.
Foto: Artur Landt

Die Fluchtpunkte aller waagrechten Geraden, die in den Raum verlaufen, befinden sich auf der Horizontlinie. Die Lage der Horizontlinie in der Bildebene ist auch von der Ausrichtung der optischen Achse des Objektivs abhängig.
Fotos: Artur Landt

Die perspektivische Darstellung

Die Perspektive und die perspektivische Verzerrung haben eine große Wirkung auf die Bildwiedergabe, weil sie darüber entscheiden, ob ein Gegenstand naturgetreu oder verzerrt und verfremdet abgebildet wird.

Brennweite 100 mm, Aufnahmedistanz 1 m

Brennweite 20 mm, Aufnahmedistanz 0,3 m

Brennweite 100 mm, Aufnahmedistanz 1,3 m

Brennweite 20 mm, Aufnahmedistanz 0,3 m

Die Vergleichsaufnahmen zeigen den Einfluss der Brennweite und des Aufnahmestandorts auf runde und rechteckige Objekte.
Fotos: Artur Landt

Bei extremen Weitwinkelobjektiven stellt man fest: Objekte, die sich am Bildrand und in den Bildecken befinden, werden verzerrt abgebildet. Die Verzerrung kann nach der Form der abgebildeten Gegenstände in zwei große Kategorien eingeteilt werden. Bei rechteckigen Objekten folgt die Verzerrung den Gesetzen der Zentralperspektive und die Fluchtlinien werden von einem hochwertigen Weitwinkelobjektiv auch gerade abgebildet. Je größer der Aufnahmewinkel, desto steiler der Verlauf der Fluchtlinien. Bei runden Objekten kann man am Bildrand und vor allem in den Bildecken eine elliptische (eiförmige) Verzerrung feststellen. Kreisförmige Objekte werden am Bildrand und in den Bildecken als Ellipse wiedergegeben. Die Verzerrung, ob elliptisch oder linear, ist umso ausgeprägter, je größer der Aufnahmewinkel ist, und nimmt mit der Entfernung der Objekte von der Bildmitte zu. Sowohl die elliptische als auch die lineare Verzerrung wird durch Verkürzung der Aufnahmeentfernung verstärkt. Die perspektivische Verzerrung ist abhängig von der Brennweite, genauer von dem formatbezogenen Bildwinkel sowie der Aufnahmedistanz.

Eine naturgetreue, unverzerrte Aufnahme wird am besten mit einem Normalobjektiv oder einem gemäßigten Teleobjektiv realisiert. Die Aufnahmeentfernung richtet sich nach der Brennweite und der Objektgröße. Allerdings ist dabei zu beachten, dass eine kurze Aufnahmedistanz die Verzerrung grundsätzlich begünstigt, während sich eine größere Entfernung normalerweise günstiger auswirkt. Mit zunehmender Aufnahmedistanz verschiebt sich der Fluchtpunkt nach hinten, sodass alle Teile des Gegenstands oder mehrere benachbarte Gegenstände in natürlicher Größe abgebildet werden. Der Kamerastandpunkt und die Ausrichtung der Bildebene sollten so gewählt werden, dass die perspektivische Verkürzung minimal ausfällt und die Fluchtlinien flach verlaufen. Für eine verfremdende, interpretierende Darstellung wird am besten eine kurze Brennweite eingesetzt. Bei einer kurzen Aufnahmedistanz verschiebt sich der Fluchtpunkt nach vorne und die Fluchtlinien verlaufen steil. Die Gegenstände werden nicht mehr in natürlicher Größe abgebildet. Alles, was sich in der Nähe der Kamera befindet, wird übertrieben groß abgebildet, während fern gelegene Objekte übertrieben klein erscheinen. Der Kamerastandpunkt und somit die Perspektive dürfen in diesem Fall etwas unkonventionell sein. Die ungewöhnliche oder zumindest ungewohnte Sicht der Dinge kann durch das Neigen der Bildebene zusätzlich verstärkt werden.

Ob man sich für eine natürliche oder eine verfremdende Art der Darstellung entscheidet, hängt von der Bildidee ab. Bei der Wahl der Brennweite und der Aufnahmeentfernung ist jedoch auch die Form des Objekts sehr wichtig. Gehen wir zunächst einmal von rechteckigen und einmal von runden Objekten aus. Um die Gegenstände naturgetreu abzubilden, wählen wir ein gemäßigtes Teleobjektiv und eine ausreichend große Aufnahmedistanz. Die runden Objekte werden naturgetreu abgebildet, die zylindrischen Wände verlaufen parallel, die Öffnungen erscheinen rund. Die rechteckigen Objekte sind in diesem Fall ebenfalls naturgetreu wiedergegeben. Die Kanten der Rechtecke verlaufen praktisch parallel, die Fluchtlinien sind nur angedeutet und mit dem bloßen

> **PraxisTipp: „Eierköpfe" vermeiden**
>
> Bei Gruppenaufnahmen werden aufgrund enger räumlicher Verhältnisse oft Weitwinkelobjektive eingesetzt. Dann ist es sinnvoll, ausnahmsweise nicht formatfüllend zu fotografieren, sondern die Personen am Rand der Gruppe in gehörigem Abstand zum Bildrand zu platzieren. Das verhindert, dass sie mit elliptisch verzerrten „Eierköpfen" abgebildet werden. Die Qualitätsreserven reichen aus, um das Bild nachträglich etwas zu beschneiden.

Auge nicht wahrzunehmen. Die Perspektive ist natürlich und man kann von einer naturgetreuen Abbildung sprechen. Wenn wir nun die gleichen Motive mit einem Weitwinkelobjektiv aus kurzer Entfernung aufnehmen, stellen wir folgendes fest: Die Zylinder werden verzerrt, ja entstellt wiedergegeben. Die runden Öffnungen sind zum Bildrand hin elliptisch verzerrt. Die zylindrischen Wände verjüngen sich nach unten und erscheinen konisch. Bei der Aufnahme der rechteckigen Objekte sind die Gesetze der Zentralperspektive deutlich zu sehen. Durch die kürzere Entfernung befinden sich die vorderen Kanten wesentlich näher an der Bildebene als die hinteren und werden folglich größer abgebildet. Es entstehen ausgeprägte, recht steile Fluchtlinien.

Sehr aufschlussreich ist der Vergleich der vier Aufnahmen unter dem Aspekt der Bildwirkung. Bei dem Motiv mit runden Gegenständen hat die perspektivische Verzerrung bei der Weitwinkelaufnahme so deutliche Spuren hinterlassen, dass die Aufnahme höchstens als Karikatur verwendet werden kann. Das Bild berührt eher unangenehm. Ganz anders die Teleaufnahme, die zwar keine atemberaubende Perspektive zeigt, dafür aber einen sachlich korrekten Eindruck vermittelt. Die Teleaufnahme ist in diesem Fall der Weitwinkelaufnahme unbedingt vorzuziehen. Beim rechteckigen Motiv ist ebenfalls die Teleaufnahme sachlich richtig, die Wirkung ist jedoch eher bodenständig, um nicht zu sagen langweilig. Die Weitwinkelaufnahme dagegen vermittelt einen dynamischen Eindruck. Die kurze Aufnahmedistanz und das Weitwinkelobjektiv bewirken eine übertriebene perspektivische Darstellung, wobei die rechteckigen Objekte leicht verfremdet, nicht aber entstellt abgebildet werden. Die Aufnahme wirkt dadurch lebendig und eine gewisse Nähe zum Geschehen wird spürbar.

Brennweite 15 mm, kurze Aufnahmedistanz

Brennweite 100 mm, mittlere Aufnahmedistanz

Brennweite 180 mm, lange Aufnahmedistanz

Die Auswirkung der Perspektive auf die Abbildung von runden und rechteckigen Objekten ist deutlich zu sehen: Während sich die Sockel der Statuen nur in der Größe, nicht aber in der Form verändern, ändert sich die Formgebung des runden Brunnens gewaltig.
Fotos: Artur Landt

> **BasisWissen: Perspektivische Verzerrung**
>
> Ein wesentliches Merkmal der Zentralperspektive ist die Geradentreue, was nichts anderes bedeutet, als dass eine Gerade immer als Gerade abgebildet wird. Lediglich die Gerade, die durch die Objektivachse verläuft, wird als Punkt abgebildet. Ein gutes Objektiv wird eine Gerade ebenfalls als Gerade abbilden, und zwar unabhängig von der Brennweite (Fisheye-Objektive ausgenommen). Das Schulbeispiel für die perspektivische Verzerrung sind die sogenannten stürzenden Linien, die beispielsweise dann entstehen, wenn die Bildebene vor einem hohen Gebäude nach oben geneigt wird. Derselbe Effekt, wenn auch sozusagen in negativer Form, tritt auf, wenn beispielsweise von einem Turm aus ein Gebäude von oben fotografiert wird und die Kanten nach unten zusammenlaufen. Durch absichtliche oder unabsichtliche Neigung der Bildebene verschiebt sich sozusagen die Perspektive aus der Waagrechten in die Senkrechte. Die stürzenden Linien sind nichts anderes als Fluchtlinien in der Senkrechten, die bei Aufnahmen mit einem gut korrigierten Objektiv auch im Bild gerade abgebildet werden. Die perspektivische Verzerrung ist nicht mit der Verzeichnung zu verwechseln, die eine gekrümmte Wiedergabe gerader Linien bewirkt. Die perspektivische Verzerrung ist kein Abbildungsfehler und kann folglich auch nicht korrigiert werden.

Der Tanz um das Motiv

Die stufenlose Brennweiteneinstellung der Zoomobjektive erspart einem die Laufarbeit, verleitet aber zu Bequemlichkeit bei der Wahl des Aufnahmestandorts. Wer sich um das Motiv bewegt, macht die besseren Bilder.

Dass man Fotogeschichte mit nur einem Objektiv mit Festbrennweite an der Kamera schreiben kann, hat Henri Cartier-Bresson gezeigt. Die meisten seiner Aufnahmen sind mit einer Messsucherkamera und dem 50er Normalobjektiv entstanden. Nur selten kam auch noch ein 90er oder ein 35er Objektiv zum Einsatz. Bei seinen Aufnahmen stimmte einfach alles und alles war einfach aufeinander abgestimmt: die innere Einstellung des Fotografen, die mehr oder weniger spontan entstandene Bildidee, das Motiv, die Belichtung, die Kamera, die Brennweite des Objektivs und das Auslösen im richtigen Augenblick. Der vielbeschworene „entscheidende Augenblick" ist wohl mehr auf die etwas sinnentstellende Übersetzung seines Buchs „Images à la sauvette" mit „The decisive moment", als auf Cartier-Bresson selbst zurückzuführen. Sein Buch „Images à la sauvette" ist dennoch Programm: „faire des images à la sauvette" heißt, wie ein Dieb, Hehler oder Schwarzhändler zu fotografieren. Die Ware unter vorgehaltener Hand schnell zeigen und sofort wieder einpacken, bevor die Polizei kommt. Seine ehemalige Assistentin, die Magnum-Fotografin Inge Morath-Miller, beschreibt seine Art und Weise des Fotografierens folgendermaßen: „Jeder Fotograf hat eine bestimmte Distanz, aus der er am besten fotografiert. Bei Henri waren es zirka vier Meter." Und an einer anderen Stelle: „Die Person oder das Sujet sollen sich ja nicht bewegen und so bleiben, wie sie sind. Der Fotograf muss den Tanz machen, der dazu gehört, um das zu erfassen ... Henri tanzte um die Personen herum ähnlich wie ein Stierkämpfer. Er machte das so schnell und diskret, dass die Leute es nicht merkten ..." Die Brennweite von 50 Millimeter war für Cartier-Bresson optimal, weil er überwiegend aus einer Entfernung von etwa vier Meter hauptsächlich Personen mit Umfeld oder kleinere Gruppen fotografierte. Er „tanzte" um das Motiv herum, wohl nicht so sehr auf der Suche nach dem „entscheidenden Augenblick", sondern nach der richtigen Perspektive. Eine der wenigen Filmaufnahmen, die den kamerascheuen Cartier-Bresson beim Fotografieren zeigen, ist sehr aufschlussreich: Der Fotograf hält die aufnahmebereite Messsucherkamera in der nach innen gerichteten Handfläche und pirscht sich an eine Marktfrau heran, um die einige Käufer stehen. Er „tanzt" tatsächlich auf den Zehenspitzen um die Gruppe herum, ein paar Schritte vorwärts, rückwärts, seitlich, drückt auf den Auslöser und verschwindet genau so unbemerkt, wie er sich der Szene genähert hat.

Mit nur einer Brennweite (hier 20 mm) den Tanz um das Motiv machen: Alle Aufnahmen zeigen das 243 Meter hohe Tokyoter Rathaus von Kenzo Tange, wobei durch verschiedene Standpunkte unterschiedliche räumliche Bildeindrücke entstehen. Die Einbeziehung der Statuen in die Bildkomposition verändert auch die Bildwirkung. Fotos: Artur Landt

D Zubehör

- Kleine Filterkunde 130
- Neutrale Aufnahmefilter 132
- Farbige Aufnahmefilter 134
- Polarisationsfilter 136
- Makrozubehör 138
- Blitzgeräte der EX-Serie 140
- Mobile Festplattenspeicher 142
- Fototaschen 144
- Sonnenblenden 146

Kleine Filterkunde

Aufnahmefilter lassen sich für die Tonwert- und Kontraststeuerung oder für die kreative Bildgestaltung einsetzen. Inflationär oder falsch verwendet, können sie die Bildqualität beeinträchtigen. Sehr wichtig ist ihre optische Qualität.

Bei der Wahl der Filter sollte man stets auf Qualität achten. Foto: HaPa-Team/Cokin

Aufnahmefilter erfüllen wichtige Funktionen in der Fotografie und gehören zur Standardausrüstung der ambitionierten Fotografen. Filter können die Wirklichkeit verfremden, die Bildaussage steigern und selbst bei einem durchschnittlichen Motiv eine Aufnahme voller Spannung ermöglichen. Weitere Einsatzgebiete sind die wirklichkeitsgetreue Tonwert- und Farbwiedergabe. Es gibt Filter für Schwarzweiß- oder Farbaufnahmen, Effektfilter und technische Filter. Die Wirkung vieler Filter lässt sich in jedem Bildbearbeitungsprogramm digital generieren. Aber es gibt auch Filter, wie zum Beispiel das Polarisationsfilter, deren Wirkung sich nicht nachträglich am Computer erzeugen lässt. Und noch eine wichtige Anmerkung: In der Fotografie ist die Bezeichnung *das* Filter korrekt.

Die Filter werden aus eingefärbtem Glas oder Kunststoff hergestellt und vor der Frontlinse der Objektive befestigt. Sie bilden zusätzliche, nicht in der Objektivrechnung enthaltene Luft-Glas(Kunststoff)-Luft-Flächen, die Licht absorbieren und das einfallende Licht mehr oder weniger brechen. Die Folgen sind Lichtverlust und eine Verminderung der Schärfe- und Kontrastwiedergabe. Vorsatzfilter gehören zwar nicht zur Objektivkonstruktion, doch sie werden durch ihre Befestigung vor der Frontlinse Bestandteil des optischen Systems. Deswegen sollte bei der Wahl der Filter stets auf Qualität geachtet werden. Die besten optischen Eigenschaften weisen in der Masse gefärbte und planparallel geschliffene Glasfilter auf, die, je nach Filterart, einfach oder mehrfach vergütet sind. Die Vergütung sollte, genau so wie bei den Objektiven, auf den Anwendungsbereich des jeweiligen Filters abgestimmt sein. Außerdem sollten die Filter lose in die Fassung eingelegt sein, damit keine Spannungen die Planparallelität der Oberfläche beeinträchtigen.

Moderne Objektive mit guter Digitaleignung sind durch die Vergütungsschichten gegen UV-Licht geschützt, sodass keine UV-Filter verwendet werden müssen. Foto: Artur Landt

Oft werden Filter für das Objektiv mit dem größten Durchmesser gekauft und über Adapterringe auch an andere Objektive angesetzt. Dagegen spricht die Tatsache, dass die Gegenlichtblende dann nicht mehr aufgesteckt werden kann. Da planparallele Filter aber besonders anfällig gegen Lichtreflexe sind, kann dadurch die Kontrastwiedergabe beeinträchtigt werden und Streulicht auf den Bildsensor fallen. Außerdem können die Adapterringe bei extremen Weitwinkelobjektiven Vignettierung verursachen. Eine preisgünstige Lösung bieten die Filterhalter. Darin können Kunststoff- oder Gelatinefilter eingelegt werden. Über verschiedene Adapter können die Filterhalter an fast allen Objektiven angesetzt werden. Ca-

> **PraxisTipp: Keine Filterkombinationen**
>
> Von der Verwendung mehrerer Filter gleichzeitig ist grundsätzlich abzuraten. Wenn Filter aus verschiedenen Klassen kombiniert werden, können sie sich in ihrer Wirkung gegenseitig aufheben. Es macht auch keinen Sinn, mehrere Filter aus derselben Klasse gleichzeitig zu verwenden, weil die Wirkung nicht gesteigert wird, sondern dieselbe ist, wie wenn man nur das stärkere Filter eingesetzt hätte.

non bietet die Folienfilterhalter III und IV, die für Gelatine-Filterfolien von 7,6 respektive 10 Zentimeter gedacht sind. Der Canon Folienfilterhalter E nimmt sogar bis zu drei Gelatine-Folienfilter auf, was aber nicht immer sinnvoll ist (siehe PraxisTipp). Weitverbreitet sind auch das Cokin-Filtersystem sowie das Kodak-Filtersystem (Wratten-, CC-Filter), die eine große Auswahl an Filtern bieten. Kunststoff- und Gelatinefilter können aber auch in ein Kompendium mit Filterfach eingelegt werden. Die Kunststoff- und die Gelatinefilter sind von guter Qualität, erreichen aber nicht das Niveau der vergüteten Glasfilter. Außerdem sind sie sehr kratzempfindlich und ziehen Staub an. Je nach Filterqualität können auch unerwünschte Lichtreflexe auf den Bildsensor gelangen.

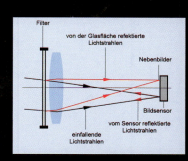

Planparallele Filter können verstärkt großflächige Lichtreflexe und vagabundierendes Licht erzeugen. Skizze: Canon

Es ist zweckmäßig, nur wenige Filter einzusetzen, deren Wirkung man durch Testaufnahmen mit der eigenen Digitalkamera kennt. Die Konzentration auf wenige Filter bewahrt im Zweifelsfall auch vor Kitsch. Auch die inflationäre Verwendung von Effektfiltern führt nicht zwangsläufig zur Kreativität, wie das in der Werbung suggeriert wird. Zu empfehlen sind Polarisationsfilter und eventuell neutrale Verlauffilter für den Kontrastausgleich. Schwarzweißfotografen können zusätzlich Rot-, Gelb- oder Orange- und Gelbgrün- oder Grünfilter einsetzen. Ihre Wirkung lässt sich zwar durch die Kamera oder in den Bildbearbeitungsprogrammen digital generieren, entspricht aber nicht ganz der Filterung bei der Aufnahme.

Filter sind keine durchsichtigen Objektivdeckel

Es wird immer wieder empfohlen, die Frontlinse der Objektive mit einem Skylight- oder einem UV-Filter zu schützen. Im harten Einsatz der Fotojournalisten und Kriegsberichterstatter, bei Fotosessions am Strand, auf hoher See, auf der Motocross-Piste oder in der Wüste macht das vielleicht noch Sinn. Ansonsten ist die Funktion des UV-Sperrfilters als durchsichtiger Objektivdeckel jedoch fraglich. Denn auch hochwertige Glasfilter sind nicht Bestandteil der optischen Rechnung, sondern zusätzliche Luft-Glas-Luft-Flächen, die Licht absorbieren und das einfallende Licht mehr oder weniger brechen. Ferner können bei planparallel geschliffenen Filtern bei einem bestimmten Einfallswinkel des Lichts verstärkt großflächige Lichtreflexe und vagabundierendes Licht auftreten. All das kann sich ebenfalls negativ auf die Schärfe- und Kontrastwiedergabe auswirken.

Genauso wie bei Objektiven kommt der Mehrfachvergütung auch bei Filtern eine große Bedeutung in der digitalen Fotografie zu. Foto: HaPa-Team/Hoya

> **BasisWissen: Filterfaktoren**
>
> Der Lichtverlust durch Absorption und Filterdichte ist abhängig vom Filtertyp und wird durch den Verlängerungs- oder Filterfaktor auf der Filterfassung angegeben. Faktor 2x entspricht einer Verlängerung der Belichtung um 1 EV, 3x um 1,5 EV, 4x um 2 EV und so weiter. Verschiedene Verlängerungsfaktoren, beispielsweise bei gleichzeitiger Verwendung mehrerer Filter oder bei zusätzlicher Auszugsverlängerung des Objektivs, sind nicht zu addieren, sondern zu multiplizieren. Wenn die einzelnen Verlängerungsfaktoren aber bereits in Lichtwerte (EV) umgerechnet wurden, sind die Lichtwerte zu addieren. Bei der TTL-Messung der digitalen SLR-Kameras wird der Verlängerungsfaktor automatisch berücksichtigt. Der Filterfaktor ist auch abhängig von der Farbtemperatur des Aufnahmelichts und der Sensibilisierung der Bildsensoren.

Neutrale Aufnahmefilter

Weitverbreitet sind neutrale Aufnahmefilter, wie Skylight- und UV-Filter, die aber mehr oder weniger entbehrlich sind. Andere Aufnahmefilter, wie Verlauf- oder Graufilter, können jedoch durchaus ihre Berechtigung haben.

Neutrale Verlauffilter gleichen die Helligkeitsunterschiede zwischen Himmel und Vordergrund aus. Foto: Artur Landt

UV-Sperrfilter (0-Haze) reduzieren den Anteil der UV-Strahlung, die auf den Bildsensor gelangt, und unterdrücken den atmosphärischen Dunst (daher auch Haze-Filter). Weil die UV-Strahlung, durch die Wellenlänge bedingt, vor der Bildebene fokussiert wird, müsste ein hoher Ultraviolett-Anteil zu Bildunschärfe führen – tut er aber nicht, weil bei modernen, hochwertigen Objektiven die UV-Strahlung durch spezielle Vergütungsschichten beseitigt wird, sodass die Verwendung von UV-Sperrfiltern weitgehend überflüssig ist. Die UV-Filter haben den Verlängerungsfaktor 1, die Belichtung muss also nicht verlängert werden.

Skylight-Filter sind in zwei Ausführungen unter der Zusatzbezeichnung 1A und 1B erhältlich (1B hat die stärkere Wirkung). Sie gelten als Standardfilter für Farbaufnahmen, weil sie den Blaustich vor allem bei Aufnahmen in den Mittagsstunden, hoch im Gebirge oder am Meer beseitigen sowie die UV-Strahlung und den atmosphärischen Dunst teilweise unterdrücken. Dieselbe Funktion haben bestimmte Vergütungsschichten bei den Objektiven, sodass auch diese Filter weitgehend überflüssig sind. Bei Skylight-Filtern muss kein Verlängerungsfaktor berücksichtigt werden, sodass viele Fotografen sie zum Schutz der Frontlinse ständig an den Objektiven lassen. Das ist, wie auch bei den UV-Sperrfiltern, nur unter harten Aufnahmebedingungen sinnvoll, ansonsten sollte man lieber von der Verwendung von Skylight-Filtern absehen. Denn die Filter sind leicht rosa getönt, was zu einer wärmeren Farbwiedergabe führen und die neutrale Farbwiedergabe der Objektive verfälschen kann. Auch der automatische Weißabgleich der Kamera lässt sich von der rosa Tönung mitunter irritieren.

Das Neutraldichtefilter 8X reduziert das einfallende Licht um 3 EV. Foto: HaPa-Team/Hoya

Graufilter, auch **Neutraldichtefilter** (ND) genannt, sind farblich neutrale Filter, die das auf den Bildsensor einfallende Licht verringern. Üblicherweise werden die Graufilter in drei verschiedenen Dichten angeboten: 2x reduziert das Licht um 1 EV, 4x um 2 EV und 8x um 3 EV. Die Graufilter können aus technischen oder gestalterischen Gründen eingesetzt werden. Sie ermöglichen beispielsweise lange Verschlusszeiten, um Bewegungen verwischt beziehungsweise fließend

> **PraxisTipp: Schlanke Filter**
>
> Durch den kleineren Bildsensor der EOS 400D bedingt, werden oft Weitwinkelzooms verwendet. Filter mit dicken Fassungsrändern können in der kurzen Brennweite vignettieren, sodass dünne Filterfassungen eine sinnvolle Investition darstellen. Neben den üblichen Aufnahmefiltern haben alle namhaften Hersteller auch dünne Ausführungen im Lieferprogramm, die beispielsweise an der Zusatzbezeichnung Slim oder Wide zu erkennen sind.

wiederzugeben (Wasserfall, Gebirgsbach) oder große Blendenöffnungen für geringe Schärfentiefe. Graufilter können auch verwendet werden, wenn die Lichtmenge zu groß oder der Messbereich der Belichtungsmessung überschritten ist.

Verlauffilter eignen sich hervorragend für anspruchsvolle Landschafts- und Reisefotografie. Sie sind zur Hälfte eingefärbt, wobei der Übergang zwischen der eingefärbten und der klaren Hälfte fließend verläuft. Es gibt neutrale und farbige Verlauffilter. Während neutralgraue Verlauffilter bei fast jedem Motiv eingesetzt werden können, ist beim Umgang mit Farbverlauffiltern große Vorsicht geboten, weil man nur allzu leicht in Klischees abgleiten kann (tabakfarbene Sonnenuntergänge sind sehr beliebt). Anders als bei den übrigen Filtern raten wir beim Kauf von Verlauffiltern von Glasfiltern ab. Denn bei Einschraubfiltern verläuft, trotz Drehfassung, der Farbübergang genau durch die Mitte. Das verleitet dazu, die Horizontlinie in der Nähe der Bildmitte zu platzieren, was im allgemeinen der Bildgestaltung eher schadet. Zu empfehlen sind Verlauffilter, die in einen Filterhalter eingesetzt werden, wie zum Beispiel die Cokin-Verlauffilter, die in zwei Dichten erhältlich sind. Am besten greift man zur Mittelformat-Größe (P), weil sie die größten Verschiebewege im Filterhalter ermöglicht. Der Filterhalter ist außerdem mit Drehfassung ausgestattet, sodass der lineare Farbverlauf an fast jeder beliebigen Stelle des Bildfeldes und in jeder Ausrichtung platziert werden kann. Aus Gründen der Bildgestaltung sind also in diesem Fall Verlauffilter aus Kunststoff den Einschraubfiltern aus Glas vorzuziehen, obwohl sie schlechtere Abbildungseigenschaften aufweisen. Die größte Wirkung haben Verlauffilter im Weitwinkelbereich und bei Abblendung. Allerdings sollte man nicht stärker als Blende 8 abblenden, weil sonst unter Umständen der Verlauf zu scharf abgebildet werden kann.

Filter mit dünnen Fassungsrändern sind vor allem bei Weitwinkelzooms zu empfehlen, damit sie nicht vignettieren. Bei Hoya steht das W für Wideangle. Foto: HaPa-Team/Hoya

> **BasisWissen: Analoge und digitale Verlauffilter**
>
> In den Bildbearbeitungsprogrammen lassen sich diverse Verlauffilter digital generieren. Man kann sogar mit mehreren Verlaufsebenen operieren und unterschiedliche lineare oder radiale Grau- und Farbverläufe simulieren. Das erreicht jedoch nicht ganz die Wirkung, die ein echtes Verlauffilter hat. Das kann nämlich den Kontrast reduzieren und beispielsweise große Helligkeitsunterschiede zwischen Vordergrund und Himmel ausgleichen. Das verhindert eine Überbelichtung des Himmels oder eine Unterbelichtung des Vordergrunds, was besonders bei Landschaftsaufnahmen wichtig ist, weil der Motivkontrast oft größer als der Dynamikumfang des Bildsensors ist. Neutrale Verlauffilter sind auch geeignet, um die Wolken besser sichtbar zu machen, bei Innenaufnahmen die Intensität der Lichtquellen zu vermindern oder bei Blitzaufnahmen eine Überbelichtung nahegelegener Objekte zu vermeiden. Das kann auch jede Menge Zeit bei der Nachbearbeitung der Digitalaufnahmen einsparen und die Bildqualität erhalten, die sonst durch das Aufhellen und Abdunkeln der betroffenen Bildpartien sowie gegebenenfalls durch die Neuberechnung der Bilder verschlechtert würde.

Das Cokin-Filtersystem ist sehr flexibel und lässt sich nahezu beliebig ausbauen. Zu empfehlen ist es beim Einsatz von Verlauffiltern, weil man die Filterscheibe frei positionieren kann. Foto: HaPa-Team/Cokin

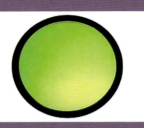

Farbige Aufnahmefilter

Die Wirkung der farbigen Filter für die Schwarzweiß-Fotografie lässt sich sowohl an der Kamera einstellen als auch in Bildbearbeitungsprogrammen per Software generieren. Die Filtersimulation erreicht jedoch nicht den Wirkungsgrad der Glasfilter.

So sieht das Motiv in Farbe aus.
Foto: Artur Landt

Schwarzweißaufnahme ohne Filter mit schwachem Kontrast aber weitgehend tonwertrichtiger Wiedergabe. Foto: Artur Landt

Farbige Aufnahmefilter sind, anders als die Bezeichnung es suggeriert, auf die spezifischen Gegebenheiten der Schwarzweiß-Fotografie abgestimmt. Sie können eine richtige, eine übersteigerte oder eine sehr differenzierte Übertragung der Motivfarben in Grauwerte bewirken. Und genau das lässt sich bei einer Filtersimulation per Software nicht im vollen Umfang realisieren. Daher haben die farbigen Aufnahmefilter nach wie vor ihre Daseinsberechtigung auch in der anspruchsvollen digitalen Schwarzweiß-Fotografie (Einschränkungen siehe BasisWissen). Grundsätzlich gilt für diese Art von Filtern, dass die eigene Farbe heller und die Komplementärfarbe dunkler wiedergegeben wird. Die Wirkung der Schwarzweiß-Filter zu kennen, ist auch für Photoshop-Spezialisten wichtig, weil sie diese dann am PC tendenziell simulieren können.

Das **Gelbfilter** dunkelt den blauen Himmel geringfügig ab, betont leicht die Wolken und reduziert etwas den atmosphärischen Dunst. Daher wird es vor allem bei Landschaftsaufnahmen verwendet. Bei Schneeaufnahmen bewirkt das Gelbfilter eine brillantere und plastischere Schneewiedergabe. Auch die Hauttöne werden heller und reiner wiedergegeben. Einige Hersteller haben bis zu drei verschiedene Gelbfilter im Programm: Hell-, Mittel- und Dunkelgelb. Der Verlängerungsfaktor liegt bei etwa 1,5 bis 3.

Das **Orangefilter** ist tendenziell mit dem Gelbfilter vergleichbar, jedoch intensiver in der Wirkung: Der Himmel wird etwas stärker abgedunkelt, die Wolkenwiedergabe fällt kräftiger aus, Dunst wird besser unterdrückt. Das Orangefilter eignet sich sehr gut für Landschaftsaufnahmen, kann aber auch bei Architekturaufnahmen für kontrastreiche Bildergebnisse eingesetzt werden. Das Orangefilter wird auch in der Porträtfotografie, vor allem bei Kunstlicht verwendet, um eine glatte Hautwiedergabe zu bewirken. Man unterscheidet im allgemeinen zwischen einem Gelborange- und einem Rotorangefilter, wobei letzteres die stärkere Wirkung hat. Der Verlängerungsfaktor variiert zwischen 3 und 5.

Das **Rotfilter** hat eine faszinierende Ausdruckskraft, es führt zu Landschaftsaufnahmen mit dramatischer Stimmung. Die Wirkung der Gelb- und Orangefilter wird erheblich gesteigert. Der blaue Himmel wird fast schwarz wiedergegeben (Mondscheineffekt, Gewitterstimmung). Die Kontraststeigerung zwischen Wolken und Himmel erreicht ein Maximum. Atmosphärischer Dunst

> **PraxisTipp: Keine Konversionsfilter**
>
> Mit Konversionsfiltern kann die Farbtemperatur des Aufnahmelichts der Farbempfindlichkeit der Filme für eine korrekte Farbwiedergabe angepasst werden. Rötliche Konversionsfilter (KR) reduzieren und bläuliche (KB) erhöhen die Farbtemperatur. In der digitalen Fotografie sind Konversionsfilter überflüssig, weil der Weißabgleich der Kamera die durch das Aufnahmelicht entstehenden Farbverschiebungen kompensiert.

wird nahezu vollständig unterdrückt. Bei Porträtaufnahmen können Sommersprossen und Hautrötungen im Bild beseitigt werden. Es gibt ein helles und ein dunkles Rotfilter. Der Verlängerungsfaktor wird mit 8 angegeben, kann in der Praxis aber auch 25 erreichen. Für die korrekte Belichtung ist auch bei TTL-Messung oft eine Belichtungskorrektur von etwa +1 EV erforderlich. Die Wirkung des hellen Rotfilters reicht normalerweise aus. Die Verwendung von Rotfiltern sollte sorgfältig abgewogen werden, die Übertreibung darf nicht zum Selbstzweck werden, sondern muss der gewünschten Bildaussage entsprechen.

Das **Gelbgrün-Filter** wird ebenfalls überwiegend bei Landschaftsaufnahmen eingesetzt, weil es eine Aufhellung der grünen Vegetation und eine geringe Abdunklung des blauen Himmels bewirkt. Auch Hauttöne werden vor allem im Freien dunkler wiedergegeben, doch Hautrötungen und Sommersprossen treten etwas deutlicher hervor. Der Verlängerungsfaktor ist etwa 2.

Das **Grünfilter** ist noch intensiver als das Gelbgrün-Filter. Vegetationsgrün wird deutlich heller wiedergegeben. Blauer Himmel und Rottöne hingegen werden abgedunkelt. Der Verlängerungsfaktor schwankt zwischen 3 und 4.

Das **Blaufilter** gibt den Himmel heller wieder und betont atmosphärischen Dunst und Nebel. Haut- und Rottöne werden etwas dunkler wiedergegeben. Das Blaufilter eignet sich für Porträt- und Aktaufnahmen bei Kunstlicht. Zu beachten ist aber, dass nicht nur die Haut, sondern auch Hautrötungen und Sommersprossen abgedunkelt und somit betont werden. Neben dem Blaufilter ist auch ein Mittelblaufilter erhältlich. Die Filterfaktoren liegen zwischen 1,5 und 2.

Schwarzweißaufnahme mit Gelbfilter, der blaue Himmel wird geringfügig abgedunkelt, die Wolken erscheinen deutlicher.
Foto: Artur Landt

Schwarzweißaufnahme mit Orangefilter, der Himmel wird etwas stärker abgedunkelt, die Wolkenwiedergabe fällt kräftiger aus.
Foto: Artur Landt

Schwarzweißaufnahme mit Rotfilter, die blauen Himmelpartien werden sehr dunkel wiedergegeben und der Bildkontrast wird deutlich erhöht. Foto: Artur Landt

> **BasisWissen: Filter in der digitalen Fotografie**
>
> Versierte Schwarzweiß-Fotografen setzen entsprechende Filter ein, um schon bei der Aufnahme eine differenzierte Übertragung der Motivfarben in Grauwerten zu realisieren. Sie entscheiden sich bereits bei der Aufnahme für den Schwarzweiß-Modus und haben für die Filtersimulation per Software nur ein müdes Lächeln übrig. Weniger geübte Fotografen, die sich nicht von vornherein auf Schwarzweiß festlegen und die Option für Farbaufnahmen offen halten wollen, sollten folgendes bedenken: Farbfilter können zusammen mit dem Weißabgleich der Kamera zu unerwünschten Farbverschiebungen führen. Die Wirkung vieler Filter für Farbe und Schwarzweiß lässt sich mit entsprechenden Bildbearbeitungsprogrammen bei voller Bildkontrolle am PC-Monitor generieren, ohne das Original zu verändern. Man kann ja an einer Kopie ohne Qualitätsverlust arbeiten, muss aber in Kauf nehmen, dass die Wirkung der Aufnahmefilter nicht ganz erreicht wird. Dasselbe gilt im Prinzip auch für Effekt- oder Trickfilter, die zudem das einfallende Licht mehr oder weniger ungünstig für den Kamerasensor ablenken können.

Schwarzweißaufnahme mit Grünfilter, wobei das Vegetationsgrün weniger hell als erwartet wiedergegeben wird, weil es zu wenig Chlorophyll enthält. Foto: Artur Landt

Polarisationsfilter

Polfilter sind in der digitalen Fotografie sinnvoll, weil sich ihre Wirkung nicht per Software generieren lässt. Sie werden sowohl von den professionell arbeitenden Fotografen als auch von ambitionierten Fotoamateuren häufig verwendet.

Bei hohem Anteil des polarisierten Lichts und günstigem Strahlenwinkel zum Polfilter fällt die Filterwirkung gewaltig aus. Man beachte nicht nur die Steigerung der Farbsättigung und Brillanz, sondern auch die dunkelblaue und türkisfarbene Wiedergabe des Meeres. Fotos: Artur Landt

Bei der Ausschaltung der Spiegelung in stehenden Gewässern kann das Polfilter wahre Wunder bewirken. Fotos: Artur Landt

Polarisationsfilter können Reflexe von nichtmetallischen Oberflächen, wie beispielsweise Wasser, Glas, glänzenden Kunststoffteilen, poliertem Holz, lackierten Flächen, nassem Straßenbelag oder Blattgrün in der Sonne unterdrücken und die Farbsättigung erhöhen. Die Wirkung des Polarisationsfilters lässt sich unmittelbar im Sucher betrachten. Das Filter wird so lange gedreht, bis die gewünschte Wirkung sichtbar wird. Reflexionen von metallischen Oberflächen lassen sich nicht unmittelbar mit einem Polarisationsfilter beseitigen, weil das auftreffende Licht aufgrund der Totalreflexion und der fehlenden Brechung nicht polarisiert wird.

Die Wirkung der Polfilter ist allgemein bekannt – weniger bekannt sind jedoch die physikalischen Grundlagen der Polarisation, deren Kenntnis unerlässlich für den richtigen Filtereinsatz ist. Licht besteht (von der Teilchennatur abgesehen) aus elektromagnetischen Wellen, die sich ausbreiten, indem sie senkrecht zur Fortpflanzungsrichtung innerhalb eines Scheitelwertes (Amplitude) in allen Richtungen schwingen. Das kann man sich (im Querschnitt) bildlich so vorstellen, wie die Speichen eines Rades (=Lichtwellen), die von der Nabe strahlenförmig auseinander gehen (=Schwingungsebenen), sich senkrecht zur Achse (=Fortpflanzungsrichtung) befinden, und deren Länge von den Felgen bestimmt wird (=Amplitude). Wenn ein Lichtstrahl nur noch in einer Ebene schwingt, spricht man von linear polarisiertem Licht. Wenn ein Lichtstrahl nur in zwei senkrecht zueinander liegenden Ebenen schwingt, spricht man von elliptisch oder zirkular polarisiertem Licht: Bei der elliptischen Polarisation sind die Amplituden beider Wellen unterschiedlich groß und weisen außerdem eine Phasendifferenz von 1/4 der Wellenlänge auf. Bei der zirkularen Polarisation sind die Amplituden beider Wellen gleich groß. Die Ausbreitung des zirkular polarisierten Lichts kann man sich bildlich etwa so vorstellen, wie die gleichzeitige Längs- und Drehbewegung eines Korkenziehers. Der Vollständigkeit halber sei noch erwähnt, dass es links und rechts elliptisch beziehungsweise zirkular polarisiertes Licht gibt.

Lichtbrechung, Teilreflexion und Streuung können die Schwingungsebenen reduzieren. Wenn natürliches Licht auf ein teildurchlässiges Medium, wie Glas oder stehendes Wasser trifft, wird ein Teil des Lichts beim Eintritt in das Medium durch Verringerung der Fortpflanzungsgeschwindigkeit gebrochen, während der andere Teil reflektiert wird. Der reflektierte Lichtstrahl ist in einem Winkel von 90° zum gebrochenen Strahl vollständig linear polarisiert. Daraus folgt, dass der Polarisationswinkel vom Brechungsindex des Mediums abhängig ist. Eine vollständige Ausschaltung der Reflexe durch das Polarisationsfilter ist nur unter diesem Winkel möglich. Je größer die Abweichung des Aufnahmewinkels zum Polarisationswinkel ist, desto geringer fällt die Reflexminderung aus. Ein Linear-Polarisationsfilter reduziert oder löscht das linear polarisierte Licht und polarisiert natürliches Licht linear. Ein zirkulares Polarisationsfilter reduziert linear polarisiertes Licht (mehr oder weniger, je nach Aufnahmewinkel und Drehposition) und polarisiert natürliches Licht zirkular. Der Aufnahmewinkel, unter dem die Polarisation weitgehend ausge-

> **PraxisTipp: Weniger ist mehr**
>
> Polfilter können bei akkurater Arbeitsweise die Bildergebnisse entscheidend verbessern. Sie können aber auch, gedankenlos eingesetzt, die Stimmung eines Bildes ruinieren, indem sie beispielsweise den Glanz eines nassen Kopfsteinpflasters oder Spitzlichter beseitigen. Oft kann es auch wirkungsvoll sein, die Polarisation nur teilweise auszulöschen. Die Filterwirkung lässt sich ja unmittelbar im Sucher betrachten.

schaltet werden kann, liegt normalerweise je nach Medium und Lichtrichtung zwischen 30° und 40°.

Licht kann nicht nur durch Brechung und Reflexion, sondern auch durch Streuung polarisiert werden, wobei der Streueffekt senkrecht zur Fortpflanzungsrichtung am größten ist. Das kann man vor allem bei Landschaftsaufnahmen feststellen. Wenn die Aufnahmerichtung etwa im rechten Winkel zur Sonne steht, genügt bereits ein kleiner Dreh am Polarisationsfilter um das Streulicht zu unterdrücken und den Himmel dunkler wiederzugeben. Das ist übrigens die einzige Methode in der Farbfotografie, das Blau des Himmels dunkler wiederzugeben, ohne die anderen Farben zu verändern. Grauverlauffilter gleichen lediglich die Kontraste zwischen Himmel und Landschaft aus. Bei Landschaftsaufnahmen mit Weitwinkelobjektiven und Polarisationsfiltern ist aber zu beachten, dass durch den großen Bildwinkel oft große Himmelpartien erfasst werden, die normalerweise unterschiedlich starke Polarisation aufweisen. In diesen Fällen wird der Himmel auf den Fotos nicht gleichmäßig abgedunkelt. Das Polarisationsfilter verringert aber nicht nur das Streulicht, sondern auch die Reflexe, die in der Vegetation und an den Oberflächen verschiedener Objekte in der Landschaft entstehen. Als Folge davon werden auch die übrigen Farben reiner, brillanter und gesättigter wiedergegeben (gute Polarisationsfilter erzeugen keinen Farbstich). Aus diesen Gründen sind die Polarisationsfilter aus der professionellen Landschafts- und Reisefotografie nicht mehr wegzudenken.

Das Polfilter dunkelt nicht nur den blauen Himmel ab, sondern erhöht auch die Brillanz und Farbsättigung. Fotos: Artur Landt

> **BasisWissen: Polfilter und TTL-Messung**
>
> Bei der EOS 400D ist die Messzelle hinter einem teildurchlässigen Spiegel angebracht, sodass nur zirkulare Polarisationsfilter verwendet werden sollten, um Fehlmessungen weitgehend zu vermeiden. Besondere Beachtung muss man aber trotz TTL-Messung der Belichtung schenken. Oft wird man belehrt, dass der mit zirkularen Polarisationsfiltern gemessene Belichtungswert übernommen werden kann. Weitverbreitet ist auch die Ansicht, dass der Verlängerungsfaktor bei Polarisationsfiltern sich nicht mit der Stellung des Filters verändert, sondern stets gleich bleibt. Das wird von der Dichte des Filters abgeleitet, die immer konstant ist. Bei aktivierter TTL-Messung kann man jedoch einwandfrei feststellen, dass sich der Belichtungswert mit der Position des Polfilters ändert. Das Ausmaß der Veränderung hängt vom Anteil des polarisierten Lichts und vom Strahlenwinkel zum Filter ab. Je mehr polarisiertes Licht vom Filter gesperrt wird, desto dunkler werden die reflektierenden nichtmetallischen Flächen im Bild wiedergegeben. Die TTL-Messung steuert bei dem dunkler erscheinenden Motiv eine reichlichere Belichtung, sodass die Aufnahme mehr oder weniger überbelichtet wird, was die Filterwirkung im Bild wiederum abschwächt. Daher sollte man das Filter zunächst in die Position drehen, in der die schwächste Wirkung sichtbar ist und der Messwert für die knappere Belichtung angezeigt wird. Dieser Messwert ist maßgeblich für die anschließende Belichtung und muss gespeichert oder fest eingestellt werden. Danach kann das Polarisationsfilter in die gewünschte Position gedreht werden, ohne den neu angezeigten Wert für eine reichlichere Belichtung zu berücksichtigen.

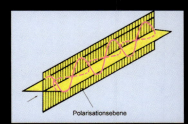
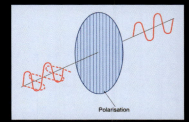

Schematische Darstellung der Polarisation und der Polfilterwirkung. Skizzen: Canon

Makrozubehör

Wer nur gelegentlich Makroaufnahmen machen will, kann mit Nahvorsätzen, Zwischenringen und Einstellbalgen den Nahbereich auf einem guten Qualitätsniveau erschließen. Nahzubehör kann auch den Einsatzbereich der Makroobjektive erweitern.

Nahvorsätze

Anders als die einfachen Nahlinsen können die achromatischen Vorsatzlinsen die optische Leistung der Objektive im Nahbereich steigern. Fotos: Sigma

Canon hat zwei Typen von Nahvorsätzen im aktuellen Lieferprogramm, die beide als Vorsatzlinsen bezeichnet werden. Die Vorsatzlinse 500 ist eine einfache Nahlinse, während die Vorsatzlinsen 250D und 500D hochwertige Achromate sind. Für die älteren Canon FD-Objektive konzipiert, aber auch mit EF-Objektiven verwendbar sind die Vorsatzlinsen 240 und 450. Die Canon-Vorsatzachromate bestehen aus zwei verkitteten Linsen und verkürzen die Brennweite des jeweiligen Objektivs, sodass bei gleichbleibendem Einstellweg der Objektivschnecke der Abbildungsmaßstab vergrößert wird. Anders als die herkömmlichen einfachen Nahlinsen steigern die achromatischen Vorsätze die optische Leistung der Objektive im Nahbereich – eine Abblendung um mindestens zwei Stufen vorausgesetzt. Sie sind eine preiswerte Alternative zum Kauf eines zusätzlichen Makro-Objektivs für Fotografen, die nicht sehr oft in diesem Bereich fotografieren. Die leichten Nahvorsätze sind kaum größer als ein Filter und finden auch auf Reisen oder im Gebirge Platz in jeder Fototasche. Der durch Balgenauszug oder Zwischenringe bedingte Verlängerungsfaktor für die Belichtung entfällt, weil die achromatischen Vorsätze vor das jeweilige Objektiv in das Filtergewinde eingeschraubt werden und keinen eigenen Verlängerungsfaktor haben. Dadurch liefern die Nahvorsätze ein helles Sucherbild und ermöglichen relativ kurze Verschlusszeiten für verwacklungsfreie Freihandaufnahmen im Nahbereich. Sämtliche Belichtungsfunktionen der EOS 400D bleiben auch mit achromatischen Vorsätzen im vollen Umfang erhalten. Von einigen Objektiven abgesehen, ist auch Autofokus möglich. Die Vorsatzlinse 250D hat eine stärker vergrößernde Wirkung als die 500er-Linsen und ist mit 52 und 58 mm Gewindedurchmesser erhältlich. Sie wird für Brennweiten zwischen 50 und 135 mm empfohlen, kann aber schon ab Brennweite 24 mm eingesetzt werden. Die Vorsatzlinsen 500 und 500D sind mit vier Gewindedurchmessern erhältlich: 52, 58, 72 und 77 mm. Der empfohlene Brennweitenbereich wird von Canon mit 70 bis 350 mm empfohlen, die Linsen können aber beispielsweise an diverse Objektive schon ab 20 mm bis 400 mm angeschlossen werden.

Die Totale ist mit einem Makro-Objektiv entstanden. Bei der Detailaufnahme wurde das Makro-Objektiv an einem Balgengerät befestigt, um einen vergrößerten Abbildungsmaßstab zu erhalten. Fotos: Artur Landt

Zwischenringe

Zu den beliebtesten Makro-Kombinationen zählen auch die Zwischenringe. Sie verlängern den Auszug des jeweiligen Objektivs, sodass ein größerer Abbildungsmaßstab erreicht werden kann. Canon bietet für die EF-Objektive zwei Zwischenringe mit automatischer Blendenübertragung an: EF25 II mit einer Höhe von 27,3 mm und EF12 II mit

> **PraxisTipp: Balgenfokussierung**
>
> Zunächst wird der gewünschte Abbildungsmaßstab über den präzise geführten Balgenauszug festgelegt. Die eigentliche Fokussierung erfolgt anschließend über den Einstellschlitten. Bei kleineren Abbildungsmaßstäben als etwa 1:4 ist auch eine Scharfeinstellung über den Balgenauszug möglich. Die TTL-Belichtungsmessung der Kamera berücksichtigt automatisch die Verlängerungsfaktoren für den größeren Auszug.

einer Höhe von 12,3 mm. Die Zwischenringe werden zwischen Kamera und Objektiv eingesetzt, was zu einer Auszugsverlängerung in der Größenordnung der Ringhöhe führt. Grundsätzlich gilt: je kürzer die Brennweite, desto größer der Vergrößerungsmaßstab und umgekehrt. Der durch den Auszug bedingte Verlängerungsfaktor wird von der TTL-Messung der Kamera automatisch berücksichtigt. Wenn die wirksame Öffnung beziehungsweise die Verringerung der Lichtmenge durch die Kombination Objektiv-Zwischenring es ermöglicht, kann auch der AF-Betrieb genutzt werden. Allerdings sollte man die für unendlich korrigierten Objektive auf Blende 8 oder 11 abblenden und, sofern möglich, zusätzlich mit Vorsatzachromaten bestücken.

Balgengeräte bieten eine stufenlose Auszugsverlängerung. Foto: Novoflex

Balgeneinstellgeräte

Während Zwischenringe den Objektivauszug lediglich um eine feststehende Länge vergrößern, bieten Balgengeräte eine stufenlose Auszugsverlängerung. Das Automatik-Balgengerät 35 von Canon wird von diversen Händlern noch geführt (Bezeichnung in Google eingeben). Novoflex bietet das Automatische Balgengerät auch mit EOS-Anschluss (BALCAN-AF, www.novoflex.de). Für den Einsatz am Balgeneinstellgerät eignen sich verschiedene Objektive mit Brennweiten zwischen etwa 50 mm bis 300 mm. Durch den bis zu etwa 150 bis 175 mm langen Balgenauszug können, je nach Brennweite der Objektive, Abbildungsmaßstäbe bis zu etwa 10:1 erreicht werden. Beide Balgengeräte haben eine vollautomatische Springblendenübertragung, sodass Offenblendenmessung möglich ist. Genauso wie die Zwischenringe wird auch das Balgeneinstellgerät zwischen Kamera und Objektiv angesetzt. An der unteren Seite des Balgeneinstellgeräts ist ein arretierbarer Einstellschlitten eingebaut. Eine Millimeter-Skala (0–150/175 mm, für wiederholbare Einstellungen) sowie die mit einem 50 mm Objektiv erreichbaren Abbildungsmaßstäbe sind eingraviert. Durch eine ausgeklügelte Konstruktion ist die Kamerastandarte beim Canon-Balgen drehbar gelagert, was die Umstellung von Quer- auf Hochformat (oder umgekehrt) erheblich erleichtert – und das, ohne die optische Achse zu verschieben. Mit den als Zubehör erhältlichen Dia-Kopiergeräten lassen sich Dias digitalisieren.

> **BasisWissen: Kombinationen im Nahbereich**
>
> Rein mechanisch ist es möglich, mehrere Vorsatzlinsen beziehungsweise mehrere Zwischenringe miteinander zu kombinieren, um so einen größeren Abbildungsmaßstab zu erreichen. Davon ist prinzipiell abzuraten. Der gleichzeitige Einsatz von zwei oder mehreren Vorsatzlinsen verschlechtert deutlich die Abbildungsqualität. In den Frontgewinden der Vorsatzlinsen kann jedoch ein Filter angebracht werden. Auch die Kombination mehrerer Zwischenringe führt mit zunehmendem Abbildungsmaßstab zu einer deutlichen Verschlechterung der Abbildungsqualität der für unendlich gerechneten Objektive. Sie kann Vignettierung verursachen, führt zu deutlich längeren Verschlusszeiten, und außerdem wächst die Gefahr, dass vagabundierendes Licht die Kontrastwiedergabe vermindert. Sinnvoll ist jedoch die Kombination von einem Zwischenring (zwischen Kamera und Objektiv) mit einem Vorsatzachromaten (im Filtergewinde des Objektivs). Dadurch wird ein größerer Abbildungsmaßstab erreicht und gleichzeitig (durch den Vorsatzachromaten) die Abbildungsleistung der für unendlich korrigierten Objektive im Nahbereich geringfügig verbessert. Interessant kann auch die Kombination von Zwischenring und Makro-Objektiven sein.

Blitzgeräte der EX-Serie

Wer das gesamte kreative Potenzial der E-TTL II Blitzsteuerung nutzen will, sollte zu einem Blitzgerät der EX-Serie greifen. Sie sind optimal auf die technischen Möglichkeiten der Kamera abgestimmt und eine sinnvolle Ergänzung zum Kamerablitz.

Das Topmodell der Speedlite-Serie, das 580EX, weist ein besonders gelungenes ergonomisches Konzept auf, mit Einstellrad und neuer Menüführung. Foto: Canon

Die Speedlite EX Blitzgeräte sind technische und elektronische Meisterwerke, denn auch hier besitzt Canon jede Menge Know-how. Foto: Canon

Das Topmodell der EX-Reihe ist das **Speedlite 580EX**, das zahlreiche Highlights zu bieten hat. Es ist mit Leitzahl 58 bei Reflektorstellung für 105 mm und ISO 100 sehr leistungsstark. Die Leitzahl nimmt zwar mit dem Abstrahlwinkel ab, ist aber mit LZ 42 bei 50 mm oder LZ 30 bei 28 mm immer noch beachtlich. Der dreh- und schwenkbare Zoomreflektor deckt den Brennweitenbereich von 24 bis 105 mm ab. Mit der eingebauten, herausziehbaren Streuscheibe kann der Abstrahlwinkel sogar bis auf 14 mm erweitert werden. Bei ausgeklappter Streuscheibe ist kein Zoomen des Reflektors mehr möglich. Ein neues ergonomisches Bedienkonzept mit intuitiver Menüführung und einem Einstellrad als zentralem Bedienelement erleichtert die Einstellung der wichtigsten Funktionen. Der große, beleuchtbare Datenmonitor des 580EX informiert übersichtlich über alle Einstellungen: Blitzfunktion, Reflektorposition, Arbeitsblende, Blitzreichweite in Meter. Eine wichtige Funktion ist die Blitzbelichtungsreihenautomatik für drei Aufnahmen (FEB= Flash Exposure Bracketing). Damit sind flankierende Blitzbelichtungen möglich, wobei die Abstände im Bereich von +/-3 EV am Blitzgerät wahlweise in Drittel- oder halben Stufen einstellbar sind. Beim Druck auf die Abblendtaste der Kamera werden eine Sekunde lang Blitze mit einer Frequenz von 70 Herz gezündet, sodass die Blitzwirkung beurteilt werden kann (Lichtführung, Schattenwurf). Fein abgestufte manuelle Blitzbelichtungskorrektur, High-speed-Synchronisation, Synchronisation auf den ersten oder zweiten Verschlussvorhang, 14 Individualfunktionen, Einstellung für drahtlose E-TTL II Steuerung am Blitzfuß (als Master- oder Slave-Gerät einsetzbar) ergänzen die professionelle Ausstattung. Auch das leistungsstarke und dennoch sehr kompakte externe Batteriepack CP-E3 hat Canon für professionell arbeitende Fotografen entwickelt.

Mit einer Leitzahl von 43 (bei ISO 100 und Reflektorposition für 105 mm) ist das **Speedlite 430EX** geringfügig leistungsstärker als das abgelöste Vorgängermodell 420EX. Auch die Ladezeit wurde um 40% verkürzt, was eine wesentlich schnellere Blitzfolge impliziert. Eine fein abgestufte manuelle Blitzbelichtungskorrektur ermöglicht die Drosselung bis auf 1/64 der Maximalleistung (in sieben Stufen). Der Zoomreflektor deckt den KB-äquivalenten Brennweitenbereich von 24 bis 105 mm ab. Die integrierte Streuscheibe kann, vor den Blitzreflektor geklappt, den Abstrahlwinkel entsprechend der Brennweite 14 mm erweitern. Der Blitzreflektor ist dreh- und schwenkbar, sodass auch die indirekte Lichtführung problemlos gelingt. High-speed-Synchronisation, Synchronisation auf den ersten oder zweiten Verschlussvorhang, Einstelllicht-Funktion beim Druck auf die Abblendtaste und sechs Individualfunktionen ergänzen die sinnvolle Ausstattung. Ein verbessertes ergonomisches Bedienkonzept mit intuitiver Menüführung und einem LCD-Display erleichtert die Einstellung der wichtigsten Funktionen. Mit der optionalen Blitzschiene Speedlite Bracket SB-E1 lässt sich das Speedlite 430EX auch seitlich an der Kamera befestigen. Der größere Abstand zur optischen Achse verringert den unerwünschten „Rote-Augen-Effekt" bei Porträtaufnahmen und ermöglicht auch eine bessere Lichtführung als bei zentraler Positionierung im Blitzschuh der Kamera. Mit dem Speedlite 580EX, dem Macro Ring Lite MR-14EX, Macro Twin Li-

> **BasisWissen: Funktionsumfang**
>
> Erst die Kombination von Kamera, Blitzgerät und Objektiv entscheidet, welche Blitzfunktionen in welchem Umfang möglich sind. Die Entfernungsinformation kommt nur von Objektiven mit entsprechender CPU-Einheit. Vorsicht ist generell geboten beim Einsatz von älteren Blitzgeräten. Einige davon sind mit einem Hochvolt-Zündkreis ausgestattet und liefern eine hohe Zündspannung, die zur Beschädigung der Kamera führen kann.

te MT-24EX oder dem Speedlite Transmiter ST-E2 als Master, lässt sich das Speedlite 430EX als Slave-Blitz für drahtlose Blitzsteuerung bei entfesseltem Blitzbetrieb einsetzen.

Beim Einsatz der Aufsteckblitzgeräte Speedlite 580EX und 430 EX ist auch die Übertragung der Informationen über die Farbtemperatur des gerade gezündeten Blitzes vom Blitzgerät an die Kamera möglich. Die EOS 400D unterstützt auch die Bildsensorabhängige Zoomkontrolle mit dem Speedlite 580EX und 430 EX, bei der die Zoomposition des Blitzreflektors der Kleinbildäquivalenten Objektivbrennweite automatisch angepasst wird. Dadurch wird eine optimale Ausleuchtung des kleineren Bildsensors und eine bessere Lichtausbeute realisiert.

Das Ringblitzgerät Macro Ring Lite MR-14EX lässt die Herzen der Makrofotografen höher schlagen. Foto: Canon

Makrofotografen werden sich über das Ringblitzgerät Macro Ring Lite MR-14EX freuen. Es hat Leitzahl 14, wobei beide Blitzröhren sich in 13 Einstellschritten unabhängig von einander im Verhältnis von 1:8 bis 8:1 einstellen lassen. Für professionelle Anwendung konzipiert ist der Zwillingsblitz Macro Twin Lite MT-24EX, der mit zwei seitlich an kurzen Auslegerarmen angebrachten Blitzköpfen arbeitet. Zusammen eingesetzt bringen sie es auf eine Leitzahl von jeweils 22, einzeln verwendet sogar von 24. Die Kontrolleinheit wird in dem Blitzschuh der Kamera befestigt. Beide Makroblitzgeräte (MR-14EX und MT-24EX) bieten nahezu die gleichen technischen Möglichkeiten wie die anderen EX-Blitzgeräte, also drahtlose E-TTL II Blitzsteuerung, manuelle Blitzbelichtungskorrektur, Blitzbelichtungsreihenautomatik, Einstelllicht-Funktion, FP-Kurzzeitsynchronisation und so weiter. Das MT-24EX kann sogar als Master (nicht jedoch als Slave) für drahtlose TTL-Blitzsteuerung eingesetzt werden.

Wem das 580EX zu groß ist, kann sich für das 430EX entscheiden. Foto: Canon

Etwas leichter und kompakter präsentiert sich das Canon Speedlite 420EX. Das Blitzgerät ist mit Leitzahl 42 bei Reflektorstellung für 105 mm und ISO 100 etwas schwächer als das 550EX, aber immer noch recht leistungsstark. Die Einstellung für drahtlose E-TTL-Steuerung erfolgt am Blitzfuß (nur als Slave-Gerät in drei Gruppen und vier Kanälen, nicht jedoch als Master einsetzbar). Wem das 550EX oder womöglich sogar das 420EX zu schwer und zu teuer ist und auf die hohe Blitzleistung verzichten kann, findet im Speedlite 220EX eine preisgünstigere und leichte Alternative.

> **PraxisTipp: Ältere EX-Blitzgeräte**
>
> Wer ältere EX-Blitzgeräte besitzt oder sie preiswert ersteigert, kann sie ebenfalls mit E-TTL II Blitzsteuerung an der Kamera einsetzen. Das Canon Speedlite 550EX ist mit Leitzahl 55 bei Reflektorstellung für 105 mm und ISO 100 sehr leistungsstark. Der dreh- und schwenkbare Zoomreflektor deckt den Brennweitenbereich von 24 bis 105 mm ab und lässt sich mit der eingebauten, herausziehbaren Streuscheibe auf 17 mm erweitern. Sechs Individualfunktionen, Einstelllicht-Funktion beim Druck auf die Abblendtaste, Blitzbelichtungsreihenautomatik, Blitzsynchronisation auf den ersten oder zweiten Verschlussvorhang, Stroboskopblitzen mit frei einstellbarer Frequenz, Einstellung für drahtlose E-TTL-Steuerung am Blitzfuß (als Master- oder Slave-Gerät einsetzbar) ergänzen die Ausstattung des 550EX.

Mobile Festplattenspeicher

Wer die Fotoausbeute eines Urlaubs oder einer Fotoreise auf einen mobilen Festplattenspeicher vor Ort überträgt, zeigt, dass er das Wesen der raffinierten digitalen Fotografie verstanden hat.

Eine 10 Megapixel Digitalkamera generiert riesige Datenmengen, die an einem einzigen Fototag mehrere Speicherkarten mit 512 MB locker füllen können. Wer die Fotoausbeute eines Urlaubs oder einer Fotoreise vor Ort speichern und sichern möchte, muss die Bilder auf ein Notebook oder auf einen mobilen Festplattenspeicher übertragen. Letztere sind wesentlich kleiner, leichter und preiswerter als ein Laptop. Sie lassen sich auch, anders als ein Laptop, in jeden Hotelsafe einschließen. Bei Multifunktionsgeräten ist zu bedenken, dass sie nur die Primärfunktion wirklich gut beherrschen und die Zusatzfunktionen nicht über einen Kompromiss-Status hinaus gehen. Folgende Merkmale sollte ein fototauglicher Festplattenspeicher für den mobilen Einsatz aufweisen:

Der 9,7 Zentimeter große Monitor des Jobo Giga Vu Pro Evolution setzt neue Maßstäbe in Punkto Schärfe, Brillanz sowie Farbwiedergabe und lässt sogar einen Laptop-Monitor alt aussehen. Foto: Jobo

Sehr praktisch sind Geräte mit Steckplatz für CF-Karten. Etwas umständlicher und mitunter langsamer ist die Datenübertragung aus der Kamera per Kabel (USB 2.0, USB On-The-Go, FireWire) oder von einem externen Kartenleser. Vor dem Kauf eines Festplattenspeichers sollte man auch einen Blick auf die unterstützten Dateiformate werfen. Denn normalerweise werden die in nicht unterstützten Formaten abgespeicherten Fotodateien nicht übertragen. Bei einigen Geräten kann es auch sein, dass bestimmte Formate oder große Bilddateien nicht oder nur als Thumbnail auf dem eingebauten Monitor dargestellt oder gespeichert werden können. Sinnvoll sind Geräte, bei denen keine Begrenzung für die Dateigröße besteht, und zwar weder bei der Speicherung noch bei der Bildanzeige.

Der Canon Media Storage M30 und M80 ist ein mobiler Festplattenspeicher mit 30 oder 80 GB und 9,4 Zentimeter Monitor. Foto: Canon

Grundsätzlich sind die mobilen Festplattenspeicher entweder mit einem alphanumerischen Display oder mit einem LCD/TFT-Farbmonitor ausgestattet. Die Geräte mit alphanumerischem Display sind normalerweise kompakter, leichter und preiswerter als die mit Farbmonitor, können aber keine Bilder darstellen, sondern nur Informationen in Zahlen und Buchstaben über die Bilddateien liefern. Das ultrakompakte, edel designte Jobo Giga mini ist ein Paradebeispiel für diese Gattung. Man kann also nur die Anzahl und eventuell auch die Größe der einzelnen Ordner und Dateien überprüfen, nicht jedoch den Bildinhalt betrachten. Die Geräte mit Farbmonitor haben mitunter eine Bilddiagonale von 9,7 Zentimeter, sodass eine weitgehend korrekte Beurteilung des Bildaufbaus und der Bildqualität möglich ist. Wichtig bei der Bildanzeige ist die 1:1-Darstellung, bei der jedes Bildpixel einem Monitorpixel entspricht. Extrem hochauflösende Farbmonito-

> **PraxisTipp: Verify-Funktion**
>
> Eine zusätzliche Sicherheit beim Datentransfer bietet die nur von wenigen Geräten (zum Beispiel Jobo Giga Vu Pro Evolution, Giga 3 Plus und Giga mini) beherrschte Verify-Funktion. Diese führt nach der Übertragung einen Abgleich der Daten auf der Speicherkarte und der Festplatte durch, sodass man anhand einer Bestätigung oder eines Protokolls auch ohne PC feststellen kann, ob alle Dateien ordnungsgemäß übertragen wurden.

re haben beispielsweise die Canon Media Storage M30 und M80, sowie die Epson-Geräte P-2000 und P-4000. Exzellent ist der 9,7 Zentimeter Monitor des Jobo Giga Vu Pro Evolution, der neue Maßstäbe in Punkto Schärfe, Brillanz sowie Farbwiedergabe setzt und sogar einen herkömmlichen Laptop-Monitor alt aussehen lässt.

Einen guten Bildspeicher erkennt man auch an den Fotofunktionen und dem Dateimanagement. Die Anzeige der EXIF-Daten mit der Möglichkeit, diesen auch Information hinzuzufügen, wie zum Beispiel ein Copyright, gehört ebenso dazu wie die Histogramm-Anzeige. Beim Jobo Giga Vu Pro Evolution ist es sogar möglich, die Tonwertverteilung in den einzelnen RGB-Farbkanälen anzuzeigen oder einen Staubdetektor zu aktivieren, der die Staubpartikel im Bild erkennen kann. Das Drehen, Umbenennen oder Löschen der Bilder gehört zu den Basics, die jeder Bildspeicher beherrschen sollte. Das gilt auch für das Importieren der Bilder vom PC und für die Übertragung einer Diaschau auf einen Fernseher. Bei den besseren Geräten, wie dem Epson P-2000 und P-4000 lassen sich die Diastandzeiten und die Überblendeffekte einstellen, ja sogar die Untermalung mit Musik aus dem MP3-Speicher ist möglich.

Wer auch Musikdateien oder Videos als Reiseunterhaltung auf den Multimedia-Player laden möchte, sollte den Speicherbedarf nicht zu knapp kalkulieren. Mit einer 40 GB Festplatte ist man auf der sicheren Seite, aber man kann, je nach Fotoeifer, ruhig auch 60 oder 80 GB einplanen. Es gibt auch Geräte, beispielsweise von Vosonic, die sich mit herkömmlichen 2,5 Zoll Festplatten bestücken und somit beliebig erweitern lassen. Einen anderen Weg geht Fujitsu mit den DynaMO-Geräten, bei denen die Bilder auf magneto-optischen Disketten gespeichert werden. Die MO-Disketten mit 1,3 GB kosten knapp 10 Euro, was sehr preisgünstig ist. Außerdem gelten die robusten MO-Disketten als besonders sicher. So sicher wie ein Laptop sind aber auch die anderen Geräte mit Festplatten. Einen mechanischen Festplatten-Crash überleben die gespeicherten Bilder aber nicht. Sicherheitshalber sollte man auch hohe Luftfeuchtigkeit, Kondenswasser, hohe Temperaturen oder starke Magnetfelder meiden. Keine Gefahr stellen Röntgenstrahlen dar, sodass Digitalfotografen nur ein müdes Lächeln übrig haben für die aufreibenden Diskussionen der Analogfotografen mit dem Flughafenpersonal bei der Gepäckkontrolle. Bei Datenverlust können spezielle Recover- oder Rescue-Programme, die auch für Festplatten geeignet sind, eventuell die Daten rekonstruieren.

Mobile Festplattenspeicher mit alphanumerischem Display sind kompakt, leicht und preiswert, können aber keine Bilder darstellen, sodass der Verify-Funktion eine besonders große Bedeutung zukommt. Foto: Jobo

> **BasisWissen: Mobile CD- und DVD-Brenner**
>
> Eine Alternative zu den Festplattenspeichern sind mobile CD- oder DVD-Brenner, mit denen man die Bilder direkt aus der Speicherkarte auf CDs oder DVDs brennen kann. Diese sind jedoch größer als die Festplattenspeicher und eine ausreichende Menge an Rohlingen muss auch noch mitgeführt werden. Wenn man bedenkt, dass eine gängige Speicherkarte 512 MB und eine CD gerade mal 700 MB hat, kann man sich die Anzahl der Rohlinge, die man für einen dreiwöchigen Fotourlaub benötigt, selbst ausrechnen. DVDs haben wesentlich höhere Speicherkapazitäten und DVD-Brenner sind normalerweise in der Lage, die Daten auch auf CDs zu brennen. Wichtig bei der Auswahl der Brenner sind vor allem zwei Funktionen: Mit der Disk-Spanning-Funktion lässt sich beispielsweise der Inhalt einer 1 oder 2 GB Speicherkarte auf mehrere CDs brennen. Und mit der Multisession-Funktion ist es möglich, den Inhalt von mehreren Speicherkarten auf eine CD zu brennen.

Fototaschen

Auch die Fototaschen werden immer besser und raffinierter. High-Tech-Textilien sowie besondere Schaumstoffmaterialien kommen zum Einsatz und beim Design gelingt mittlerweile auch der Balanceakt zwischen Modetrends und Ergonomie.

In einer Fototasche sollte sich die D-SLR-Kamera mit angesetztem Objektiv unterbringen lassen. Auch der Platzbedarf für Zubehör darf nicht zu klein bemessen sein. Foto: Tamrac

Dezente Fototaschen, die weder Diebe anlocken noch das Wild verscheuchen, oder das Bekenntnis zur Form und Farbe: Der Käufer hat die Wahl. Fotos: Crumpler

Große Fortschritte sind bei den Materialien für die Taschenfertigung zu verzeichnen. Crumpler beispielsweise verwendet bei seinen Trendtaschen ein neuartiges Material namens „Chicken Tex", das etwas leichter und fast doppelt so stark wie herkömmliches Nylongewebe sein soll. Es bietet einen hohen Regenschutz und trocknet extrem schnell. Auf jeden Fall ist der Hersteller Crumpler so überzeugt von den Materialeigenschaften, dass er biblische 99 Jahre Garantie darauf gibt. Lowepro und Tamrac setzen bei einigen Profitaschen ein ballistisches Nylonmaterial ein, das auch bei kugelsicheren Westen verwendet wird. Je nach Hersteller kommen auch andere High-Tech-Materialien zum Einsatz, wie beispielsweise PowerGrid-Nylon, Corutex, PolyTek, PolyTex, Ripstop-Nylon. Die Vorteile der meisten High-Tech-Gewebe liegen darin, dass sie wasser- und schmutzabweisend sowie sehr belastbar und strapazierfähig bei relativ leichtem Gewicht sind. Aber natürlich gibt es immer noch Hersteller und Fotografen, die auf klassische Oberflächenmaterialien wie Leder, Polyester oder Stoff (Leinen, Canvas) schwören. Auf jeden Fall sollte die Materialoberfläche nicht zu rau sein, damit die Kleidung durch Abrieb nicht beschädigt wird. Taschen aus herkömmlichen Textilien sollten wasserabweisend imprägniert sein. Bei Taschen aus Leder ist eine überstülpbare Nylon-Abdeckhaube als Regenschutz empfehlenswert.

Die besten Materialien nutzen wenig, wenn das Design nicht vor dem Eindringen von Wasser und Schmutz schützt. Der Deckel sollte das Hauptfach möglichst gut nach unten abdecken, damit das Regenwasser abfließen und kein Schmutz nach Innen dringen kann. Wer in die Tropen oder in die Wüste fährt, wird sich über eine Abdeckplane mit Reißverschluss unter dem Deckel freuen, denn sie bietet einen zusätzlichen Schutz gegen Feuchtigkeit sowie gegen Staub und Sand. In unseren Breitengraden wird die aufgerollte Abdeckplane mit Klettverschluss befestigt, damit sie den Zugriff nicht erschwert. Ob nun die Deckelöffnung zum Körper hin oder vom Körper weg die bessere Lösung ist, darüber lässt sich trefflich streiten. Die Öffnung vom Körper weg erlaubt zwar den besseren Zugriff auf die Ausrüstung, doch der ausladende, nach außen hängende Deckel kann das Gleichgewicht ungünstig verlagern und man eckt eher an. Sehr wichtig ist auch ein stabiler, wasserdichter Boden mit kleinen Standfüßen, der die abgestellte Tasche vor Nässe und Schmutz wirksam schützt. Eine schockabsorbierende Polsterung erweist sich als sinnvoll bei ungewolltem Bodenkontakt. Praktisch ist es auch, wenn exponierte Stellen, wie Kanten und Ecken besonders verstärkt sind. Die Reißverschlüsse sollten mit einer Regenschutzkrempe abgedeckt und die Nähte versiegelt sein. Grundsätzlich lassen sich schlanke Fototaschen, die eng am Körper anliegen, besser als ausladende Ausführungen tragen. Sehr wichtig sind Tragegurte mit einer breiten und dick gepolsterten Schulterauflage. Es gibt auch Fototaschen mit zusätzlichem Hüftgurt, der entweder zur Stabilisierung der Tasche und Entlastung der Schultern eingesetzt werden kann oder die Schultertasche in eine Hüfttasche verwandelt.

> **PraxisTipp: Individuelle Lösungen**
>
> Auf die Frage, was besser für den Transport der Fotoausrüstung ist, eine Fototasche, ein Rucksack oder ein Alukoffer, gibt es keine allgemeingültige Antwort, sondern nur individuelle Lösungen. Die größte Vielfalt an Formen, Farben und Größen bieten jedoch Fototaschen. Nach ergonomischen Kriterien designte Modelle sind noch einigermaßen komfortabel zu tragen und bieten einen schnellen Zugriff auf die Ausrüstung.

Die Innenaufteilung einer Fototasche muss in erster Linie zwei Anforderungen erfüllen: hohe Flexibilität und wirkungsvolle Schockabsorption. Die variablen Trennwände und Innenteiler sollten sich mit Klettverschluss an nahezu jeder Stelle gut befestigen lassen. Dreidimensionale Verstellmöglichkeiten verbessern die Raumnutzung. Harte Trennelemente stabilisieren die Tasche, während weiche eine gute Schutzwirkung entfalten. Daher ist eine sinnvoll abgestimmte Kombination aus harten und weichen Innenteilern sehr wichtig für die Schutzfunktion der Fototasche. Für Digitalkameras mit exponiertem Rückwandmonitor ist ein glattes, weiches Innenmaterial einem kratzigen unbedingt vorzuziehen.

Grundsätzlich sollte eine Fototasche so klein wie möglich und so groß wie nötig sein. Daher richtet sich die Größe der Fototasche nach dem Umfang der mitgeführten Ausrüstung. Wenn schnelle Schussbereitschaft erforderlich ist, kann es sich als praktisch erweisen, wenn sich die SLR-Kamera mit angesetztem Objektiv unterbringen lässt. Auch der Platzbedarf für Zubehör sollte nicht zu klein bemessen sein. Wechselobjektive, Blitzgerät, Filter, Batterien oder Akkus und Speicherkarten gehören zu den mitgeführten Utensilien. Wer auf ein Stativ nicht verzichten will, sollte auf Stativschlaufen achten. Viele Modelle lassen sich nach dem Baukastenprinzip bei Bedarf durch Andocken von Köchern, Taschen oder Fächern ausbauen. Wer seine Fototasche als Handgepäck im Flugzeug mitnehmen will, sollte auf die entsprechenden Maße und auf das maximal zugelassene Gewicht achten.

Breite, gut gepolsterte Schulterauflagen erhöhen den Tragekomfort und beugen Verspannungen vor. Foto: Crumpler

> **BasisWissen: Fotorucksack und Alukoffer**
>
> Fotokoffer bieten den besten mechanischen Schutz für die Ausrüstung, nicht aber für die Schienbeine und die Hüften. Wir haben den angebotenen Schutz als mechanisch beschrieben, weil gerade edle Alukoffer auch Langfingern signalisieren: Hier ist eine teure Fotoausrüstung verstaut. Stabile Hartschalen- oder Metallkoffer sind optimal geeignet zum draufsitzen oder sogar zum draufstehen, falls ein erhöhter Aufnahmestandpunkt gesucht wird, sind aber, vom Rollen auf ebenen Straßen abgesehen, nur mit Mühe zu transportieren. Auch ist der schnelle Zugriff auf die Ausrüstung nicht gerade ihre Stärke. Das gilt auch für Fotorucksäcke. Sie sind wesentlich leichter als Fotokoffer und bieten auch im Gelände einen hohen Tragekomfort. Wer bei Outdoor-Aktivitäten seine Hände frei haben und nicht von baumelnden Taschen gestört werden will, ist mit einem Fotorucksack bestens bedient. Stativschlaufen sowie Andockmöglichkeiten für Köcher, Seitentaschen oder Fächer machen die Fotorucksäcke flexibler als die Alukoffer. Natur- und Tierfotografen sollten sich für dezente Farben entscheiden, die das Wild nicht verscheuchen.

Fotorucksäcke bieten auch im Gelände einen hohen Tragekomfort und sind mit Stativschlaufen sowie Andockmöglichkeiten für Köcher, Seitentaschen oder Fächer ausgestattet. Foto: Tamrac

Sonnenblenden

Die Gegenlicht- oder Sonnenblenden erfüllen wichtige mechanische und optische Schutzfunktionen: gegen Beschädigung der Frontlinse sowie gegen Streulicht und Reflexe.

Die Sonnenblenden für die EF-Objektive tragen die Bezeichnung EW- (Weitwinkel), ES- (Standard) oder ET- (Tele) und eine zweistellige Nummer, teilweise mit zusätzlichem Buchstaben oder römischer Zahl. Foto: Canon

Canon bietet für alle EF-Objektive Sonnenblenden (auch die Bezeichnung Gegenlichtblenden ist gebräuchlich). Sie sind als Zubehör erhältlich und tragen die Bezeichnung EW- (Weitwinkel), ES- (Standard) oder ET- (Tele) und eine zweistellige Nummer (teilweise mit zusätzlichem Buchstaben oder römischer Zahl). Welche Canon-Sonnenblende zu welchem EF-Objektiv passt, lässt sich dem Beipackzettel des jeweiligen Objektivs oder den entsprechenden Objektiv-Tabellen in den Canon-Prospekten oder auf der Website entnehmen. Bei den Objektiven der Fremdhersteller gehören die Sonnenblenden meistens zum Lieferumfang. Das gilt auch für die Canon L-Objektive. Bei Aufnahmen mit dem Kamerablitz können Sonnenblenden den Blitz abschatten, sodass man sie am besten abnimmt. Ansonsten sollte man grundsätzlich immer nur mit Sonnenblenden fotografieren. Zwar können Gegenlichtblenden kein ausgeprägtes Gegenlicht vom Objektiv abschirmen. Direktes Gegenlicht wirkt sich aber bei guten Objektiven weniger negativ aus als seitlich einfallendes Licht. Denn Seitenlicht verursacht fast immer die gefürchteten Blendenreflexe, die normalerweise den seitlich (diagonal) verlaufenden Lichtstrahlen folgen. Die bereits im Sucher der Kameras und dann im fertigen Bild sichtbaren Blendenreflexe sind mehrfache Abbildungen der Blendenöffnung, die auch als Nebenbilder bezeichnet werden. Diese können aber auch entstehen, wenn eine starke Lichtquelle im Bild mehrfach abgebildet wird. Nebenbilder sind scharfe, mehrfache Abbildungen der Lichtquelle oder der Blendenöffnung, die durch Reflexion an den Linsenoberflächen innerhalb des Objektivs entstehen.

Seitenlicht, das unkontrolliert auf die Frontlinse einfällt, gelangt als vagabundierendes Streulicht in das Innere des Objektivs und somit auf die Bildfläche. Im Gegensatz zu den scharfen Nebenbildern ist diffuses Streulicht weder im Sucher noch auf dem Bild unmittelbar sichtbar, sondern macht sich durch eine flaue Abbildung bemerkbar. Eine Art Grauschleier überzieht das Bild und reduziert den Kontrast. Schmutz oder Kratzer auf der Frontlinse sind weitere Faktoren, die Streulicht verursachen können. Vor allem elektronische Bildsensoren reagieren sehr empfindlich auf vagabundierendes Streulicht und Reflexe.

Die Gegenlichtblende muss der Brennweite und dem Bildwinkel des jeweiligen Objektivs genau angepasst sein. Eine zu große oder zu lange Gegenlichtblende verursacht Vignettierung, während eine zu kleine und zu kurze Blende keinen ausreichenden Lichtschutz bietet. Bei Zoomobjektiven ist die Gegenlichtblende normalerweise für die kurze Brennweite ausgelegt. Das verhindert die Vignettierung in der langen Brennweite – leider aber auch einen wirksamen Schutz. Im extremen Weitwinkelbereich ist der Einsatz von Gegenlichtblenden ebenfalls nicht unproblematisch. Eine Gegenlichtblende, die beispielsweise einem 14 mm Objektiv wirksam Lichtschutz bieten soll, würde die Maße eines Regenschirmes haben. Daher dient die bei Objektiven in diesem Brennweitenbereich eingebaute kleine Gegenlichtblende mehr dem Schutz der Frontlinse vor mechanischen Beschädigungen als vor Seitenlicht.

E Motivbereiche

- Akt- und Beautyfotografie 148
- Porträtfotografie 150
- Reise- und Reportagefotografie 152
- Landschafts- und Architektur-fotografie 154
- Sport- und Tierfotografie 156
- Stilllife-, Food- und Sachfotografie 158
- Digitale Fotografie im Beruf 160
- Hobbys und Sammelleidenschaft 162

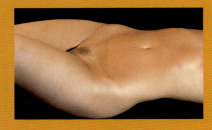

Akt- und Beautyfotografie

Gute Akt- und Beauty-Fotografie ist mehr als die Abbildung nackter Körper. Sie ist ästhetisch und erotisch zugleich, niemals aber anrüchig. Studioaufnahmen erfordern eine minutiöse Planung und Vorbereitung.

Akt heißt nicht gleich nackt: Die transparenten Stoffe schaffen einerseits Distanz, andererseits erhöhen sie die erotische Spannung und betonen die Ästhetik. Fotos: Artur Landt

Aktaufnahmen sind auch mit Teleobjektiven möglich – das Model befand sich nämlich im ersten Stock. Foto: Artur Landt

Als klassisches Themengebiet übt die Aktfotografie aus naheliegenden Gründen seit den Anfängen der Fotografie einen besonderen Reiz auf Fotografen und Betrachter aus. Jenseits aller Klischees ist gute Aktfotografie ästhetisch und erotisch zugleich, niemals aber anrüchig. Sie erfordert nicht nur eine interessante Bildidee, sei sie klassisch oder experimentell, sondern auch viel Einfühlungsvermögen gegenüber der abgebildeten Person. Auf jeden Fall sollte der Fotograf schon vor der Fotosession wissen, was für Bilder er machen möchte. Das gilt sowohl für Innen- als auch für Außenaufnahmen. Die geplanten Aufnahmen sollte er dann auch dem Model vor der Fotosession erklären und es nach Möglichkeit vermeiden, die Posen durch „Handanlegen" zu veranschaulichen. Auch müssen die Requisiten und die technische Ausrüstung vor der Session vorbereitet sein. Das Ambiente sollte auf den Stil und die Art der geplanten Aufnahmen abgestimmt sein.

Die Beauty-Fotografie hat Elemente der Akt-, Porträt- und Mode-Fotografie. Beauty-Aufnahmen werden vor allem in der Werbung und in Lifestyle-Zeitschriften verwendet. Bei Werbeaufnahmen für Brillen, Schmuck, Bademoden oder Auto- und Motorradzubehör geht es auch um die Darstellung femininer Schönheit, wobei ein Schuss Erotik fast immer dabei ist. Von entscheidender Bedeutung für das Gelingen einer Beauty-Aufnahme ist die Pose. Sie kann, je nach gewünschter Bildaussage, frech, witzig oder erotisch sein.

Während der Aufnahmesession können Testschüsse und die Betrachtung der Bilder auf dem Kamera- oder PC-Monitor die Kommunikation zwischen Fotograf und Model erleichtern und beide motivieren. Bei aller Vorbereitung sind gute Fotografen auch in der Lage, auf bestimmte Entwicklungen und Situationen während der Session spontan zu reagieren und besondere Momentaufnahmen festzuhalten. Weibliche oder männliche Aktmodelle findet man am einfachsten in seinem Bekannten- oder Freundeskreis. Modellagenturen sind teuer und die diversen Inserate in der Presse nicht immer seriös. Ein Modellvertrag ist in jedem Fall zu empfehlen, in dem die Konditionen und die Zustimmung zur Veröffentlichung der Bilder festgehalten sind.

Für die Wahl der Objektive gibt es keine festen Regeln, wohl aber immer wieder gut gemeinte Ratschläge wie „Anstand erfordert Abstand", das heißt mittlere Teleobjektive. Anstand ist jedoch nicht eine Frage der Brennweite, sondern der inneren Haltung. Natürlich sollte man einem Anfängermodell nicht bei der ersten Aufnahme mit einem extremen Weitwinkelobjektiv „zu Leibe rücken", doch ansonsten gibt es keine Bedenken gegen den Einsatz kurzer Brennweiten in der Aktfotografie. Jeanloup Sieff, um nur ein Beispiel zu nennen, hat wunderbare Aktaufnahmen mit extremen Weitwinkelobjektiven gemacht, die Erotik und selbstbewusste Würde ausstrahlen.

➤ BasisWissen: Hauttonwiedergabe

Nicht nur bei Porträts, sondern auch und gerade bei Aktaufnahmen ist eine natürliche, differenzierte Wiedergabe der Hauttöne entscheidend für die Bildwirkung. Die Bildstil-Funktion Porträt verbessert die Hautwiedergabe auch bei Akt- und Beauty-Aufnahmen im JPEG-Format. Bei Aufnahmen im RAW-Format lässt sich die gewünschte Bildstil-Funktion in der Digital Photo Professional Software bei der RAW-Konvertierung einstellen.

Die Fokussierung auf die nackte Haut kann sich aufgrund des geringen Kontrasts bei schwacher Beleuchtung mitunter schwierig gestalten. Gegebenenfalls sollte man nur den leistungsfähigen zentralen AF-Kreuzsensor aktivieren oder nach Sicht manuell fokussieren. Sehr wichtig ist auch die visuelle Überprüfung der Schärfentiefe mit der Abblendtaste. Aufnahmen bei natürlichem Licht können in Innenräumen zu langen Verschlusszeiten führen. Ein stabiles Dreibeinstativ mit Kugelkopf und ein Fernauslöser schaffen Abhilfe. Bei sehr langen Verschlusszeiten kann aber trotzdem eine Art Bewegungsunschärfe schon allein durch das Atmen des Models oder die Anspannung bei einer anstrengenden Pose entstehen.

**Bei Beauty-Aufnahmen sollte man keine Angst vor Inszenierungen haben.
Foto: Artur Landt**

Professionell wirkende Akt- und Beauty-Aufnahmen implizieren eine gekonnte Lichtführung. Empfehlenswert sind Kompaktblitzanlagen, die keine Generatoren benötigen, sondern direkt an die Steckdose angeschlossen werden. Daher eignen sie sich auch für den Einsatz im Wohnzimmer oder im Hobbyraum. Sie sind relativ preiswert, lassen sich platzsparend in einem Koffer verstauen oder zu einer anderen Location transportieren. Mit diversen Reflektoren und Vorsätzen kann die Lichtführung und die Art des Blitzlichts (weich, hart, diffus, spotartig) frei bestimmt werden. Nur dadurch ist eine gezielte Objektmodulation durch Licht und Schatten möglich.

Das Frontalblitzen mit dem Kamerablitz oder einem Aufsteckblitzgerät führt zu einer recht harten Beleuchtung, die nicht immer erwünscht ist. Abhilfe können Blitzreflektor-Aufsätze und -Diffusoren oder das indirekte Blitzen schaffen. Mit den Aufsteckblitzen mit dreh- und schwenkbarem Reflektor wird das Blitzlicht nicht direkt zum Motiv, sondern gegen die Decke oder die Wand abgestrahlt und dann zum Motiv reflektiert. Das erzeugt eine relativ gleichmäßige, weiche und schattenarme Beleuchtung, wobei die TTL-Blitzsteuerung im vollen Umfang erhalten bleibt. Eine Art rudimentäre Lichtführung ist auch mit mehreren entfesselten Blitzgeräten möglich, die drahtlos TTL-gesteuert werden.

➤ PraxisTipp: Setcard für Fotomodelle

Wer als Fotomodell auf sich aufmerksam machen will, sollte eine repräsentative Setcard vorzeigen können. Das ist sowohl für das Model als auch für den Fotografen eine Herausforderung. Denn eine professionell wirkende Setcard zeigt nicht nur diverse Posen, sondern hebt die Wandlungsfähigkeit des Models hervor. Ein gekonntes Make-up ist eine wichtige Voraussetzung. Hautunreinheiten und Fältchen zu überdecken ist die Pflicht. Die Kür besteht darin, einerseits den Charakter und den Typ des Models zu betonen, andererseits aber (für andere Aufnahmen) den Typ zu verändern und neue Facetten der Persönlichkeit zu zeigen. Wer auf Nummer Sicher gehen will, nimmt die professionellen Dienste einer Visagistin oder eines Visagisten in Anspruch. Unterschiedliche Locations und darauf abgestimmte Stylings sowie abwechslungsreiche Posen erleichtern es, auch mal in andere Rollen zu schlüpfen. Die Mimik und Gestik sollten der angestrebten Darstellung, sei sie natürlich, glamourös, lasziv oder erotisch, angepasst sein und auf keinen Fall gekünstelt oder aufgesetzt wirken. Bei Studioaufnahmen lässt sich mit Flächenleuchten eine natürliche Hautwiedergabe realisieren. Bei Außenaufnahmen kann man mit goldfarbenen Reflektoren eine wärmere Hauttonwiedergabe erreichen. Die Setcard sollte auf einem hochwertigen, dicken Fotopapier gedruckt werden. Sehr wichtig ist aber nicht nur die Schärfe und Brillanz der Bilder, sondern auch der Farbton. Die Fotos für die Setcard lassen sich freilich auch herunterskalieren und auf die Website stellen.

Porträtfotografie

Auch die Porträtfotografie ist ein faszinierender Themenbereich, vorausgesetzt es handelt sich dabei nicht um die üblichen Brustbilder mit mehr oder weniger ausgeprägtem Wiedererkennungsfaktor, bei denen man auch von „Fahndungsfotos" spricht.

Anspruchsvolle Porträtfotografie ist bewusste, gestaltete und gestaltende Fotografie. Sie gibt den Charakter und die Persönlichkeit der porträtierten Person aus der Sicht des Fotografen wieder. Dabei müssen die im Bildnis dargestellten Eigenschaften einer Person mit den tatsächlichen nur dann übereinstimmen, wenn ein charakterisierendes Porträt angestrebt wird. Beim interpretierenden Porträt sind Gesichtsausdruck und Bildaussage rein subjektiv, vielleicht sogar manipuliert, wobei das nicht negativ gemeint ist. Eine Art Mischung zwischen beiden Arten der Porträtaufnahmen sind die inszenierten Porträts, die den Menschen in seiner Umgebung interpretierend darstellen. Ein eindrucksvolles Beispiel für diese Art von Fotografie ist das Porträt, das Arnold Newman 1946 von Igor Strawinsky gemacht hat: Der Komponist ist in der unteren linken Bildhälfte recht klein abgebildet, während der geöffnete Flügel, an den er sich sitzend anlehnt, eine dominante Bildfläche einnimmt. Durch die formale Strenge und die grafische Wirkung hat diese inszenierte Darstellung eine gewaltige Ausstrahlung. Die inszenierte Porträtfotografie wird auch gegenwärtig in diversen Magazinen mehr oder weniger epigonenhaft zelebriert. Diese „Dreiteilung" der Porträtfotografie gilt gleichermaßen für Innen- oder Außenaufnahmen und für Aufnahmen bei natürlichem oder künstlichem Licht.

Aufgrund des kleineren Bildformats muss ein Objektiv an der EOS 400D um eine Stufe stärker als im Kleinbildformat aufgeblendet werden, um eine gleich geringe Ausdehnung der Schärfentiefe zu erreichen. Foto: Artur Landt

Mit Makroobjektiven gelingen Porträts mit gnadenloser Schärfe. Foto: Artur Landt

Sehr beliebt sind Porträtaufnahmen im Freien. Dabei kann man aber die Lichtführung nicht wie im Studio frei bestimmen, sondern nur durch die Standortwahl oder durch Aufhellen mit Reflexflächen, Spiegeln und Blitzgeräten beeinflussen. Bei Outdoor-Porträts im Schatten oder bei Gegenlicht kann die Blitzaufhellung die Kontraste ausgleichen und den Porträts mehr Brillanz verleihen. Und vergessen Sie die Mär von der „Zerstörung der Stimmung durch Blitzlicht". Denn mit der Vorblitzmessung der E-TTL II Steuerung bleibt die natürliche Lichtstimmung auch bei Blitzaufnahmen erhalten. Dabei wird die Reflexion eines Vorblitzes in den einzelnen Segmenten der Mehrfeldmessung zusammen mit dem Dauerlicht gemessen und vom Kameracomputer unter Berücksichtigung der Aufnahmedistanz analysiert. Das Blitzlicht wird in so feinen Abstufungen dosiert, dass die natürliche Lichtstimmung erhalten bleibt und sowohl die Person im Vordergrund als auch der Hintergrund ausgewogen belichtet werden. Wer bei Gegenlicht ohne Blitzaufhellung arbeiten möchte, sollte die Selektiv- oder die Spotmessung aktivieren. Bei Porträts im Gegenlicht kann man, um die natürliche Lichtstimmung zu erhalten, die Messfläche so auf das Gesicht ausrichten, dass am Rand auch noch etwas vom Gegenlicht erfasst wird.

Bei geblitzten Porträts in Innenräumen, bei Kerzenlicht oder schwacher Raumbeleuchtung ist der Rote-Augen-Effekt zu bedenken. Aufsteckblitze haben eine größere Distanz zur optischen Achse

> **BasisWissen: Schwarzweiß-Porträts**
>
> Mit einem Gelbfilter lassen sich die Hauttöne heller und reiner wiedergegeben. Ein Orangefilter kann, vor allem bei Kunstlicht, eine glatte Hautwiedergabe bewirken. Ein Rotfilter unterdrückt Sommersprossen und Hautrötungen. Diese optischen Filter für die Schwarzweiß-Fotografie beeinflussen die Bildaufzeichnung, während die Filtersimulation im Schwarzweiß-Bildstil nicht ganz die gleiche Wirkung erreicht.

als der Kamerablitz, sodass sie von vornherein den Effekt weniger begünstigen. Bei Aufsteckblitzgeräten mit dreh- und schwenkbarem Reflektor kann man auch indirekt blitzen. Das erzeugt eine relativ gleichmäßige, weiche und schattenarme Beleuchtung. Eine andere Möglichkeit wäre der Einsatz von Reflektoren und Diffusoren, die das Blitzlicht weicher machen und die Schatten abschwächen. Es gibt sogar aufblasbare Lichtwannen in verschiedenen Größen. Die TTL-Blitzsteuerung bleibt sowohl beim indirekten Blitzen als auch mit Diffusoren ohne Einschränkung erhalten. Die nachträgliche Rote-Augen-Korrektur mit einem Bildbearbeitungsprogramm kann mehr oder weniger gut gelingen und sollte nur im Notfall eingesetzt werden.

Der Kamerablitz hellt das Gesicht auf, erzeugt aber einen unschönen Schlagschatten.
Foto: Artur Landt

Ein besonderes Merkmal anspruchsvoller Porträtfotografie ist die gekonnte Lichtführung, die sich vor allem im Studio mit einer Studioblitzanlage realisieren lässt. Dabei muss man keine Lichtorgien veranstalten, oft genügt ein diffuses Hauptlicht, ein Hintergrundlicht und ein Kopflicht. Wer sein häusliches Stromnetz nicht überfordern will, greift zu einer Kompaktblitzanlage, die nicht mit Generatoren, sondern direkt an der Steckdose betrieben wird. Als klassische Porträtbrennweiten gelten Objektive mit großer Anfangsöffnung, die den mittleren Telebereich von etwa 90 bis 135 mm abdecken (KB-äquivalent). Für Porträts aus größerer Entfernung eignen sich auch die Brennweiten zwischen 180 und 200 mm hervorragend. Für realistische Aufnahmen lässt sich auch das 100er und das 180er Makro-Objektiv verwenden. Ein hervorragendes Porträtobjektiv ist auch das Sigma 2,8/150 mm EX APO Macro DG HSM. Mit Makro-Objektiven werden beispielsweise die Wimpern und die Hautstruktur extrem fein herausgearbeitet, aber auch Hautunreinheiten und Falten werden betont, was die meisten Menschen als wenig schmeichelhaft empfinden. Weitwinkelobjektive sind verpönt, weil sie vor allem am Bildrand verzerren (Eierköpfe) und weil man durch die kurze Aufnahmeentfernung der Person zu nahe treten könnte. Gekonnt und sparsam eingesetzt, eröffnen moderate Weitwinkelobjektive jedoch ungeahnte Möglichkeiten der kreativen Bildgestaltung bei inszenierten Porträtaufnahmen.

> **➤ PraxisTipp: Spezielle Aufnahmetechnik**
>
> Ein besonderes Merkmal professioneller Porträtaufnahmen ist die scharfe Wiedergabe des Gesichts vor einem unscharf abgebildeten Hintergrund. Je größer die Blendenöffnung (kleinere Blendenzahl), je länger die Brennweite und je kürzer die Aufnahmedistanz, desto geringer ist die Ausdehnung der Schärfentiefe. Aufgrund des kleineren Aufnahmeformats fällt jedoch bei der EOS 400D die Schärfentiefe um eine Blendenstufe größer als beim Kleinbildformat aus. Unter gleichen Aufnahmebedingungen muss man beispielsweise Blende 4 an der EOS 400D einstellen, um die Ausdehnung der Schärfentiefe zu erreichen, die der Blende 5,6 im Kleinbildformat entsprechen würde. Die Blendenvorwahl in der Zeitautomatik bietet die bequemste Möglichkeit, die Ausdehnung der Schärfentiefe zu bestimmen. Sinnvoll ist es auch, durch Druck auf die Abblendtaste die Ausdehnung der Schärfentiefe auf der Sucherscheibe visuell zu überprüfen. Mit dem Motivprogramm für Porträtaufnahmen gelingen ganz unbelastet von der Fototechnik gekonnt aussehende Porträts, weil die Kamera eine große Blendenöffnung steuert. Geblitzte Porträts mit offener Blende lassen sich am besten mit der Kurzzeitsynchronisation realisieren, weil sie auch kürzere Verschlusszeiten als die Synchronzeit steuern kann.

Reise- und Reportagefotografie

Anders als die Erinnerungsfotos aus dem Urlaub, haben anspruchsvolle Reisebilder eher Reportagecharakter. Reisefotografie ist ein sehr komplexes Aufnahmegebiet, das den Fotografinnen und Fotografen wahre Allroundqualitäten abverlangt.

Ein Schuss aus der Hüfte in einer chinesischen Teestube, die Kamera lag auf dem Tisch. Foto: Artur Landt

Extreme Weitwinkelobjektive, wie das 10-22 mm Zoom, gehören zur Standardausrüstung auf Fotoreisen. Foto: Artur Landt

Es ist eine feine Sache, wenn die Urlaubsreise auch fotografisch zum Erlebnis wird und man noch nach Jahrzehnten seine Freude an den Urlaubsbildern hat. Anspruchsvolle Reisefotografie hat jedoch recht wenig mit den üblichen Bildern aus dem Urlaub zu tun, die primär Erinnerungscharakter haben. Die Fotografien aus den Prospekten der Reiseveranstalter sind ebenfalls eher dem Tourismusmarketing zuzurechnen. Anspruchsvolle Reisefotografie dagegen ist eher mit dem Genre der Reportage verwandt. Reisefotografie ist ein sehr komplexes Aufnahmegebiet, das den Fotografinnen und Fotografen wahre Allroundqualitäten abverlangt. Gute Reisefotografen sind gute Landschafts-, Architektur-, Stilllife-, Schnappschuss-, Porträt- und Menschenfotografen. Sie können nicht nur eine Reise, sondern auch jede einzelne Aufnahme minutiös planen und diese Aufnahmen bei Auftragsarbeit streng nach Checkliste und Konzept durchführen. Beispielsweise bei einer Doppelseite „denkt und sieht" der versierte Reisefotograf im Querformat, bei einer Titelseite im Hochformat. Die Auflösung und die Bilddichte (Informations- oder Detaildichte) werden üblicherweise für eine Doppelseite ausgelegt. Gute Reisefotografen können aber auch spontan sein und aus einer unerwarteten Situation heraus gekonnte Schnappschüsse mit nach Hause bringen. Sie sind ethnologisch interessiert und informieren sich vor Reiseantritt über Geografie, Kultur, Menschen, Sitten, Bräuche und Besonderheiten des Landes oder Gebietes, das sie fotografisch erkunden wollen. Sie gehen, vor allem in Regionen mit moslemischer Bevölkerung oder bei Naturvölkern, mit viel Fingerspitzengefühl an die Aufnahmen von Menschen heran.

Zur hohen Kunst der Reisefotografie gehört auch die sinnvolle Abstimmung der Objektivpalette und des Zubehörs auf die jeweilige Fotoreise. Man muss ja nicht das gesamte Fotoarsenal aus dem Schrank mitnehmen. Aber man sollte auch kein wichtiges Zubehörteil vermissen. Bei der Wahl der Objektive sollte man den für die eigenen Anforderungen jeweils günstigsten Kompromiss zwischen Lichtstärke und Gewicht eingehen. Besonders empfehlenswert sind die Zoomobjektive mit optischem Bildstabilisator. Auch die extremen Weitwinkelzooms ab 10 mm sind eine sinnvolle Ergänzung der Ausrüstung. Mit Zooms kann man die Anzahl der Objektive klein halten.

> **BasisWissen: Anforderungsprofil Zweitkamera**
>
> Mit nur einer Kamera ist es in der anspruchsvollen Reisefotografie nicht getan – eine Zweitkamera ist ein Muss auf jeder Fotoreise. Sie liefert eine zusätzliche „Belichtungssicherheit" beim Ausfall der Hauptkamera. Am besten eignet sich ein baugleiches Modell als Zweitkamera, damit die Bedienung keine Umgewöhnung erfordert. Das ist auch beim gleichzeitigen Einsatz zweier Kameras vorteilhaft, die mit unterschiedlichen Objektiven bestückt werden können. Die Zweitkamera muss aber freilich nicht immer baugleich mit der ersten sein, sie sollte jedoch eine nahezu identische Auflösung und Sensorgröße aufweisen. Eine preiswerte und leichte Zusatzkamera zur EOS 400D ist die EOS 350D, die bei vergleichbarer Sensorgröße 8 Megapixel auflöst. Der Monitor ist zwar mickrig, aber die Menüführung und die Kamerabedienung geben den Besitzern einer EOS 400D keine Rätsel auf. Man muss die Zweitkamera freilich nicht immer dabei haben, man kann sie auch im Hotelsafe deponieren und nur bei Bedarf abholen. Wichtig ist jedoch, dass beide Kameras einem einzigen System angehören, damit der beliebige Wechsel von Objektiven und Zubehör jederzeit möglich ist.

Reise- und Reportagefotografie 153

> ### ➤ PraxisTipp: Eine Drittkamera
> Eine kleine digitale Zoomkamera, die man immer dabei haben kann, verhindert, dass man bei einem Spaziergang ohne Fotoausrüstung ein lohnendes Motiv verpasst. Eine vergleichbare Auflösung mit der EOS 30D und ein Weitwinkel-Zoomobjektiv wären sinnvoll. Die Canon PowerShot S80 mit 8 Megapixel und einem 28-100 mm Zoom ist gut geeignet. Der 2,5 Zoll große Monitor mit Gittereinblendung erleichtert die Ausrichtung der Kamera.

Neutrale Verlauffilter und Polarisationsfilter gehören ebenfalls zur Standardausrüstung eines jeden Reisefotografen. Fototaschen und Fotorucksäcke haben auf Reisen eine wichtige Schutzfunktion gegen Schläge, Staub, Sand oder Regen und sichern somit die Funktionstüchtigkeit der Kameraausrüstung. Eine mit Reißverschluss versehene zusätzliche Deckelfolie erhöht den Schutz gegen Feuchtigkeit und feinen Sand. Gute Fototaschen bieten einen hohen Tragekomfort und ermöglichen einen schnellen Zugriff auf Kamera, Objektive, Akkus, Speicherkarten und sonstiges Zubehör. Ein ohne große physische Qualen tragbares stabiles Stativ sollte auch dabei sein. Einen sehr guten Kompromiss zwischen Stabilität und Gewicht bieten die Carbon-Stative der neuen Generation, die uneingeschränkt zu empfehlen sind. Auf jedes Fotostativ gehört ein Kugelkopf mit einstellbarer Friktion und kein 3D-Neiger, der eher für Video- und Filmaufnahmen gedacht ist. Ein leistungsstarker Aufsteckblitz mit einem Diffusor, der das Blitzlicht weicher macht und die Schatten abschwächt, sollte ebenfalls seinen festen Platz in der Fototasche haben. Mehrere Speicherkarten ab 512 MB mit einem gesamten Speichervolumen für eine Tagesausbeute von mindestens 4 GB sollte man stets dabei haben. Ein Notebook oder ein mobiler Festplattenspeicher dürfen auf keiner Reise fehlen, um die Bilder vor Ort mehrfach speichern zu können. Denn der alte Digitalgrundsatz gilt vor allem auf Reisen: Die Daten müssen mindestens zweimal vorhanden sein.

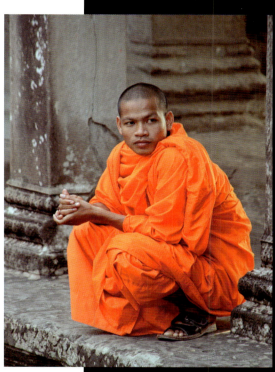

Telezooms mit Bildstabilisator eignen sich bestens für unbemerkte Schnappschüsse aus der Entfernung. Foto: Artur Landt

Bei Fotoreisen sollte man mindestens drei Akkus griffbereit in der Fototasche haben. Die Ladegeräte selbst arbeiten im Bereich von 100 V bis 240 V und sind somit geeignet für die Stromnetze in Asien oder den USA, aber ein Steckeradapter leistet bei Fernreisen gute Dienste. Das Batteriefach BGM-E3A kann anstelle der Akkus in den Batteriehandgriff BG-E3 eingesetzt und mit sechs Mignon-Batterien bestückt werden (Größe AA, 1,5 V). Zwar sind Akkus wirtschaftlicher, doch gerade in fernen Ländern bieten Batterien eine zusätzliche Sicherheit.

Tiertransporte in Kambodscha – auch das gehört zu einer Reisereportage. Fotos: Artur Landt

Landschafts- und Architekturfotografie

Beide Motivbereiche haben zwar kaum thematische Berührungspunkte, doch bei der Aufnahmetechnik gibt es durch die Weitwinkelobjektive einen gemeinsamen Nenner. Teleobjektive werden meistens nur für Detailaufnahmen aus großer Entfernung eingesetzt.

Zwei Facetten der Landschaftsfotografie: Die Totale ist mit Brennweite 10 mm und Polfilter entstanden. In der Detailaufnahme mit Brennweite 200 mm kommt die Saline groß heraus. Fotos: Artur Landt

Landschaftsfotografie

Anspruchsvolle Landschafts- und Naturfotografie entsteht nicht als Nebenprodukt einer Wandertour, sondern durch die fotografische Umsetzung einer Bildidee. Dabei geht es beispielsweise um die bildwirksame Platzierung von Details, um die Dominanz von Vordergrund oder Himmel, die den gewünschten Flächenkontrast hervorruft, um eine besondere Perspektive, um gezielte Belichtung, die eine bestimmte Lichtstimmung wiedergibt oder erst erzeugt. Auch der Landschaftsfotograf macht seine Aufnahmen nicht im Vorbeigehen, sondern wartet oft stundenlang bis die Sonne einen bestimmten Stand erreicht hat, um gewisse Landschaftsstrukturen plastisch zu modellieren, oder verharrt neben dem aufgebauten Stativ, bis eine Wolkenbank vorbeigezogen ist oder eine bildwirksame Position erreicht hat.

In der Landschafts- und Naturfotografie muss man außerdem nicht nur auf die Bestimmung der Schärfentiefe durch die Blendenöffnung großen Wert legen, sondern auch auf die Bildgestaltung mit der Verschlusszeit. Beispielsweise kann man mit Verschlusszeiten zwischen 2 Sekunden und 1/2 Sekunde (je nach Fließgeschwindigkeit) fließendem Wasser einen besonderen Charakter verleihen, oder mit kurzen Verschlusszeiten die durch Wind erzeugte Bewegung von Blattgrün „einfrieren". Neutrale Verlauffilter können die Kontraste ausgleichen und durch die dunklere Wiedergabe des Himmels und der Wolken die Bildaussage steigern. Polarisationsfilter gehören ebenfalls zur Standardausrüstung.

Architekturfotografie

In der Architekturfotografie gibt es nach einer groben Einteilung zwei Arten der fotografischen Darstellung: die sachlich-dokumentarische, perspektivisch korrekte Abbildung und die interpretierende, perspektivisch betonende oder gar verzerrende Darstellung. Beiden Darstellungsformen gemeinsam ist die Möglichkeit, die Bauwerke in der Totalen, das heißt in der Übersicht, oder im Detail zu zeigen. Unabhängig von der Darstellungsform ist die inhaltliche und formale Auseinandersetzung mit dem Bauwerk eine unerlässliche Voraussetzung anspruchsvoller Architekturfotografie. Einfühlungsvermögen und Formgefühl werden den Fotografinnen und Fotografen in einem hohen Maß abverlangt. Bei der sachlichen, perspektivisch korrekten Architekturaufnahme gilt es zunächst, stürzende Linien zu vermeiden. Das setzt voraus, dass Bildebene und Objektebene parallel zueinander ausgerichtet sind. Das geht bei der Aufnahme mit einer Wasserwaage im Blitzschuh der Kamera und einem Shiftobjektiv (TS-E-Objektive) wesentlich schneller und einfacher als die nachträgliche Entzerrung bei der Bildbearbeitung, die durch die Neuberechnung der Pixel auch noch die Bildqualität verschlechtert.

Bei Landschaftsaufnahmen mit Weitwinkelobjektiven ist die Bildgestaltung mit Vorder- und Hintergrund ausschlaggebend für die Bildwirkung. Fotos: Artur Landt

> **PraxisTipp: Einstellungssache**
>
> Der Bildstil *Landschaft* bewirkt eine kräftige, gesättigte Wiedergabe von Grün sowie Blau und ist gut geeignet für Landschaftsaufnahmen mit Vegetationsgrün und blauem Himmel. Bei Architekturaufnahmen bringt der Bildstil *Standard* mehr Schärfe und Brillanz ins Bild. Am besten ist es jedoch, wenn man die Parameter für Schärfe, Farbsättigung, Kontrast und Farbton für die gewünschte Bildwirkung individuell einstellt.

Bauwerke leben von Formen, Materialien und Licht. Klare, strenge Formen verlangen nach formaler Strenge in der Bildkomposition. Bei verspielten Formen ist es oft sinnvoll, auch Vordergrund oder Hintergrund in die Bildkomposition mit einzubeziehen. Architekturen „atmen" über die „Haut": Die Wiedergabe der Baumaterialien in den Fassaden, wie beispielsweise Glas, Beton, Stahl oder Mauerwerk ist entscheidend für das Gelingen einer Architekturaufnahme. Wenn zum Beispiel Glas oder Stahl stumpf wiedergegeben werden, verleiht das dem Bauwerk und der Aufnahme einen stumpfen Charakter. Nicht weniger wichtig ist auch die gekonnte Wiedergabe der Oberflächenstrukturen. Wie die Materialien und Strukturen wiedergegeben werden, hängt hauptsächlich vom Licht ab.

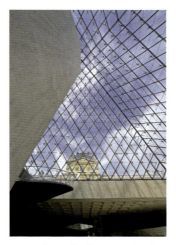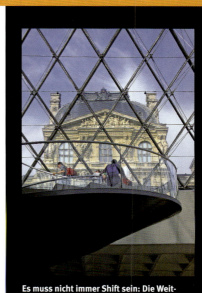

Es muss nicht immer Shift sein: Die Weitwinkel- und die Teleaufnahmen aus der Louvre-Pyramide vermitteln unterschiedliche räumliche Eindrücke. Fotos: Artur Landt

Strukturen werden im harten Seitenlicht am besten herausgearbeitet, grelles oder kaltes Licht abstrahiert, warmes Licht lässt die Bauwerke und deren Umgebung freundlicher erscheinen. Das Licht bestimmt somit nicht nur die Farbbrillanz, sondern auch die Bildaussage entscheidend mit. Das bedeutet für den gezielt arbeitenden Architekturfotografen, der weitgehend vom natürlichen Licht abhängig ist, dass er nicht nur stundenlang auf das passende Licht warten muss, sondern auch dass er die gewünschte Aufnahme oft erst an einem der nächsten Tage machen kann. Zwar lassen sich in einem guten Bildbearbeitungsprogramm sogar Beleuchtungs- und 3D-Effekte erzeugen, die jedoch nicht die Bildwirkung der bei der Aufnahme eingefangenen Lichtstimmung und der herausgearbeiteten Strukturen und Materialeigenschaften in der Fassade haben.

> **BasisWissen: Zusammengesetze Panoramen**
>
> Fotos mit extremen Seitenverhältnissen ermöglichen faszinierende Landschafts- und Architekturdarstellungen. Panoramen können auch ohne eine spezielle Panoramakamera gelingen, wenn man die PhotoStitch Software für die Bilderverknüpfung von der mitgelieferten Digital EOS Solution Disk einsetzt. Damit lassen sich mehrere ausgesuchte JPEG-Aufnahmen zu einem Panoramabild zusammenfügen. Die PhotoStitch Software kann die Einzelbilder aber nur dann nahtlos zusammensetzen, wenn eine Überlappung von 20 bis 30 Prozent gegeben ist. Daran sollte man bereits bei der Entstehung der Aufnahmen achten. Die möglichst genaue Ausrichtung der Kamera mit einer Wasserwaage im Blitzschuh auf einem Stativ und die gleiche Belichtung der einzelnen Aufnahmen erleichtert das spätere Zusammenfügen. Bei Zooms sollte die Brennweite zwischen den Aufnahmen nicht verändert werden. Wer es ganz genau nimmt und sowohl weit entfernte als auch nahe gelegene Objekte in einem Bild haben will, dreht das Objektiv um den Nodalpunkt (Knotenpunkt). Ihn zu bestimmen, ist aber recht kompliziert, weil er von der Brennweite des Objektivs abhängt und in Relation zum Mittelpunkt des Stativgewindes und der Bildebene des Sensors gesetzt werden muss. Wer den Begriff in eine Suchmaschine eingibt, findet zahlreiche Anleitungen zur Bestimmung der Nodalpunkte sowie diverse Nodalpunktadapter, die zwischen Kamera und Stativ eingesetzt werden. Bei unendlicher Entfernungseinstellung und weit entfernten Motiven genügt aber die genaue Kameraausrichtung mit der Wasserwaage. Die Zusammensetzung mehrerer Einzelbilder zu einem Panorama kann sowohl in vertikaler als auch horizontaler Richtung erfolgen, ja sogar Matrixanordnungen von 2x2 Bildern sind möglich. Die PhotoStitch Software bietet die Option zwischen einer runden und einer geraden perspektivischen Darstellung.

Sport- und Tierfotografie

Thematisch haben beide Motivbereiche nichts miteinander zu tun. Die Ausrüstung und die Aufnahmetechnik ist jedoch bei beiden weitgehend identisch. Man muss das Fotografieren mit langen Brennweiten beherrschen und im richtigen Augenblick auslösen.

Klaus-Peter Bredschneider setzte das EF 100-400er mit Bildstabilisator in der Telebrennweite für beide Fußballaufnahmen auf dieser Seite freihändig ein.
Foto: Klaus-Peter Bredschneider

Mit langen Brennweiten und kurzen Verschlusszeiten gelingen Sportaufnahmen am besten. Foto: Klaus-Peter Bredschneider

In der Sportfotografie muss man das Fotografieren mit extremen Teleobjektiven beherrschen, schnelle Bewegungsabläufe einfangen können und darf den richtigen Augenblick für die Aufnahme nicht verpassen. Weitwinkel- und Standardobjektive kommen nur selten zum Einsatz, beispielsweise bei Übersichtsaufnahmen von einem Stadion oder bei Reportagen über die Sportler. Immer wenn es darum geht, schnelle Bewegungsabläufe scharf wiederzugeben, sind leistungsfähige Autofokus-Systeme gefragt. Das AF-System der EOS 400D erfüllt professionelle Anforderungen und auch die Auslöseverzögerung ist extrem gering. Einerseits gilt zwar, dass je mehr Sensoren sich im AF-Einsatz befinden, desto mehr Rechenvorgänge im Kameracomputer ablaufen. Daher verlangsamt eine große Anzahl von AF-Sensoren geringfügig die Fokussiergeschwindigkeit. Andererseits jedoch ist es vor allem in der Sportfotografie sehr wichtig, dass möglichst viele Sensoren ein großes AF-Messfeld mit einer hohen Messdichte bilden. Das erleichtert die Scharfeinstellung auf außermittig platzierte Objekte, ohne dass eine zeitraubende Schärfespeicherung und somit ein zusätzlicher Arbeitsschritt erforderlich wären. Bei Sportaufnahmen beschleunigt ein großes AF-Messfeld mit einer hohen Messdichte, wie bei der EOS 400D, die Schärfenachführung bei Aufnahmen von bewegten Objekten, denn der Bewegungsablauf kann von Sensor zu Sensor besser verfolgt werden.

Bei Sportveranstaltungen gelten die EF-Objektive mit Ultraschallmotor als erste Wahl (USM= Ultra Sonic Motor). Zwar ist auch mit herkömmlichen AF-Motoren eine schnelle und präzise Scharfeinstellung zu realisieren. Mit Ultraschallantrieb läuft der Fokussiervorgang jedoch noch flotter und vor allem hörbar leiser ab. Professionell arbeitende Sportfotografen rüsten ihre EOS 400D mit dem Batteriehandgriff BG-E3 auf, der eine üppigere Stromversorgung liefert. Zusätzliche Bedienelemente für die Hochformathaltung, wie Auslöser und Einstellrad erleichtern die schnelle und sichere Handhabung im Hochformat.

Die Hektik des Sportgeschehens darf sich nicht auf den Fotografen übertragen. Unruhige Körperhaltung, ruckartiges Auslösen oder auch die Eigenerschütterung der Kamera durch Spiegelschlag, Verschlussablauf oder sogar Springblende können zum Verwackeln oder Verreißen der

Sport- und Tierfotografie

> **PraxisTipp: Nicht schummeln**
>
> Im Wildpark oder im Zoo lassen sich mit etwas Geduld mitunter beeindruckende Tieraufnahmen realisieren und störende Details im Photoshop eliminieren. Allerdings sollte man der Versuchung widerstehen, sie als Aufnahmen wilder Tiere in freier Natur auszugeben. Und zwar nicht nur, weil Kenner die Fälschung sofort erkennen, sondern weil die Fotografie auch im digitalen Zeitalter ihre Glaubwürdigkeit nicht verlieren darf.

Aufnahme führen. Die durch Kamerabewegung verursachte Bewegungsunschärfe ist an Doppel- und Mehrfachkonturen zu erkennen. Die Verwacklungsgefahr wächst mit zunehmender Brennweite und längeren Verschlusszeiten. Ein Aufnahmeobjekt in Bewegung kann durch die Wahl der Verschlusszeit scharf oder verwischt abgebildet werden. Die Zusammenhänge zwischen Verschlusszeit und Bewegung sind in dem Kapitel über die Aufnahmetechnik erläutert. Ein besonderes Stilmittel ist das sogenannte Mitziehen, bei dem das Objekt in Bewegung scharf abgebildet wird, während der Hintergrund unscharf erscheint. Dadurch kann der Bewegungseindruck im Bild verstärkt werden, man spricht dann auch von einer „dynamischen Bildaussage". Beim Mitziehen wird die Kamera während des Auslösens gleichmäßig und parallel zur Bewegungsrichtung des Aufnahmeobjekts bewegt. Die Verschlusszeit richtet sich nach der Objektgeschwindigkeit und sollte eher zu lang als zu kurz sein. IS-Objektive mit Bildstabilisatoren der neuen Generation haben sogar eine zweite Betriebsart für das Mitziehen.

Das Antizipieren der Situation, das schnelle Reagieren und die ständige Aufnahmebereitschaft sind auch die besten Voraussetzungen für gelungene Sportaufnahmen. In der Blendenautomatik mit Zeitvorwahl wird die gewünschte Verschlusszeit manuell eingestellt und die Kamera steuert automatisch die entsprechende Blende in Abhängigkeit von den Lichtverhältnissen. In der Praxis ist darauf zu achten, dass der jeweils zur Verfügung stehende Blendenbereich für eine korrekte Belichtung mit der vorgewählten Verschlusszeit ausreicht. Sinnvoll ist es auf jeden Fall, den Safety Shift zu aktivieren, denn dann erfolgt am Bereichende der Blendenskala eine automatische Funktionsumschaltung auf eine kürzere oder längere Verschlusszeit, sodass die Aufnahme korrekt belichtet wird. Einbeinstative geben vor allem beim Einsatz lichtstarker, schwerer Teles sowohl den richtigen Halt als auch die erforderliche Bewegungsfreiheit. Bei Freihandaufnahmen verringern die Objektive mit Bildstabilisator deutlich die Verwacklungsgefahr.

**Auch im Zoo sind extreme Telebrennweiten jenseits von 300 oder 400 mm für formatfüllende Tierporträts erforderlich.
Fotos: Artur Landt**

> **BasisWissen: Tierfotografie**
>
> In der freien Wildbahn herrschen andere Aufnahmebedingungen als im Zoo, sodass die Lektüre einschlägiger Literatur und langwierige Vorbereitungen und Beobachtungen normalerweise den Tieraufnahmen vorausgehen. Aber selbst das ist noch keine Garantie für gelungene Tieraufnahmen in freier Wildbahn, man muss die Tiere nämlich erst finden, was gar nicht so einfach ist. Oft ist die Auskunft eines Zoologen oder eines Försters für den Erfolg entscheidend. Auch muss die Tugend der Geduld bei Tierfotografen sehr ausgeprägt sein, denn die meiste Zeit bei einer „Fotosession" in freier Wildbahn besteht aus geduldigem Warten, das im Fachjargon liebevoll „Ansitzen" genannt wird. Das Ansitzen darf jedoch das natürliche Verhalten der Tiere nicht stören, was beispielsweise in der Nähe eines Nestes oder eines Fuchsbaus durchaus der Fall sein kann. Doch die im Ansitzen geübten Tierfotografen werden nicht selten mit außergewöhnlichen Aufnahmen mehr als belohnt – Aufnahmen, die nicht nur einen naturwissenschaftlichen, sondern auch einen ästhetischen Wert haben. Viele Tieraufnahmen, die einen spontanen Eindruck vermitteln, sind keine Schnappschüsse, sondern das Ergebnis systematischer Vorbereitungen, zu denen nicht selten auch „Requisiten" wie Tarnnetze, Fotozelte, Attrappen oder Lichtschranken gehören.

Stilllife-, Food- und Sachfotografie

Aus der Stilllebenfotografie haben sich eigenständige Aufnahmegebiete herauskristallisiert, wie Food- oder Sachfotografie. Die Aufnahmen entstehen überwiegend im Fotostudio bei künstlicher Beleuchtung.

Eine aufgesprühte Mischung aus Wasser und Glycerin betont die Frische, die Kompaktblitzanlage bringt Farbe und Brillanz ins Bild. Foto: Artur Landt

Stilllebenfotografie mit künstlerischem Anspruch ist eines der faszinierendsten, aber auch schwierigsten Sachgebiete der Fotografie. Ob vorgefunden oder arrangiert, bei natürlichem Licht oder bei gezielter Lichtführung, Stillleben fordern den „ganzen" Fotografen: Gefragt ist ein ausgeprägtes Form-, Farben- und Raumgefühl, gepaart mit profunden Kenntnissen über Bildgestaltung und Lichtführung. Bei Stillleben im Studio ist auch die Fähigkeit zum ästhetischen Arrangement unerlässlich. Durch die Wahl und die Platzierung der Objekte lässt sich eine Spannung erzeugen, die freilich das harmonische und empfindliche Gleichgewicht des Arrangements nicht stören darf. Formen, Strukturen und Farben sollten durch die Lichtführung entsprechend der Bildidee herausgearbeitet werden. Erst das Zusammenwirken aller dieser Faktoren ergibt ein ausgewogenes und ausdrucksstarkes Stillleben.

Stilvoll zubereitete Gerichte gehören ebenso zur **Foodfotografie** wie Aufnahmen von Brot, Käse, Wein, Obst oder rohem Gemüse. Die Nahrungsmittel sollten frisch und appetitlich aussehen, was oft kosmetische Korrekturen oder Eingriffe erfordert. Die Farbbrillanz und Farbsättigung mancher Frucht- oder Gemüsearten kann durch Auftragen von farbiger Tusche verstärkt werden. Mit einigen von der Kamera aus nicht sichtbaren Stecknadeln und Büroklammern lassen sich Blätter befestigen. Bei Obst und Gemüse kann Öl oder Glycerin für deutlich besseren Glanz sorgen. Eine Mischung aus Wasser und Glycerin kann aufgesprüht werden, sodass kleine Tropfen zusätzlich die Frische betonen. Die vom Einstelllicht der Blitzanlage erzeugte Wärme kann aber die frischen Produkte schnell verwelken lassen. Daher ist es sinnvoll, die eigentlichen Aufnahmeobjekte im Kühlschrank auf zu bewahren und den Motiv- und Lichtaufbau mit anderen artgleichen Produkten vorzubereiten. Die „Hauptdarsteller" werden kurz vor der Aufnahme aus dem Kühlschrank geholt und gegen die Dummys ausgetauscht. Die warme Zubereitung der Speisen führt zu etwas stumpferen Oberflächenstrukturen und Farben. Abhilfe ist bedingt möglich, indem man beispielsweise ein Steak mit Öl bestreicht.

Sachaufnahme eines Messsuchers, bei der sich die dazugehörige Kamera in Unschärfe auflöst. Foto: Artur Landt

Die **Sachfotografie** kann, je nach Intention, rein dokumentarisch oder interpretierend sein. Durch die Art der Beleuchtung kann ein Objekt natürlich, naturalistisch oder verfremdet dargestellt werden. Mit einer gekonnten Lichtführung lassen sich auch wichtige Material- oder Formeigenschaften hervorheben. Die Objektmodulation durch Licht und Schatten impliziert auch die Einspiegelung der Lichtquelle sowie der Aufheller und Abschatter in glänzende oder transparente Oberflächen. Normalerweise wird großer Wert auf eine natürliche Perspektive ge-

Stilllife-, Food- und Sachfotografie 159

> ### ➤ PraxisTipp: Makrofotografie
>
> In der Close-up und Makrofotografie kommen die kleinen Dinge des Alltags fotografisch ganz groß heraus. Alles Wissenswerte über diese speziellen Aufnahmegebiete finden Sie in den Abschnitten über Makro-Objektive (S. 108f), Makrozubehör (S. 136f) und Makroblitzgeräte (S. 139). Sie dort zu behandeln, war eine sachliche Notwendigkeit, die aus den besonderen technischen Aufnahmebedingungen in der Makrofotografie resultiert.

legt, sodass die Kamera präzise positioniert werden muss. Eine gute Detailwiedergabe lässt sich mit Makro-Objektiven realisieren, und zwar nicht nur bei kleinen, sondern auch bei großen Objekten.

Aus der Stilllebenfotografie haben sich, vor allem durch die Werbefotografie bedingt, eigenständige Aufnahmegebiete herauskristallisiert, wie Tabletop-, Food- oder Sachfotografie. Für die Wahl der geeigneten Ausrüstung ist diese Einteilung jedoch ohne Bedeutung, weil in den einzelnen Disziplinen weitgehend gleiche Arbeitsbedingungen herrschen. Die Objekte haben meistens recht kleine Dimensionen, sodass Stilllebenfotografie sich eigentlich im „erweiterten" Nahbereich abspielt. Das Heimstudio kann folglich in jedem Raum kurzfristig eingerichtet werden. Im Mittelpunkt des Heimstudios steht ein zusammenlegbarer Aufnahmetisch (gekauft oder selbst gebaut) mit Befestigungsvorrichtung für den Hintergrundkarton, der bei Übergang von der Senkrechten in die Waagrechte keinen Knick, sondern eine Hohlkehle bilden soll. Hilfreich sind im Heimstudio auch verschiedene Hintergrundrollen (mit und ohne Verlauf) Reflexflächen, Diffusor- und Effektfolien, Knet- und Haftmasse oder Klemmzangen.

Die Einspiegelung der Flächenleuchten einer Kompaktblitzanlage betont die Form des Glases und der Flaschen. Foto: Artur Landt

In der Stilllifefotografie und den verwandten Themenbereichen arbeitet man am besten mit Spiegelvorauslösung und von einem stabilen Profistativ aus. Unerlässlich ist die visuelle Kontrolle der Schärfentiefe im Sucher durch Druck auf die Abblendtaste. Bei der Wahl der Objektive sollte man unbedingt auf die Korrektion für den Nahbereich und die kürzeste Entfernungseinstellung achten. Daher sind Makro-Objektive bestens dafür geeignet.

> ### ➤ BasisWissen: Die Retrostellung
>
> Mit speziellen Umkehrringen können herkömmliche Aufnahmeobjektive in der sogenannten Retrostellung, also mit der Frontlinse zur Bildebene, befestigt werden. Der zweiteilige EOS-RETRO Umkehrring von Novoflex beispielsweise kann alle Blenden- und Steuerfunktionen übertragen. Er wird für Filtergewinde 58 mm geliefert, für kleinere Gewinde gibt es Reduzierringe. Der Einsatz der Objektive in Retrostellung lässt sich wie folgt begründen: Die meisten Objektive sind für unendlich korrigiert, für einen Aufnahmebereich also, in dem die Aufnahmeentfernung (genauer: die Objektweite) wesentlich größer ist als die Entfernung zwischen Objektiv und Bildebene (genauer: als die Bildweite). Beim Abbildungsmaßstab 1:1 sind beide Entfernungen gleich groß. Bei einem vergrößerten Abbildungsmaßstab ist die Objektweite sogar geringer als die Bildweite. Wenn das für unendlich korrigierte Objektiv umgekehrt an die Kamera angeschlossen wird, werden die Aufnahmebedingungen, für die das Objektiv gerechnet wurde, wiederhergestellt.
>
>
>
> **Mit dem zweiteiligen EOS-RETRO Umkehrring von Novoflex lassen sich alle Blenden- und Steuerfunktionen übertragen. Foto: Novoflex**

Digitale Fotografie im Beruf

Wichtig für den Fotoeinsatz im Beruf ist die sofortige Verfügbarkeit der Bilder sowie die Möglichkeiten, sie mit einem Fotodrucker auszudrucken, am Desk- oder Laptop zu präsentieren per E-Mail zu verschicken oder auf die Website zu stellen.

Architekten, Innenarchitekten und Einrichtungsberater können Anregungen für ihre Arbeit im Bild festhalten.
Fotos: Artur Landt

Architekten, Bauleiter und **Bauherren** können mit der Digitalkamera verschiedene Bauphasen und gegebenenfalls Bauschäden dokumentieren. Vor dem Baubeginn kann man auch das Grundstück samt Umgebung aufnehmen und später nicht mehr sichtbare Teile, wie Baugrube, Fundament, Kanalisation, Verkabelung, Träger, Dämm- und Isolierschichten im Bild festhalten. Bei Instandsetzungen kann es nicht schaden, den Zustand vor und nach der Renovierungsmaßnahme aufzunehmen. Für Präsentationszwecke, für die Eigenwerbung oder für eine hochwertige Verkaufsmappe sollte man die EOS 400D mit extremen Weitwinkel- und Shiftobjektiven bestücken. Dasselbe gilt auch für **Immobilienmakler**.

Innenarchitekten und **Einrichtungsberater** sollten sich ebenfalls für extreme Weitwinkelobjektive entscheiden, die vor allem in Innenräumen, wenn man mit dem Rücken zur Wand steht, Übersichtsaufnahmen ermöglichen. Ein leistungsstarkes Aufsteckblitzgerät mit Schwenkreflektor, eventuell auch ein Stativ, können sich angesichts der oft schwachen Raumbeleuchtung als hilfreich erweisen. Für professionelle Bildergebnisse ist auch der entfesselte Einsatz mehrerer Systemblitzgeräte zu empfehlen, um eine gute Raumausleuchtung zu realisieren. Die Empfindlichkeit solle man nur bei Bedarf und nur mit sehr viel Fingerspitzengefühl erhöhen, um das Bildrauschen nicht zu verstärken. Die Mischlichtbeleuchtung stellt hohe Anforderungen an den automatischen Weißabgleich. Falls die Lichtquelle genau bestimmt werden kann (Glühlampen, Leuchtstoffröhren, Blitzlicht), sollte man die entsprechenden Voreinstellungen manuell aktivieren.

Gutachter, Anwälte und **Sachverständige** arbeiten mit der Digitalkamera in der Beweissicherung, um die Schäden versicherungsrechtlich zu registrieren. Überhaupt ist die Versicherungsbranche ein dankbarer Abnehmer digitaler Fotos, sei es um vorbeugende Sicherungsmaßnahmen oder Einbruchschäden zu dokumentieren. Überhaupt ist es sinnvoll, seine Wertgegenstände und Sammlungen oder eine wertvolle Inneneinrichtung rein prophylaktisch aufzunehmen. Das kann die Schadensregulierung erheblich vereinfachen. Um dem Vorwurf der Bildmanipulation zu entgehen, sollte man diese Bilder im RAW-Format aufnehmen und nicht bearbeiten, sodass man gegebenenfalls eine Art digitales Negativ vorlegen kann.

▶ BasisWissen: Materialgerecht ins Bild setzen

Jedes Aufnahmeobjekt wird nicht nur durch seine Form, sondern auch durch seine Oberfläche bestimmt. Holzmöbel mit polierter oder lackierter Oberfläche können mit großen Flächenleuchten weich ausgeleuchtet werden. Die Holzmaserung lässt sich mit einem zusätzlichen Streiflicht herausarbeiten. Falls die Maserung betont und die Reflexe ausgeschaltet werden sollen, kann die Beleuchtung mit polarisiertem Licht zum Erfolg führen. Das gilt auch für Studioaufnahmen von hochglänzenden Metallobjekten. Das Studiolicht wird durch Polarisationsfolien, die vor den Blitzreflektoren befestigt werden, polarisiert. Mit einem Polarisationsfilter vor dem Objektiv lassen sich dann die metallischen Reflexe beseitigen. Reflexanfällige Metalloberflächen, beispielsweise am Auto, lassen sich auch mit einem relativ leicht zu entfernenden Dulling-Spray mattieren. Spiegelungen an Zierleisten oder Türgriffen verschwinden, indem man schwarzen Samt passgenau zuschneidet und auf der betreffenden Stelle fixiert. Matter Kunststoff ist recht unproblematisch, aber hochglänzende oder metallisierte Kunststoffoberflächen sind beleuchtungstechnisch wie Metallglanz zu behandeln, indem man eine Lichtwanne oder Softbox mit scharfer Leuchtfeldbegrenzung in die Oberfläche einspiegelt. Bei durchsichtigem Kunststoff und farblosem Glas müssen die Formen und Konturen betont und gleichzeitig die Transparenz erhalten werden. Flächenleuchten setzen großflächige Reflexe, und möglichst nahe am Objekt platzierte schwarze Kartonstücke arbeiten die Konturen heraus. Ein dezentes Gegenlicht kann die Transparenz hervorheben.

Digitale Fotografie im Beruf 161

> **PraxisTipp: Bilder für Online-Auktionen**
>
> Gegenstände, die man im Internet verkaufen will, müssen ansprechend, aber nicht künstlerisch ins Bild gesetzt werden. Die Auflösung muss für eine Darstellung in Bildschirmgröße auf einem 19 oder 21 Zoll Monitor ausreichen. Das Verkaufsobjekt sollte sauber und frei von Staub und Fusseln sein. Dellen, Kratzer und sonstige Mängel dürfen jedoch aus juristischen Gründen im Bild nicht wegretuschiert werden.

Zahnärzte, Kieferchirurgen, plastische Chirurgen oder **Hautärzte** können mit einem Makro-Objektiv und einem Ringblitz den Zustand vor und nach dem Eingriff oder einen Krankheitsverlauf festhalten. Falls die Bilder einem Gutachter oder vor Gericht präsentiert werden sollen, ist das RAW-Format oder die parallele Aufzeichnung im JPEG- und RAW-Format unbedingt zu empfehlen.

In der **Gastronomie** und im **Handel** kann man digital aufgenommene Produkte sofort in eine Speisekarte oder in eine Werbeaktion einbauen. Im **Fremdenverkehr** lässt sich mit digitalen Bildern von Landschaften, Menschen, lokalen Spezialitäten, Hotellerie und Gastronomie, Wellnessoasen die Region besser präsentieren, sei es in Prospekten, Anzeigen oder auf der Homepage.

Für **Antiquitätenhändler** sowie Mitarbeiter in **Museen** und **Galerien** sind digitale Aufnahmen von Münzen, Statuetten, Keramik, Gemälde wichtig für einen aktuellen Verkaufskatalog oder für die wissenschaftliche Dokumentation.

Künstler, Designer, Werbespezialisten können mit der Digitalkamera ihre eigenen Arbeiten dokumentieren oder Anregungen fotografisch sammeln.

Es gibt praktisch kaum einen beruflichen Zweig, der mit der digitalen Fotografie nichts anfangen kann. Für die unterschiedlichen Gegebenheiten in den einzelnen Branchen gilt die Fototechnik und die Ausrüstung für die jeweiligen Motivbereiche. Wenn ein Antiquitätenhändler eine Münze fotografiert, dann handelt es sich dabei um eine Makroaufnahme. Ein Architekt, der sein neuestes Bauwerk aufnehmen will, arbeitet im Bereich der Architekturfotografie. Bei bestimmten Aufnahmen ist ein metrischer Größenvergleich wichtig, sodass man ein Lineal mit abbilden sollte. Daher sind die fototechnischen Einzelheiten den jeweiligen Buchabschnitten zu entnehmen. Ferner gilt beispielsweise das, was über Drucker und Papiere gesagt wird, für alle, die ihre Fotos ausdrucken wollen – also gleichermaßen für einen Makler, der ein Papierfoto eines Objekts für die Schautafel will, oder für einen KFZ-Sachverständigen, der einen Fotoausdruck für ein Gutachten benötigt.

In der Gastronomie und im Handel kann man die Bilder für die Werbung oder für die eigene Website einsetzen. Fotos: Artur Landt

Hobbys und Sammelleidenschaft

Es soll tatsächlich Fotografinnen und Fotografen geben, die neben der Fotografie auch noch andere Hobbys und Sammelleidenschaften haben – und diese wollen freilich fotografisch dokumentiert sein.

Je nach Blitzrichtung erscheint das Relief der Münze flach oder erhaben. Die erste Aufnahme ist mit dem Ringblitz am Objektiv entstanden, bei den beiden anderen wurde der Blitz seitlich platziert. Fotos: Artur Landt

Bei Outdoor-Aktivitäten kann man sich weitgehend an die beschriebene Arbeitsweise für Sport- und Actionfotografie halten. Lediglich beim Wassersport ist ein wasserdichtes Spezialgehäuse zu empfehlen. Bei Kanu- oder Wildwasserfahrten und natürlich beim Segeln, Schnorcheln oder Tauchen muss die Digitalkamera in einem Unterwassergehäuse untergebracht werden, die von diversen Herstellern erhältlich sind. Weiterführende Infos sind zum Beispiel auf folgenden Websites zu finden: www.uk-germany.com, www.seacam.com, www.sealux.de, www.subal.com, www.unterwasserwelt.de, www.unterwasserfoto.com.

Wer seine Digitalkamera auf die Skipiste mitnehmen will, sollte sie vor Kälte und Feuchtigkeit schützen. Die in einen Gefrierbeutel eingepackte Kamera sollte möglichst nahe am Körper getragen werden. Die trockene Körperwärme hält die Kameraelektronik und die Akkus oder Batterien funktionstüchtig. Sollte sich durch den Höhen- und Temperaturunterschied Kondenswasser bilden, dann muss die Kamera samt Objektiv langsam temperiert werden. Die EOS 400D ist ausreichend gut gegen Feuchtigkeit geschützt. Wer in der Regenzeit in die Tropen reist oder einen Besuch der Niagarafälle einplant, kann bei extremer Dauerregen-ähnlichen Feuchtigkeit dennoch seine Kamera luft- und wasserdicht verpacken (in kleine Klimakoffer oder Gefrierbeutel) und nur für die Aufnahme kurz herausnehmen.

Bei der Dokumentation der Sammelleidenschaft sind wiederum die Gegebenheiten in den verwandten Motivbereichen zu beachten. Künstlerpuppen kann man beispielsweise genauso porträtieren wie Menschen. Das gilt für Pose, Lichtführung, Brennweite, Arbeitsblende und Belichtung. Lediglich bei der Beleuchtung sollte man auf die Materialeigenschaften achten. Porzellanpuppen können das Blitzlicht ungünstig reflektieren, matte Oberflächen dagegen stumpf wirken, bei feinen Textilstrukturen kann Moiré auftreten. Vasen und Keramik lassen sich fototechnisch wie ein Stillleben behandeln. Aufnahmen von Uhren, Münzen und Briefmarken finden im Makrobereich statt, sodass Makroobjektive die erste Wahl sind. Die gewünschte Motivausleuchtung wird mit einem Ringblitz, mit einem mit Diffusor versehenen Aufsteckblitz oder mit mehreren entfesselten Blitzgeräten realisiert.

Modellautos und -eisenbahnen setzen ebenfalls hohe Anforderungen an das Können des Fotografen und seiner Ausrüstung. Wer es genau machen will, greift zu einem Tilt&Shift-Objektiv. Die TS-E-Objektive bieten die Möglichkeit, durch Verschwenkung der optischen Achse die Lage der Schärfenebene nach dem Scheimpflug-Prinzip zu verändern. Das gibt der Schärfentiefe als Mittel der Bildgestaltung eine völlig neue Dimension, denn man kann den Verlauf der Schärfentiefe dem Motiv optimal anpassen, wie bei einer Eisenbahn oder einem Auto. Auf diese Weise kann der visuelle Eindruck der Schärfentiefe im Bild vergrößert oder verkleinert werden. Dabei wird jedoch, entgegen der landläufigen Meinung, der Bereich der Schärfentiefe weder vergrößert noch verkleinert, sondern nur die Lage der Schärfenebene verändert.

F Bildausgabe

- Datenübertragung 164
- Einfache Bildoptimierung 166
- Die helle Dunkelkammer 168
- Drucken in Fotoqualität 170
- Bildpräsentation und Archivierung 172

Datenübertragung

Die Übertragung der Bilddateien von der Speicherkarte auf den Computer kann auf mehreren Wegen erfolgen: direkt aus der Kamera per USB-Kabel oder mit einem kabelgebundenen oder im PC eingebauten Kartenleser.

Die Übertragung wird durch Druck auf die Print/Share-Taste gestartet und durch das Blinken der blauen Tastenlampe angezeigt.

Bei vielen Computern sind die USB-Ports auf der Rückseite platziert, sodass aufgeraute Knie oder Beulen am Kopf die Folgen der demütigenden Anschlussprozedur sein können. Mit einer USB-Dockingstation holt man den USB-Anschluss auf den Schreibtisch. Bei Mehrfachsteckern sollte der USB-Hub die Stromversorgung an allen Anschlüssen sicherstellen. Foto: Hama

Die Kamera lässt sich mit dem mitgelieferten USB-Kabel direkt an die USB-Schnittstelle des Computers anschließen. Die EOS 400D ist mit einer USB 2.0 Hi-Speed-Schnittstelle ausgestattet, die recht flotte Transferraten ermöglicht (siehe PraxisTipp). Die Software von der im Lieferumfang der Kamera enthaltenen EOS Digital Solution Disk sollte man aber vorher auf dem PC installieren. Dann werden die Bilder wahlweise mit dem ZoomBrowser EX oder dem EOS Viewer Utility auf den PC übertragen. Wer andere Bildbearbeitungsprogramme bevorzugt, muss die entsprechenden Einstellungen im Twain-Treiber vornehmen. Im Wiedergabemenü kann man unter *Transferauftrag* einzelne oder alle Bilder auswählen. Die Datenübertragung lässt sich durch Druck auf die Print/Share-Taste starten. Die korrekte Übertragung wird durch das Blinken der blauen Print/Share-Tastenlampe signalisiert, während das permanente Leuchten der Lampe das erfolgreiche Ende des Transfers anzeigt. Über das Stadium des Datentransfers wird man auch auf dem Computer-Bildschirm informiert. Bei diesem Übertragungsmodus wird die Stromquelle der Kamera angezapft, was, je nach Länge des Transfers und je nach Ladezustand, schon mal den Akku in die Knie zwingen kann. Daher ist es sinnvoll, die Kamera für den Datentransfer über das externe Netzteil ACK-DC20 mit Energie aus der Steckdose zu versorgen.

Am einfachsten ist jedoch die Übertragung der Bilder mit einem kabelgebundenen oder im PC eingebauten Kartenlesegerät. Die meisten Lesegeräte sind Multi-Card-Reader, die mit mehreren Slots ausgestattet sind und fast alle Kartenarten lesen, oft auch beschreiben können. Wer keinen PC mit eingebautem Kartenleser besitzt, kann einen von diversen Zubehörspezialisten angebotenen Multislot-Card-Reader in den 3,5 Zoll Einbauschacht eines Computers einschieben. Der Kartenleser kann über ein USB-Kabel angeschlossen werden. Bei der anderen Anschlussoption, die keinen Treiber erfordert, wird das Gerät wie eine Festplatte am IDE-Slot angebracht und über ein Kabel mit Strom versorgt. Externe Kartenlesegeräte werden üblicherweise mit einem USB-Kabel an den PC angeschlossen und aus dem Computer mit Strom gespeist. Alternativ kann man sich auch für einen Kartenleser mit FireWire-Anschluss entscheiden. Folgende Bezeichnungen sind für die jeweiligen Anschlüsse und die Transfergeschwindigkeit üblich: Lowspeed-USB (1.1) = 1,5 Mbit/s, Fullspeed-USB (2.0) = 12 Mbit/s und Hi-Speed-USB (ebenfalls 2.0) = 480 Mbit/s. FireWire ist als IEEE 1394 bekannt (IEEE = Institute of Electrical and Electronic Engineers), oder genauer: IEEE 1394–1995 = 100–400 Mbit/s, IEEE 1394a–2000 = 100–400 Mbit/s, IEEE 1394b = 800 Mbit/s.

Die Übertragung der Bilder aus der Kamera mit dem EOS Viewer Utility auf den PC ist eine einfache, selbsterklärende Sache.

Datenübertragung   165

> **PraxisTipp: Auf die Peripherie achten**
>
> Die Transfergeschwindigkeit wird in der Praxis durch viele Faktoren begrenzt (Leistungsfähigkeit der Prozessoren, Wagenlauf beim Scanner oder Drucker). Die Angabe der Höchstgeschwindigkeit bedeutet nur: Auf einer Straße könnte man mit 300 km/h fahren. Ob man 110 oder 250 km/h erreicht, hängt davon ab, ob man eine Ente oder einen Porsche fährt. Daher immer auch auf die Angaben am PC und den Peripheriegeräten achten.

Viele Notebooks sind mit einem PC-Card-Slot ausgestattet, ja sogar Desktops lassen sich damit nachrüsten. Weil die PC-Card größer dimensioniert ist als die gängigen Speicherkarten, lassen sich Adapter dafür herstellen. Dadurch ist es möglich, praktisch alle Karten über einen PC-Card-Adapter direkt im Computer zu lesen. Die mobilen Festplattenspeicher mit CF-Slot können ebenfalls als einfache Kartenlesegeräte genutzt werden. Bei all diesen Möglichkeiten ist es am einfachsten folgendermaßen vorzugehen: Da auf dem Arbeitsplatz die in den Kartenlesern eingeschobene CF-Karte als Wechseldatenträger angezeigt wird, genügt es, sie zu öffnen, und entweder den ganzen Ordner oder die markierten einzelnen Bilder mit der Maus in den gewünschten Ordner am PC zu ziehen. Über das Stadium des Datentransfers wird man auf dem Bildschirm informiert. Alternativ kann man auch die mitgelieferten Canon-Programme oder diverse andere Bildbearbeitungsprogramme für die Bildübertragung mit Bildvorschau nutzen.

Der Multislot-Card-Reader von Delkin lässt sich in einen 3,5 Zoll Einbauschacht eines Computers einbauen. Foto: Delkin

Der kompakte Kartenleser Hama 22-in-1 kann 22 verschiedene Kartentypen lesen. Foto: Hama

> **BasisWissen: Kalibrierung und Profilierung**
>
> Die meisten Geräte, die in der digitalen Fotografie unterhalb der Profiebene eingesetzt werden, arbeiten üblicherweise im RGB-Farbmodus mit drei Farbkanälen für die Primärfarben Rot, Grün, Blau. Der RGB-Farbraum ist größer als der beim Inkjetdruck reproduzierbare Farbumfang, sodass zwangsläufig Farben verloren gehen. Daher kann es je nach Monitoreinstellung sein, dass man auf dem PC-Bildschirm mehr Farbtöne als im Ausdruck sieht. Auch kann das gedruckte Bild in der Helligkeit und im Farbgang von der Monitordarstellung abweichen. Abhilfe kann die Kalibrierung und Profilierung des Monitors schaffen. Die Kalibrierung wird direkt am Bildschirm, die Profilierung in den entsprechenden Programmen ausgeführt. Mit speziellen Sets, wie dem Visual Image Testset von Fujifilm, lassen sich alle Geräte einer Bildkette auch ohne teure Messinstrumente (Spektralphotometer) farblich aufeinander abstimmen. Eine preiswerte Lösung stellen die diversen Spyder-Varianten von Pantone ColorVision dar. Die „Messspinne" ist ein digitales Colorimeter, sodass man die Farbprofile anhand von einfachen Messungen erstellen kann. Denn nur wenn der Monitor auf die Druckausgabe farblich kalibriert ist, lässt sich die Farbcharakteristik der Druckergebnisse vorhersagen.

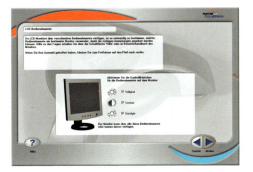

Mit speziellen Tools, wie den diversen Pantone ColorVision Spyder-Versionen ist die Monitorkalibrierung eine recht einfache Sache.

Bildausgabe

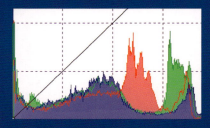

Einfache Bildoptimierung

Grundsätzlich sollte man die Bildbearbeitung nicht der Kamera überlassen, sondern bei voller Kontrolle am kalibrierten und profilierten PC-Monitor mit einem leistungsfähigen Bildbearbeitungsprogramm selbst durchführen.

Die Tools für die schnelle Bildkorrektur in den neueren Adobe Photoshop Elements Versionen.

Die zahlreichen Bildbearbeitungsprogramme unterscheiden sich durch ihre Möglichkeiten und Leistungsfähigkeit sowie durch die Benutzeroberfläche und Menüführung. Angesichts der großen Unterschiede zwischen den Programmen muss die eingehende Behandlung der Bildbearbeitung den mitunter 300-400 Seiten starken Spezialbüchern zum Thema vorbehalten bleiben. Um den Umfang des vorliegenden Buches nicht zu sprengen, lassen sich an dieser Stelle nur ein paar Basics vermitteln.

Von der Rauschunterdrückung bei Langzeitbelichtung abgesehen, ist es besser, die Korrekturen der Schärfe, der Farbsättigung, der Farbwiedergabe, der Helligkeit und des Kontrastes nicht der Kamera zu überlassen, sondern sie gezielt auf dem PC-Monitor bei visueller Kontrolle durchzuführen. Sämtliche Anwendungen sollten nicht an der Originaldatei, sondern immer an einer Kopie durchgeführt werden. Am besten speichert man sie als TIFF-Datei ab. Wenn mit verschiedenen Ebenen und Kanälen gearbeitet wird, ist das Photoshop-Dateiformat PSD (.psd) optimal geeignet für das schnelle Zwischenspeichern der diversen Arbeitsschritte. Bildbearbeitungsmuffel, denen das Hantieren mit den sperrigen TIFF-Dateien auf die Nerven geht, können zum JPEG-Format greifen. Allerdings ist JPEG eher ein Aufnahme- und Archivformat als ein Arbeitsformat für die Bildbearbeitung. Denn bei jeder Veränderung und erneuten Speicherung werden die Daten komprimiert, was die Gefahr von Kompressionsfehlern erhöht. Die fertig bearbeiteten Dateien kann man dann aber für das Archivieren, Versenden oder Drucken ohne Bedenken im JPEG-Format abspeichern. Wichtig ist die Darstellung aller Pixel, also die 100-prozentige Ansicht des zu bearbeitenden Bildes auf dem PC-Monitor. Folgende Reihenfolge ist für die Bildbearbeitung zu empfehlen: 1. Tonwert- und Kontrastkorrekturen 2. Farb- und Farbsättigungskorrekturen 3. Schärfekorrekturen und gegebenenfalls Filter und andere Effekte. Für das Ausmaß der Korrekturen gilt: So

links:
Die Tools für die Bildkorrektur im mitgelieferten Canon Digital Photo Professional.

rechts:
Das Canon Digital Photo Professional ist auch für die Bearbeitung und Konvertierung der RAW-Dateien bestens geeignet.

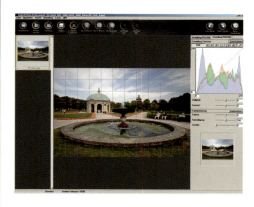

> **PraxisTipp: Auf die Dauer hilft nur Power**
>
> Richtig Spaß macht die Bildbearbeitung nur mit einem leistungsfähigen Computer mit einem großen Arbeitsspeicher (RAM= Random Access Memory) von 512 MB oder 1 GB, einem schnellen Prozessor im Gigahertz-Bereich, einer ausreichend großen Festplatte von etwa 100 GB und einem hochauflösenden Flachbildschirm ab 1240x1024 Pixel. Photoshop-Profis schwören zwar auf Röhrenmonitore, aber es geht tatsächlich auch mit TFT-Monitoren.

wenig wie möglich aber so viel wie nötig. Denn zu viele Korrekturen könnten durch Verlust von Pixel und Details sowie durch Neuberechnungen das Bild verschlimmbessern.

Eine zentrale Rolle bei den Tonwert- und Kontrastkorrekturen spielt das Histogramm, das wir bereits von der Kameratechnik kennen (siehe S. 51). Gute Programme bieten die Möglichkeit, das Histogramm für das gesamte Bild (RGB) oder für die einzelnen Farbkanäle (R, G oder B) anzuzeigen. Das Histogramm wird für die Helligkeitsanalyse und die Tonwertkorrektur verwendet. Bei einem flauen, kontrastarmen Bild werden die Tonwerte gespreizt, um dem Bild mehr Brillanz zu verleihen. Das gespreizte Bild kann aber immer noch zu hell oder zu dunkel wirken, weil die Tonwertkorrektur das Tonwertspektrum im hellen oder im dunklen Bereich vergrößert. Mit der Gradationskurve lässt sich in vielen Programmen der Kontrastverlauf im gesamten Bild getrennt für die hellen, dunklen oder mittleren Tonwerte gezielt steuern. Bei diversen Programmen ist auch die Steuerung der Helligkeit und des Kontrastes mit mehreren Reglern oder per Eingabe von Zahlenwerten möglich.

Für die gezielte Beeinflussung der Farbdarstellung sind Eingriffe in die Farbbalance erforderlich. Je nach Programm gibt es verschiedene Optionen dafür, wie zum Beispiel Farbton, Farbsättigung, Farbe ersetzen, Farbstiche korrigieren. Damit lassen sich auch Farbabweichungen durch einen falschen Weißabgleich bei der Aufnahme korrigieren. Die Intensität einer Farbe kann man beispielsweise durch Abschwächung der Komplementärfarbe erhöhen und umgekehrt. Man kann eine Farbe aber auch durch Veränderungen der benachbarten Farben auf dem Farbkreis beeinflussen. Auf jeden Fall sind Farbkorrekturen mit viel Fingerspitzengefühl durchzuführen, denn jede Veränderung einer Farbe hat Auswirkungen auf die Wiedergabe anderer Farben. Die Wirkung der Korrektur wird in der Vorschau beurteilt. Man kann sie auch auf das Bild übertragen und am besten vor dem Speichern wieder rückgängig machen, wenn sie nicht gefällt. Die einmal gespeicherten Farbkorrekturen sollten jedoch nicht mehr verändert werden, weil die Bildqualität durch Verlust von Pixelwerten und Details verschlechtert wird. Wenn die Farbbalance nicht gelungen ist, sollte man an einer Kopie der Ursprungsdatei einen erneuten Versuch starten.

Das Histogramm und die Aufnahmedaten werden auch im mitgelieferten Canon Zoom-Browser EX angezeigt.

> **BasisWissen: Schärfekorrekturen**
>
> Unter den vielen Scharfzeichnungsoptionen, wie Konturen scharfzeichnen, scharfzeichnen oder stark scharfzeichnen, ist der Befehl unscharf maskieren die mit Abstand beste Option. Sie wird von den meisten Bildbearbeitungsprogrammen geboten und erhöht den Kontrast der benachbarten Pixel in einem ohnehin kontrastreichen Bildbereich. Das Dialogfeld zeigt meistens drei Regler: Stärke, Radius und Schwellenwert sowie die Vorschau. Als Ausgangspunkt kann eine Stärke von 150 bis 200 Prozent eingegeben werden. Wenn Farb- und Lichtsäume auftreten oder das Bild körnig erscheint, schaffen die beiden anderen Regler Abhilfe: Der Licht- und Farbsaum lässt sich durch Verkleinern des Radius reduzieren, ohne den Scharfzeichnungseffekt zu vermindern. Damit wird lediglich bestimmt, wie viele der umliegenden Pixel für die Kontrastanhebung herangezogen werden. Werte von 2 bis 1 Pixel dürften normalerweise ausreichen. Die Körnung wird durch Erhöhung des Schwellenwertes mit dem dritten Regler reduziert. Damit bestimmt man, welche Kontrastunterschiede für die Kontrastanhebung maßgeblich sind. Beim Wert Null werden sämtliche Pixel im Bild scharfgezeichnet, beim Wert 10 nur Pixel, die diesen oder einen höheren Kontrastunterschied zu den benachbarten Pixeln aufweisen. Ein Schwellenwert zwischen 5 und 20 kann als Ausgangswert dienen.

Die helle Dunkelkammer

Der nahezu archetypische Wunsch, das Bild in der Hand zu halten, lässt sich mit den Fotodruckern der neuen Generation in exzellenter Qualität realisieren. Auf einige Aspekte muss man aber dennoch achten.

Druckverfahren

Fototaugliche Farbdrucker arbeiten nach einer groben Einteilung mit zwei unterschiedlichen Druckverfahren, dem Tintenstrahl- sowie dem Thermosublimationsdruck. Weitverbreitet ist der Tintenstrahl- oder Inkjet-Druck, bei dem mikroskopisch kleine Farbtröpfchen über unzählige feinste Düsen auf die Trägerschicht des Papiers aufgetragen werden. Dabei sind wiederum zwei unterschiedliche Varianten im Einsatz: Der beispielsweise von Canon (Bubble Jet), HP und Lexmark eingesetzte thermische Tintenstrahldruck, bei dem die Farbtröpfchen von Dampfblasen aufgesprüht werden und die Micro Piezo-Technologie von Epson, bei der die elektromechanische Formveränderung eines Piezokristalls für den Tintenausstoß sorgt. Beim Thermosublimationsdruck werden die Farben von einer Trägerfolie oder einem Farbband durch Erhitzen des Druckkopfs auf die Trägerschicht aufgedampft. Die Übertragung der Bildpunkte erfolgt ohne Zwischenräume, sodass eine sehr hohe, nahezu analoge Printqualität erreicht wird. Auch die Lichtbeständigkeit kann sich sehen lassen. Bei dem von Fujifilm entwickelten Thermo-Autochrome-Verfahren sind die Farben bereits im Spezialpapier enthalten und werden durch den Thermokopf aktiviert. Welches das bessere Verfahren ist, darüber lässt sich trefflich streiten. Alle Druckverfahren haben Vor- und Nachteile und werden ständig verbessert, sodass man mit keinem etwas falsch macht.

Die Qualität und Haltbarkeit der mit dem heimischen Tintenstrahldrucker gedruckten Bilder hängt maßgeblich vom verwendeten Fotopapier und den Tinten ab. Canon hat mit der Chroma-Life100 eine neue Technik eingeführt, die mit entsprechenden Tinten und Papieren eine Haltbarkeit von bis zu 100 Jahren im Fotoalbum oder von bis zu 30 Jahren bei Aufbewahrung hinter Glas garantiert.

Beim Bubble Jet Druckverfahren von Canon werden winzige Farbtröpfchen von Dampfblasen in den Kapillardüsen auf Papier aufgesprüht. Der derzeitige Miniatur-Rekord liegt bei eine Tröpfchengröße von 1 Pikoliter. Foto: Canon

Drucker, die mit sechs oder sogar mehr Tinten arbeiten, sind ökonomischer, weil die Tanks einzeln ausgetauscht werden können, und liefern auch eine bessere, nuanciertere Bildwiedergabe. Foto: Canon

Fotodrucker der neuen Generation, wie der PIXMA Pro 9500, arbeiten mit einem 10-Farben-System mit pigmentierten Lucia-Tinten und können sich nicht nur technisch, sondern auch optisch sehen lassen. Foto: Canon

Farbe bekennen

Inkjet-Drucker sind die meistverbreiteten Fotodrucker. Zwar liefern grundsätzlich fast alle Modelle der neuen Generation qualitativ sehr gute Ausdrucke. Wer höchste Ansprüche an die Farbwiedergabe stellt, sollte sich für einen Inkjet-Drucker entscheiden, der mindestens den Sechs-Farben-Druck beherrscht. Damit ist eine noch differenziertere Farbwiedergabe als mit vier Farben möglich. Neben den beim Vier-Farben-Druck üblichen Schwarz, Cyan, Magenta und Gelb kommen beim Sechs-Farben-Druck noch helles Cyan und helles Magenta hinzu, die vor allem die Hautwiedergabe deutlich verbessern. Es gibt jedoch auch Sechs-Farben-Drucker, die statt der „Farbdubletten" eigene Tanks für helles und dunkles Schwarz und somit die Halbtonwiedergabe bestens im Griff haben. Drucker der neuen Generation beherrschen sogar den 7-, 8 oder 10-Farben-Druck. Canon beispielsweise setzt beim 8-Farben-Druck zusätzlich zu den sechs Farben noch Rot als siebte und

> **PraxisTipp: Oberflächlich betrachtet**
>
> Die meisten Fotopapiere sind in drei Oberflächen erhältlich: matt, seidenmatt und hochglänzend. Für welche Oberfläche man sich entscheidet, hängt vom eigenen Geschmack und dem Einsatzzweck des Fotos ab. Grundsätzlich gilt bei gleicher Papierstärke: Hochglanzflächen zeigen eine ausgeprägtere räumliche Tiefe und Brillanz als matte oder seidenmatte (halbmatte) Oberflächen, was den visuellen Schärfeeindruck erhöht.

Grün als achte ein. Damit werden noch fließendere, differenziertere Farbübergänge bei den als weich empfundenen Farbtönen erzielt und die Farbsättigung um bis zu 60% erhöht. Einige Epson-Drucker beispielsweise haben je 180 Düsen für Cyan, Magenta, Gelb, Rot, Blau, Photo Black, Matt Black und einen Gloss Optimizer, der die Farbbrillanz deutlich erhöhen soll.

Bei den Ultra-Photo-Papieren von Sigel kommt eine Kapillarschicht zum Einsatz. Die extrem schnelle und präzise Tintenabsorption in den Kapillarröhrchen senkt den Tintenverbrauch um bis zu 30 Prozent. Die Kapillaren verschließen sich blitzschnell nach der Tintenaufnahme und der Ausdruck ist sofort trocken und wischfest. Foto: Sigel

Tinte als Kostenfaktor

Tintenstrahldrucker mit Einzeltanks für jede Farbe sind nicht für höhere Qualitätsansprüche sondern auch für die Kalkulation der Folgekosten wichtig. Denn man braucht nur noch die jeweils verbrauchte Tintenpatrone und nicht den ganzen Tank auszutauschen. Einige der Vier-Farben-Drucker arbeiten mit einem Tank für Schwarz und einem für die anderen Farben, dann fällt die Kostenersparnis geringer aus. Bei einigen dieser Geräte ist der Druckkopf in den Tintentank eingebaut und wird beim Patronenwechsel mit ersetzt. Das macht zwar die gelegentliche Druckkopf-Reinigung überflüssig, erhöht aber die Folgekosten, weil man immer auch einen Druckkopf mit dazu kauft. Im Allgemeinen hält die Freude über einen preisgünstig ergatterten Farbdrucker aber normalerweise nicht lange an, denn bei den Tintenpatronen werden die User genannten Fotografen mitunter noch ganz kräftig zur Kasse gebeten. Zwei- oder dreimal Tanken kann teurer sein als der Drucker selbst. Ausweichen auf billigere Tinten aus Fremdfabrikation kann bedingt Abhilfe schaffen, wenn die Kompatibilität mit dem jeweiligen System gegeben ist und die Qualität stimmt. Die Angaben auf den Fremdverpackungen liefern nur ein Indiz für die Kompatibilität, in der Praxis muss man selbst herausfinden, wie gut oder wie schlecht die Tinte mit dem Drucker und dem Papier harmoniert. Mittlerweile gibt es in Ballungszentren Nachfüllstationen, in denen fachkundiges Personal die passende Tinte in die mitgebrachten leeren Originalpatronen fachgerecht nachfüllt. Das kann man ein paar mal pro Patrone machen, wobei wichtig ist, dass der Patronenausgang nicht austrocknet. Daher sollte die Patrone nicht ganz leer sein. Eigene Experimente mit der Farbspritze sind indes mit Vorsicht zu genießen, oft ist der Schaden größer als der Nutzen.

> **BasisWissen: Fotopapiere**
>
> Nach einer groben Einteilung lassen sich drei Papierqualitäten unterscheiden, die maßgeblich für die Bildqualität sind: A. Inkjetpapiere für hochauflösende Farbausdrucke in Fotoqualität sind keine echten Fotopapiere, sondern für Präsentationszwecke, Deckblätter, Geschäftsbriefe oder Grafiken gedacht. Die Qualität der Fotos ist ordentlich, kommt jedoch nicht an die von echten Fotopapieren heran. B. Einfache Fotopapiere für scharfe und brillante Abzüge sind so gut wie echte Fotopapiere. Sie liefern realistische Bilder mit intensiv leuchtenden Farben und klaren Farbübergängen. C. Fotopapiere in Profiqualität stellen die höchste Qualitätsstufe für den perfekten Fotodruck zu Hause dar. Die Bilder unterscheiden sich weder optisch noch haptisch von den besten Papierabzügen aus dem Labor.
>
> Das Flächengewicht gilt als wichtiges Qualitätsmerkmal und wird in Gramm per Quadratmeter angegeben, und zwar von etwa 80 g/m² bis zu rund 300 g/m², Fine-Arts-Papiere mit Textilstruktur bringen es sogar auf über 350 g/m². Inkjetpapiere für einfache Fotoqualität haben eine Grammage von etwa 80 bis 120 g/m², Fotopapiere der mittleren Qualität von etwa 130 bis 230 g/m² und Fotopapiere der höchsten Qualitätsstufe von etwa 235 bis 290 g/m². Das Flächengewicht hängt vom Materialaufbau und der Beschichtung ab. Bei gleicher Oberflächenart gilt tendenziell, dass je schwerer das Papier, desto besser die Qualität. Die räumliche Tiefe und die Brillanz nehmen mit dem Gewicht zu, was den visuellen Schärfeeindruck erhöht.

Drucken in Fotoqualität

Scharfe und brillante Fotoausdrucke gelingen nur mit der richtigen Anpassung der Bildauflösung an die Druckausgabe. Die nachfolgend beschriebenen sechs Schritte führen zum Erfolg. Schneller, wenn auch nicht besser, geht das mit dem Direktdruck.

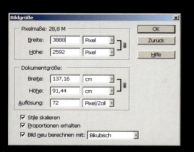

Schritt 1, die Bildgröße feststellen.

Schritt 2, dem Bild eine Druckauflösung zuweisen.

Schritt 3, Seitenansicht mit dem Drucklayout aufrufen.

Schritt 4, Bild drehen und den Befehl zum Drucken eingeben.

Diese Bilddatei soll mit einem Tintenstrahldrucker auf hochglänzendem Fotopaier gedruckt werden, wozu die nachfolgenden sechs Schritte erforderlich sind. Foto: Artur Landt

Die Bilddateien von der Speicherkarte werden direkt aus der Kamera oder mit einem Kartenleser normalerweise mit einer Auflösung von 72 dpi (dots per inch) auf den PC übertragen. Für einen qualitativ hochwertigen Farbausdruck auf Fotopapier mit einem Tintenstrahldrucker ist jedoch eine Druckauflösung von 300 dpi erforderlich. Falls eine größere Ausgabegröße (größerer Ausdruck) gewünscht wird, kann man eine niedrigere Auflösung eingeben. Auf keinen Fall sollte man dem Bild krumme Werte für die Auflösung zuweisen, wie beispielsweise 283 oder 321 dpi. Denn die Interpolation im Bildbearbeitungsprogramm oder die Umrechnung dieser Werte im Druckertreiber verschlechtert die Bildschärfe im Ausdruck. Für optimale Ergebnisse müssen beim Teilen der Druckerauflösung von 1200 oder 2400 dpi durch die zugewiesene Druckauflösung, in unserem Beispiel 300 dpi, stets ganze Zahlen dabei herauskommen, hier 4 beziehungsweise 8. Andere Werte wären zum Beispiel 240 dpi (1200:240=5) oder 200 dpi (1200:200=6). Die meisten Bildbearbeitungsprogramme haben eine Funktion für die Anpassung der Bildauflösung an die Druckauflösung. In den diversen und weitverbreiteten Photoshop Elements Versionen beispielsweise geht das folgendermaßen:

Schritt 1   Im Menü **Bild › Skalieren › Bildgröße** erscheint ein Dialogfenster mit den aktuellen Bildmaßen, die sowohl die Auflösung in Pixel/Zoll (=dpi) als auch die Breite und Höhe in Zentimeter angeben. In unserem Beispiel hat das 3888x2592 Pixel Bild der EOS 400D bei 72 dpi eine Größe von 137,16x91,44 cm. Diese Maße sind miteinander verknüpft, sodass die Änderung eines Wertes die anderen automatisch mitverändert, damit die Proportionen erhalten bleiben.

Schritt 2   Im Feld Auflösung werden nun statt 72 die 300 dpi für den Druck eingegeben. Unser Bild hat bei 300 dpi eine Größe von 32,92x21,95 cm, was einem formatfüllenden Ausdruck auf DIN A4 weitgehend entspricht. Sehr wichtig: Die Option **Bild neu berechnen** muss unbedingt ausgeschaltet sein, um zu verhindern, dass die Bilddatei neu berechnet wird. Denn jede Neuberechnung verschlechtert die Bildqualität.

Schritt 3   Im Menüfeld **Datei › Drucken** (Strg+P) oder durch einen Mausklick auf das Drucker-Symbol in der Menüleiste erscheint die Seitenansicht mit dem Drucklayout. In unserem Beispiel muss das Seitenlayout von Hoch- auf Querformat gedreht werden, was durch Anklicken des entsprechenden Drehsymbols in der Seitenansicht oder mit dem Befehl **Seite einrichten** (Querformat) eingegeben wird.

Drucken in Fotoqualität

> **PraxisTipp: Mit Vorsicht zu genießen**
>
> Wenn höhere Ansprüche an die Bildqualität gestellt werden, ist der Direktdruck mit Vorsicht zu genießen. Denn die Möglichkeiten der Bildbearbeitungssoftware der Kamera bleiben deutlich zurück hinter der gezielten, kontrollierten Bildverbesserung mit einem Bildbearbeitungsprogramm am Computer. Das gilt nicht nur für Korrekturen der Schärfe, des Farbtons und der Farbsättigung, sondern sogar für den Bildausschnitt.

Schritt 4 In der Seitenansicht erscheint das gedrehte Bild im endgültigen Drucklayout samt Druckmaßen in Zentimeter. Nun kann der Drucker angesteuert werden.

Schritt 5 In den Druckereinstellungen respektive im Druckertreiber muss unbedingt die passende Papiereinstellung eingegeben werden. Sonst verlaufen die Farben ineinander und der Abzug muss entsorgt werden.

Schritt 6 Beim Schließen der Bilddatei wird man zum Speichern der Änderungen aufgefordert. Das sollte man auf keinen Fall tun, denn sonst erfolgt doch noch die gefürchtete Neuberechnung des Bildes. Nur wenn man die Änderungen nicht speichert, bleiben die ursprünglichen Dateiinformationen erhalten. Denn für den Druck wurde die Bilddatei nicht verändert, sondern bekam lediglich einen neuen Auflösungswert zugewiesen.

Schritt 5, im Druckertreiber unbedingt die richtige Papiersorte eingeben und das Bild ausdrucken.

Schritt 6, die Änderungen am Bild auf keinen Fall speichern.

Direktdruck

Der Direktdruck mit dem offenen PictBridge-Standard gewinnt zunehmend an Bedeutung. Die Kamera wird mit dem DirectPrint-kompatiblen Drucker mit dem mitgelieferten USB-Kabel verbunden. Die JPEG-Bilder lassen sich auf dem Kameramonitor auswählen, wobei sogar der Bildausschnitt, die Papiersorte, die Ausgabegröße und das Drucklayout bestimmt werden können. Diverse Druckeffekte, die Einstellung der Helligkeit, des Kontrastes, der Farbsättigung, des Farbtons und der Farbbalance sind ebenfalls möglich. Aufhellen und die Rote-Augen-Korrektur ergänzen die zahlreichen Möglichkeiten. Auf Partys und Familienfesten sind sofort ausgedruckte Bilder der Renner. Vor allem die mit den mobilen Druckern der Canon SELPHY CP-Serie können sich sehen lassen. Denn die CP-Drucker arbeiten mit dem Thermosublimationsdruckverfahren, bei dem die Farben von einem Farbband durch Erhitzen des Druckkopfs auf die Trägerschicht aufgedampft werden. Die Übertragung der Bildpunkte erfolgt ohne Zwischenräume, sodass eine sehr hohe Printqualität und eine hervorragende Farb- und Tonwertabstufung erreicht werden. Auch die Lichtbeständigkeit ist hoch, zumal die Papierabzüge mit einer zusätzlichen transparenten Schutzschicht versiegelt werden.

> **BasisWissen: DPOF und Exif-Print**
>
> DPOF, Digital Print Order Format, ist ein offener Standard für das Speichern der Anweisungen für den Druckauftrag auf der Speicherkarte, wie Bildauswahl, Drucklayout, Anzahl der Drucke, der sowohl für den Direktdruck mit kompatiblen Druckern oder für Laboraufträge genutzt werden kann. Exif, Exchangeable Image File, heißt seit der Version 2.2 Exif-Print und ist ein offener Standard, der im Header der JPEG- und TIFF-Dateien neben den aufnahmerelevanten Parametern auch Zusatzinformationen über die veränderten Kameraeinstellungen, wie Farbton, Farbsättigung, Kontrast, Schärfe, Weißabgleich oder Blitzeinsatz hinterlegt. Diese Informationen können von kompatiblen Druckern für eine Bildwiedergabe entsprechend der individuell festgelegten Aufnahmeparameter genutzt werden. Die Bildbearbeitung mit einem Programm, der Exif-Print nicht unterstützt, führt zu einem Verlust der Header-Informationen. Bei Aufnahmen im RAW-Format werden DPOF- und Exif-Print-Daten nicht hinterlegt.

Direktdruck ist auch mit dem DPOF-Standard und einem kompatiblen Drucker möglich. Die DPOF-Einstellungen werden auf der CF-Karte gespeichert und können auch für Laborabzüge verwendet werden.

Bildpräsentation und Archivierung

Die digitalen Bilddateien müssen archiviert und verwaltet werden, was mit zunehmender Anzahl der Bilder eine gewisse Systematik erfordert. Eine überzeugende Bildpräsentation will ebenfalls gekonnt vorbereitet sein.

Digitale Bildpräsentation

Nachdem die Bilder auf der Computerfestplatte gespeichert und gegebenenfalls bearbeitet sind, stellt sich die Frage: Was nun und wohin damit? Als Erstes bietet sich eine „spontane Diashow" auf dem PC-Monitor an. Zunächst sollten die Hochformatbilder auch entsprechend gedreht werden, wenn das Programm das nicht automatisch tut oder die entsprechende Option an der Kamera nicht aktiviert wurde. Sehr gut für eine Diashow am PC ist beispielsweise der mitgelieferte ZoomBrowser EX. Die ausgewählten Bilder werden in der Übersicht in einer Art Diarahmen präsentiert. Die Einblendeffekte und Diastandzeiten kann man nach Wunsch eingegeben.

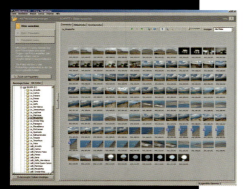

Mit dem mitgelieferten Canon ZoomBrowser EX lässt sich auf einfache Weise eine beeindruckende Diashow für den PC-Monitor erstellen. Im ersten Schritt muss der Ordner geöffnet und die gewünschten Bilder markiert werden.

Die EOS 400D ist mit einem Videoausgang (Video Out) ausgestattet, sodass man die Bilder direkt aus der Kamera auf dem Fernsehbildschirm betrachten kann. Das ist zwar von einer ansprechenden Bildpräsentation weit entfernt, im Hotel oder auf die Schnelle jedoch eine feine Sache. Die Kamera wird mit dem mitgelieferten Videokabel an den Fernseher (Video In) angeschlossen, wobei beide Geräte ausgeschaltet sein sollten. Am Fernseher muss der Kanal mit dem entsprechenden Videosignal eingestellt sein. Im Einstellmenü der Kamera sollte man das benutzte Videosystem aktivieren (PAL/NTSC). Die Diashow wird mit der Play-Taste der Kamera gestartet. Die meisten mobilen Festplattenspeicher und auch einige Kartenlesegeräte bieten ebenfalls die Möglichkeit, die Bilder von der Speicherkarte direkt auf dem TV-Bildschirm zu präsentieren.

Im zweiten Schritt wählt man die Optionen für die Bildpräsentation. Sehr pfiffig gelöst ist die Vorschau für die Überblendeffekte, die beim Anklicken des Symbols im Bildfenster gezeigt werden. Die Diastandzeit lässt sich mit dem unteren Cursor zwischen 1 und 120 Sekunden einstellen. Der manuelle Diawechsel per Mausklick ist ebenfalls möglich. Im dritten Schritt wird nun die Diashow gestartet.

Für eine professionelle Diashow, die sowohl auf dem DVD-Laufwerk eines Notebooks oder PCs als auch mit einem entsprechend ausgestatteten DVD-Player auf dem TV-Monitor präsentiert werden kann, sind spezielle Programme erforderlich. Die Diashow muss auf eine DVD+R/–R gebrannt werden. Das geht auch mit CD-ROMs, doch die Speicherkapazität von 700 MB ist recht knapp bemessen. Die Brennprogramme sind im Handel erhältlich, können aber auch als eingeschränkte Freeware oder Demoversion respektive als kostenpflichtige Vollversion heruntergeladen werden. Hier die gängigsten Programme: Roxio Easy CD Creator oder Roxio Toast Titanium (www.roxio.de), Nero Premium oder Nero PhotoShow (www.nero.com), Xatshow (www.xat.com), Magix Fotos auf CD&DVD (www.magix.de). Auf jeden Fall sollte man sich schon im Vorfeld informieren, ob der DVD-Player das Dateiformat und die DVD+R/–R oder die CD-ROM abspielen kann. Vorsicht ist auch bei diversen DVD-Playern mit Kartensteckplätzen geboten, denn es kann sein, dass sie das JPEG-Format nur von der Speicherkarte, nicht jedoch von der DVD+R/–R oder der CD-ROM lesen können.

Der ZoomBrowser EX bietet die Möglichkeit, die Bilder nach einem Dreisterne-System zu markieren, was das Auffinden der besten Bilder erleichtert.

> **PraxisTipp: Speicher-Grundsatz**
>
> Dem bekannten digitalen „Grundsatz" zufolge, sollten alle digitalen Dateien, also auch die Bilder, mindestens zweimal vorhanden sein. Am besten speichert man die Bilder auf mehreren Medien, wie DVD+R/-R, CD-ROM oder externe Festplatten in mehreren Formaten (RAW, TIFF, JPEG). Mit Argusaugen sollte man den Wechsel der Standards bei Medien und Formaten beobachten und rechtzeitig durch zukunftssichere Speicherung darauf reagieren.

Wem der Umgang mit größeren Zahlen keine Schwierigkeiten bereitet, kann sich auch für einen der immer noch relativ teuren Beamer entscheiden, der mehr als nur Diagramme und PowerPoint-Grafiken präsentieren kann. Bei der Auswahl eines geeigneten Projektors sollte man auf die Auflösung, die Helligkeit und vor allem auf den Kontrast achten. Ein Kontrast von mindestens 1000:1 sorgt für eine kräftige Schwarzwiedergabe, die eine wichtige Voraussetzung für ein plastisches Bild darstellt. Die Abstufungen zwischen Schwarz und Weiß sollten fein nuanciert wiedergegeben werden. Wer auch in größeren oder nicht abgedunkelten Räumen seine Bilder mit guter Brillanz projizieren will, wählt einen Beamer mit einer Lichtleistung von 2500 bis 3500 ANSI Lumen. Die Auflösung sollte nicht kleiner als SXGA+ sein (1400x1050 Pixel). Bei LCD-Projektoren können Gittermuster und Treppeneffekt im Bild sichtbar werden, sodass man beispielsweise mit LCoS-Beamern aus der Canon XEED-Serie rasterlose Bilder projizieren kann (LCoS= Liquid Crystal on Silicon). Die XEED-Beamer bieten auch einen sRGB-Farbmodus für eine klare, ausgewogene Farbendarstellung. Sehr sorgfältig, am besten mit spezieller Software, sollte auch die Skalierung der Bilder auf die Projektionsgröße erfolgen.

Mit einer Lichtleistung von 3500 ANSI Lumen und einem Kontrastumfang von 1000:1 bietet der Canon-Beamer Xeed SX6 die besten Voraussetzungen für eine brillante Bildprojektion. Foto: Canon

Archivierung

Die Archivierung der digitalen Bilder geht zwar auch ohne Spezialprogramme, indem man hierarchisch aufgebaute Dateiordner anlegt und entsprechend benennt. Auch die Partitionierung der Festplatte (beispielsweise mit PartitionMagic) kann sinnvoll sein, um Programme, Texte und Bilder auf verschiedene „Festplatten" getrennt zu speichern. Die Archivierung der Bilder durch Brennen auf DVD+R/-R oder auf CD-ROM ist ein Muss, weil es die Festplatte entlastet und einen guten Schutz gegen Datenverlust bietet. Mit größer werdendem Archiv wird das Auffinden einzelner Bilder schwieriger, sodass spezielle Programme für die Bildverwaltung und Archivierung die Suche erleichtern. Mehr Möglichkeiten als die mitgelieferte Software bieten Archivprogramme, wie zum Beispiel: Irfanview (www.irfanview.com), Pixvue (www.pixvue.com), ThumbsPlus (www.thumbsplus.de), Ulead Photo Explorer (www.ulead.de), ACDSee Pro (www.microbasic.de), FotoStation PRO und Classic (www.fotoware.de). Einige dieser Archivprogramme erfüllen mitunter Profiansprüche. Für eine professionelle Archivierung sind jedoch auch entsprechende Katalogprogramme mit Datenbankfunktion erhältlich, wie Cumulus (www.canto.de). Eine Datenbank mit umfangreichen Suchkriterien muss jedoch nicht nur angelegt, sondern auch permanent gepflegt werden, was, je nach Anzahl der Bilder, extrem zeitaufwändig sein kann.

Die ebenfalls mitgelieferte Software Canon Digital Photo Professional ist zwar hauptsächlich für die RAW-Bearbeitung gedacht, kann jedoch auch für die Bildarchivierung eingesetzt werden.

> **BasisWissen: Analoge Präsentation**
>
> Auch digitale Bilder lassen sich analog präsentieren. Die Art des Rahmens sollte stilistisch sowohl zum Bild als auch zum Ambiente passen. Ein zu kleiner Rahmen lässt das Bild mickrig erscheinen, ein zu großer dagegen wirkt protzig. Das Passepartout ist ein wichtiges Gestaltungsmittel: Es kann das Bild in den Vordergrund rücken und betonen oder von ihm ablenken, es erdrücken. Es kann Ruhe ins Motiv bringen oder die Dynamik steigern. Das Foto sollte nicht mittig, sondern etwas nach oben versetzt werden. Tageslicht und fluoreszierende Beleuchtung enthalten teilweise hohe Konzentrationen an schädlicher UV-Strahlung, die nach einiger Zeit die Fotos im Wortsinn blass aussehen lassen. Spezialglas verhindert unerwünschte Reflexe und schützt die Bilder vor der schädlichen UV-Strahlung.

Lexikon

Abblenden: das Schließen der Blende auf den vorgewählten Wert (=Arbeitsblende). Kann auch die Wahl einer kleineren Blendenöffnung (für größere Schärfentiefe) bedeuten.

AEB: Auto Exposure Bracketing, Belichtungsreihenautomatik für flankierende Belichtungen (je eine Unter- und eine Überbelichtung zusätzlich zur korrekten Belichtung).

AF: Autofokus; automatische, motorische Entfernungs- bzw. Scharfeinstellung.

AI Focus AF: AF-Betriebsart, bei der die Kamera automatisch von One Shot AF auf AI Servo AF umschaltet, sobald eine Objektbewegung registriert wird (AI= Artificial Intelligence).

AI Servo AF: AF-Betriebsart für bewegte Objekte mit Schärfenachführung.

Aliasing: Treppeneffekt; treppenstufiges Aussehen glatter Objektkanten.

Analog: stufenlos variables, kontinuierliches Aufzeichnungssystem (z.B. Silberhalogenid-Filme, Vinyl-Schallplatten).

Anfangsöffnung: siehe Öffnungsverhältnis

Artefakte: unerwünschte Kunstprodukte, Verzerrungen, örtliche Bildstörungen.

Asphären: asphärische Linsen weisen mehrere Krümmungsradien auf, sodass die Randstrahlen und die achsennahen Strahlen einen gemeinsamen Brennpunkt haben. Sie werden für aufwändige optische Korrekturen eingesetzt.

A-TTL: Advanced-TTL, Blitzsteuerung, bei der auch das Umgebungslicht berücksichtigt wird, allerdings ohne Messblitz – nicht mit den Digitalkameras einsetzbar.

Auflösung: die Anzahl der Bildpunkte, in die ein Bild zerlegt werden kann.

B: Bulb; in der B-Einstellung bleibt der Verschluss so lange offen, wie der Auslöser gedrückt wird.

Bildebene: Die Ebene, in der eine scharfe Abbildung des Aufnahmeobjekts entsteht. Sie muss mit der Sensorebene in der Kamera vollkommen übereinstimmen.

Bildgröße: Anzahl der Bildpunkte (Pixel), die für eine digitale Aufnahme verwendet werden und aus denen dann auch das Bild besteht. Die maximale Bildgröße, die eine Kamera ohne Interpolation liefern kann, entspricht der effektiven Auflösung.

Bildrauschen: siehe Rauschen

Blende: eine mechanische Schließvorrichtung aus mehreren sichelförmigen Lamellen, die in jedem Objektiv den Strahlenraum und somit das einfallende Strahlenbündel begrenzt.

Blooming: das Überlaufen von Licht auf benachbarte Bildbereiche, wenn die auf die einzelnen Pixel eines CCD-Sensors einfallende Lichtmenge ihre Sättigungsgrenze überschritten hat.

Brennweite: die wichtigste Kenngröße eines Objektivs wird in Millimeter angegeben und bestimmt (neben der Aufnahmeentfernung) wie groß ein Objekt in der Bildebene abgebildet wird. Sämtliche Objektive mit identischer Brennweite bilden ein und dasselbe Motiv bei gleichbleibender Aufnahmeentfernung stets in derselben Größe ab. Die Abbildungsgröße verhält sich proportional zur Brennweite. Bei gleichbleibendem Aufnahmeabstand bewirkt eine Verdoppelung der Brennweite die Verdoppelung der Abbildungsgröße und umgekehrt.

Brennweitenäquivalenz: die Größenunterschiede zwischen einem Vollformatsensor mit 36x24 mm oder einem Kleinbildfilm mit 24x36 mm einerseits und dem APS-C-Sensor der EOS 400D mit 22,8x14,8 Millimeter andererseits, führen zu unterschiedlich großen Diagonalen des Aufnahmeformats und verändern somit den formatbezogenen Bildwinkel. Da die Bildwinkelumrechnung nicht ohne komplizierte Winkelfunktionen durchzuführen ist, wurde der Cropfaktor eingeführt, der besser bekannt ist als: Brennweitenäquivalenz, KB-äquivalente Brennweite, Brennweitenfaktor oder Verlängerungsfaktor. Beim Bildsensor der EOS 400D beträgt der Verlängerungsfaktor 1,6-fach. Dabei handelt es sich nicht um eine Brennweitenverlängerung, wie immer wieder irrtümlich angenommen wird. Denn die Brennweite ist eine Objektivkonstante, die durch das Aufnahmeformat nicht verändert wird. Was sich verändert, ist also nur der formatbezogene Bildwinkel, der enger wird. Das führt zu einem Bildwinkelverlust im Weitwinkelbereich und zu einem Bildwinkelgewinn im Telebereich.

CCD-Sensoren: Charged Coupled Devices; ladungsgekoppelte Halbleiterelemente, die das einfallende Licht in elektrische Signale umsetzen.

CMOS-Sensoren: Complementary Metal-Oxide Semiconductor; stromsparende Halbleiterelemente, die Canon in digitale Spiegelreflexkameras einsetzt.

CMY: Cyan, Magenta, Yellow, die subtraktiven Grundfarben.

CMYK: Cyan, Magenta, Yellow, Key, die Grundfarben des subtraktiven Farbsystems, wobei Key für Black (als Tiefe) steht.

CompactFlash-Card (CF): weitverbreitete, universell einsetzbare Speicherkarte, die in zwei Varianten erhältlich ist: Die CF Typ I ist mit 42,8x36,4x3,3 mm etwas schlanker als die CF Typ II mit 42,8x36,4x5 mm. Beide passen in den Kartenschacht der EOS 400D. CF-Karten gelten als sehr robust und zuverlässig, nicht zuletzt weil sie mit einem eingebauten Controller ausgestattet sind, der den Speicher verwaltet sowie gegebenenfalls Fehlfunktionen selbständig erkennen und eventuell auch korrigieren kann. CF-Karten arbeiten mit paralleler Datenübertragung, sodass schnelle Transferraten möglich sind. Sie sind preiswert, verbrauchen relativ wenig Strom und können sehr hohe Speicherkapazitäten haben.

Cropfaktor: siehe Brennweitenäquivalenz

Demosaicing: siehe Farbinterpolation

Digital: stufenförmiges, binäres Aufzeichnungssystem, das nur zwei Zustände kennt, 0 und 1.

Digital Imaging: digitale Aufzeichnung, Speicherung, Bearbeitung und Ausgabe der Bilder.

Digitalzoom: anders als beim optischen Zoom, wird nur der mittlere Bildausschnitt vergrößert und die fehlende Bildinformation interpoliert, was die Bildqualität drastisch verschlechtert.

Direktdruck, DirectPrint: Digitaldruckfunktion, die es ermöglicht, die Bilder direkt von der Kamera oder von der Speicherkarte auszudrucken, ohne vorher auf den Computer zu überspielen. PictBridge ist ein offener Standard für den Direktdruck, der das Übertragen und Drucken der Bilder aus der Kamera per USB-Kabel erheblich vereinfacht.

Dunkelstrom: eine Restladung, die in den Pixeln eines Bildsensors auch dann verbleibt oder entsteht, wenn kein Licht auf die Sensorelemente fällt und verschiedene thermische Ursachen hat.

EF-Objektive: Autofokusobjektive von Canon mit vollelektronischer Signalübertragung und eingebautem AF-Motor (EF= Electronic Focus). Die neuen Objektive der EF-Serie sind für Digitalkameras mit Vollformatsensor optimiert, können jedoch auch an analogen SLR-Modellen und an D-SLR-Kameras mit APS-C-Sensor verwendet werden.

EF-S-Objektive: eigens für die kleineren Bildsensoren im APS-C-Format bis etwa 23 x 15 Millimeter konzipierte AF-Objektive, die nicht an analoge KB-Kameras oder an D-SLR-Kameras mit Vollformatsensor (36 x 24 mm) verwendet werden können. Das „S" steht für Short Back Focus und ist ein Hinweis auf die verkürzte Schnittweite, sodass der Scheitel der Hinterlinse tiefer in das Gehäuse hineinragt. Die EF-S-Objektive zeichnen einen kleineren Bildkreis aus, sind preiswerter herzustellen sowie relativ leicht und kompakt.

EMD: Electromagnetic Diaphragm, elektromagnetische Blendensteuerung in den EF-/EF-S-Objektiven.

E-TTL: Evaluative Through-The-Lens, die Blitzlichtmenge wird anhand eines Vorblitzes so fein dosiert, dass eine ausgewogene Balance zwischen Blitz- und Dauerlicht entsteht. Bei der E-TTL II Messung werden zusätzlich zur herkömmlichen E-TTL Blitzsteuerung auch die Daten aus der Entfernungsmessung für die Analyse der Vorblitzmessung berücksichtigt, was Fehlbelichtungen durch stark reflektierende Flächen im Motiv verhindert. Die EOS 400D unterstützt auch die Übertragung der Informationen über die Farbtemperatur des gerade gezündeten Blitzes und die Bildsensor-abhängige Zoomkontrolle, bei der die Zoomposition des Blitzreflektors der Kleinbild-äquivalenten Objektivbrennweite automatisch angepasst wird.

EV: Exposure Value, Lichtwert (LW); Zahlenwert zur Beschreibung der Belichtung, dem bei einer definierten Empfindlichkeit mehrere Zeit-Blenden-Kombinationen entsprechen. Einem bestimmten Lichtwert können zum Beispiel folgende Zeit-Blenden-Kombinationen entsprechen, die alle zur gleichen Belichtung führen: 1/250s+f2–1/125s+f2,8–1/60s+f4–1/30s+f5,6–1/15s+f8

Farbinterpolation: die Pixel der Bildsensoren können keine Farben „erkennen", sodass hauchdünne Filterflächen für die drei Grundfarben auf die Sensoroberfläche aufgedampft werden. Dadurch entsteht bei herkömmlichen Sensoren ein Mosaik mit quadratischen Pixeln, von denen 50% für Grün und je 25% für Blau und Rot empfindlich sind (sogenanntes Bayer Pattern). Da jeder Pixel nur für eine der drei Grundfarben empfindlich ist, müssen für eine vollständige Farbendarstellung die fehlenden Informationen für die zwei anderen Farben aus benachbarten Bildpunkten gewonnen werden. Das geschieht üblicherweise durch Farbinterpolation, indem die fehlenden Farbinformationen mit komplizierten Algorithmen aus benachbarten Bildpunkten dazu gerechnet werden. Die Auflösung der Mosaik-Struktur in eine vollständige Farbendarstellung wird als Demosaicing bezeichnet.

Farbraum: würfelförmiger Raum, dessen drei Achsen aus den drei Grundfarben Rot, Grün, Blau in jeweils 256 Abstufungen bestehen.

Farbsättigung: Reinheit und Brillanz (Leuchtkraft) der Farben in einem fotografischen Bild.

Farbtemperatur: die spektrale Energieverteilung einer Lichtquelle. Die Maßeinheit dafür ist das Kelvin, abgekürzt K (nach dem Physiker William Lord Kelvin of Largs). Die Kelvinskala beginnt am absoluten Nullpunkt (-273,15°C), sodass folgende Umrechnung abgeleitet werden kann (abgerundet): K=°C+273. Die Farbtemperatur kann auch in Mired angegeben werden (MIcroREciprocal Degrees). Der Mired-Wert wird errechnet, indem man 1.000.000 durch den Kelvin-Wert teilt.

Farbtiefe: der Bereich der Farberkennung und -darstellung. Rein rechnerisch genügen 8 Bit pro Farbkanal (8x3 Farbkanäle = 24 Bit) für 16,78 Millionen Farbtönen, was der Echtfarben-Darstellung entspricht (true colour). Mit 36 oder 48 Bit lassen sich wesentlich ausgeglichenere, feiner abgestufte Farbverläufe und eine sehr differenzierte Wiedergabe in den Lichtern und Schatten realisieren – auch dann, wenn sie wieder auf 24 Bit heruntergerechnet werden.

FEB: Flash Exposure Bracketing, Blitzbelichtungsreihenautomatik.

FireWire: IEEE 1394; IEEE= Institute of Electrical and Electronic Engineers; Schnittstelle für schnelle Datenübertragung
IEEE 1394-1995= 100-400 Mbit/s
IEEE 1394a-2000= 100-400 Mbit/s
IEEE 1394b= 800 Mbit/s

Firmware: eine im Kamera-Computer fest installierte Software, die unter anderem das Betriebssystem enthält und aktualisiert werden kann.

Floating Elements: bewegliche Linsenglieder, die bei Objektiven mit stark unsymmetrischer Bauweise zur Verbesserung der Abbildungsleistung im Nahbereich eingesetzt werden.

FP: Focal Plane, Ultrakurzzeit-Synchronisation für alle kürzeren Verschlusszeiten als die Blitzsynchronzeit.

Fremdobjektive: Wechselobjektive für Spiegelreflexkameras, die nicht von den Kameraherstellern sondern von den sogenannten Fremdherstellern (z.B. Sigma, Tamron, Tokina) stammen.

Histogramm: ein Diagramm, das die Verteilung der hellen und dunklen Bildpunkte (Tonwertumfang) in einer anschaulichen Balkengrafik zeigt. Auf der horizontalen Achse werden die Helligkeitsstufen von 0= dunkel bis 255= hell und auf der vertikalen Achse die Menge der Bildpunkte mit dem jeweiligen Helligkeitswert angezeigt.

Innenfokussierung: bei der Fokussierung werden nur bestimmte Glieder in einem feststehenden Tubus verschoben, was eine sehr schnelle und leise Scharfeinstellung zur Folge hat, wobei die Objektivlänge unverändert bleibt. Auch die Frontlinse dreht sich nicht, was für den Einsatz bestimmter Filter wichtig ist.

Integralmessung: TTL-Messung, bei der die Belichtung im gesamten Bildfeld stark mittenbetont ermittelt wird.

IS: Image Stabilizer, Zusatzbezeichnung für Objektive mit eingebautem optisch-elektronischem Bildstabilisator.

ISO: die Lichtempfindlichkeit der Bildsensoren wird in Anlehnung an die analoge Fotografie in ISO-Werten angegeben (International Standard Organisation). Die ganzen Stufen der ISO-Reihe sind ISO 50, ISO 100, ISO 200, ISO 400, ISO 800 und so weiter.

JPEG: Joint Photographic Experts Group, ein weitverbreitetes Dateiformat, bei dem die Bilddateien mehr oder weniger stark komprimiert werden. Das Format JPEG 2000 arbeitet mit der Wavelet-Transformation, die für eine wesentlich bessere Kompressionsleistung sorgt und höhere Kompressionsraten ermöglicht. Es besteht die Option zwischen verlustfreier oder verlustbehafteter Kompression. Aufgrund der enorm hohen Rechenleistung für die Kompressionsalgorithmen steht JPEG 2000 vorerst nur für Bildbearbeitungsprogramme, nicht für Kameras zur Verfügung.

KB: das 24x36 mm Kleinbildformat in der analogen Fotografie.

KB-äquivalente Brennweite: siehe Brennweitenäquivalenz

Kompaktblitzgerät: tragbares Studioblitzgerät, das direkt an die Steckdose angeschlossen werden kann und keinen externen Generator benötigt.

Kompressionsfehler: Bei der Datenkompression im JPEG-Format werden mit zunehmendem Kompressionsfaktor immer mehr Helligkeits- und Farbwerte zu einem einzigen zusammengefasst. Daher treten durch den Verlust an Bildinformation bei höheren Komprimierungsstufen bestimmte Bildfehler auf, die als Artefakte bezeichnet werden. Der häufigste Kompressionsfehler ist die blockartige Darstellung der Pixelquadrate, wobei der Betrachter den Eindruck hat, die 64 Pixel der 8x8-Blöcke würden nicht mehr nahtlos aneinander passen.

L-Objektive: Hochleistungsobjektive von Canon, die an einem roten Ring an der Vorderfassung zu erkennen sind.

Lichtstärke: siehe Öffnungsverhältnis

Luminanz: Helligkeitskomponente eines digitalen Bildes, die unabhängig vom Farbwert (Chrominanz) dargestellt und bearbeitet werden kann.

LW: Lichtwert, siehe EV

Mehrfeldmessung: TTL-Messung, bei der die Belichtung in mehreren Messsegmenten in Abhängigkeit von der Objektentfernung ermittelt wird.

Microdrive: Von IBM eingeführte und von Hitachi übernommene Miniaturfestplatte in einem CF II-Gehäuse mit hoher Transferrate und großer Speicherkapazität.

Moiré: Störmuster oder Alias-Frequenzen (Alias= der andere), die durch Überlappung von meist regelmäßigen Mustern und Strukturen entstehen.

Nebenbilder: Durch Reflexionen an den Linsenoberflächen des Objektivs entstehende, scharfe, mehrfache Abbildungen der Blendenöffnung oder der im Bild sichtbaren Lichtquellen. Sie lassen sich durch Mehrschichtenvergütung verringern.

Objekt: Aufnahmeobjekt, Hauptmotiv

One Shot AF: AF-Betriebsart für statische Objekte mit Schärfenpriorität.

Optische Achse: Symmetrieachse optischer Systeme, die bei unverschwenkten Objektiven senkrecht zur Bildebene durch die Krümmungsmittelpunkte der Linsen und Linsengruppen verläuft.

Öffnungsverhältnis, relative Öffnung: das Verhältnis des Durchmessers der vollen Eintrittspupille zur Brennweite ist die relative Öffnung. Die Eintrittspupille ist das virtuelle Bild der Blendenöffnung, das beim Betrachten eines Objektivs durch die Frontlinse sichtbar und messbar ist. Die relative Öffnung wird auch Öffnungsverhältnis, Anfangsöffnung oder Lichtstärke genannt und entspricht der größten Blendenöffnung beziehungsweise der kleinsten Blendenzahl. Die Bezeichnung Lichtstärke ist aber irreführend, weil das Öffnungsverhältnis einen rein mathematischen oder geometrischen Wert darstellt, der die tatsächliche Lichtdurchlässigkeit (Transmission) eines Objektivs außer Acht lässt.

Override: manuelle Korrektur einer automatischen Kameraeinstellung, z.B. manuelle Belichtungskorrektur.

Pixel: Das Kunstwort steht für *Picture Element* und bezeichnet die kleinste Bildeinheit, in der eine digitale Bilddatei aufgelöst, genauer: aufgezeichnet, bearbeitet, dargestellt und ausgegeben werden kann. Ein Pixel als kleinster Bildpunkt eines digitalen Bildes ist immer quadratisch. Seine Dimension ist keine normierte Maßeinheit, sodass es unterschiedliche Pixelgrößen gibt.

Pixel-Pitch: der Abstand der Pixel-Mittelpunkte.

Rauschen: Noise, unerwünschtes Störsignal, bei dem in homogenen Bildflächen in der Farbe oder Helligkeit abweichende Pixel sichtbar werden; es kann als Helligkeits-, Farb-, oder Kompressionsrauschen auftreten.

RAW: Dateiformat für unkomprimierte und vollkommen unbearbeitete Rohdaten.

RGB: Rot, Grün, Blau, die Grundfarben des additiven Farbsystems.

Selektivmessung, Spotmessung: TTL-Messung, bei der die Belichtung in einer eng begrenzten Messfläche ermittelt wird.

SLR: Single Lens Reflex, Spiegelreflexkamera; das vom Objektiv erzeugte Bild wird über einen Spiegel zum Sucher geleitet. Das Sucherbild entspricht dem Bildfeld.

SSC: Canon Super Spectra Coating, eine harte, dauerhafte und stabile Mehrschichtenvergütung, die Reflexe und Geisterbilder unterdrückt. Verbessert die Digitaleignung der Objektive.

Synchronisation: Der vertikal ablaufende Lamellenschlitzverschluss der Kamera gibt bei sehr kurzen Verschlusszeiten nicht die gesamte Bildfläche gleichzeitig frei. Der Schlitz ist schmäler als das Bildfenster und belichtet den Sensor sukzessive, sodass das Blitzlicht nur diejenige Sensorfläche erreicht, die sich hinter dem Schlitz befindet. Bei einer bestimmten Verschlusszeit ist der Schlitz so groß wie das Bildfenster. Das ist die 1/200 s bei der EOS 400D und wird als kürzeste Blitzsynchronzeit bezeichnet. Alle längeren Verschlusszeiten sind ebenfalls blitzsynchronisiert, weil der Schlitzverschluss das gesamte Bildfenster gleichzeitig freigibt.

Tiefpassfilter: dem CMOS-Sensor vorgelagertes optisches Anti-Aliasing-Filter, dass Farbverschiebungen und Moiré-Artefakte reduziert. Die Dicke und der Aufbau des Filters bestimmt die Sperrfrequenz, bei der die Bildstörungen herausgefiltert werden.

TIFF (.tif): Tagged Image File Format, Dateiformat für hohe Bildqualität, das Bilddateien sowohl ohne als auch mit verlustfreier Kompression abspeichern kann.

TS-E-Objektive: Tilt&Shift-Objektive sind Spezialkonstruktionen mit einem übergroßen Bildkreisdurchmesser, deren optische Achse sich aufgrund einer ausgeklügelten Mechanik sowohl parallel verschieben als auch schwenken und neigen lässt (tilt = Neigung, shift = Verschiebung).

TTL: Through The Lens, Innenmessung; die Kamera misst das durch das Objektiv einfallende Licht.

UD, Super UD: Ultra Low Dispersion, hochbrechende Spezialgläser mit anomaler Teildispersion, die eingesetzt werden, um das sekundäre Spektrum zu verringern.

USB: Universal Serial Bus, Schnittstelle für schnelle Datenübertragung:
Lowspeed-USB= 1,5 Mbit/s
Fullspeed-USB= 12 Mbit/s
Hi-Speed-USB= 480 Mbit/s

USM: Ultrasonic Motor, Canon hat die Ultraschall-Technik eingeführt und bietet sie in drei Motorvarianten bei den EF- und EF-S-Objektiven an (nicht TS-E).

Verzeichnung: Distorsion, ein Bildmaßstabsfehler, der eine gekrümmte Wiedergabe gerader Linien verursacht.

Vignettierung: Abschattung, ein Helligkeitsabfall zum Bildrand hin.

Weißabgleich: kompensiert durch das Aufnahmelicht verursachte Farbverschiebungen automatisch oder per manueller Eingabe.

X: Bezeichnung für die kürzeste Synchronzeit bei normaler Blitzsteuerung.

Sachwortverzeichnis

A
Abblendtaste 61
AF-Betriebsarten 42f
AF-Hilfslicht 46
AF-Messfelder 44f
AF-Kreuzsensor 44f
AF-Speicherung 45
Akku 32f
Aktfotografie 148f
Aliasing 12f, 28
Architekturaufnahmen 114f
Artefakte 28f
Auflösung 16f
Ausgabeformat 17, 170f
Autofokus 42ff

B
Balgengeräte 139
Batteriehandgriff 32f
Belichtungskorrektur 54f
Belichtungsreihenautomatik 54f
Belichtungsmessung 48ff
Belichtungsspeicherung 53
Beugung 98f
Bildarchivierung 172f
Bildbetrachtung 40
Bildgröße 16f
Bildoptimierung 166
Bildpräsentation 172f
Bildqualität 10, 16f, 28f
Bildsensor 10ff
Bildstabilisator 112f
Bildstil 13, 21
Bildübertragung 164f
Bildwinkel 90ff
Blende 58f, 60f, 92f, 99
Blendenautomatik 58f
Blendenöffnung 63, 67, 88f, 98ff
Blendenzahl 63
Blitzabschattung 71
Blitzbelichtungskorrektur 72f
Blitzbelichtungsreihenautomatik 72f
Blitzbelichtungsmessung 70ff
Blitzbelichtungsspeicherung 73
Blitzfotografie 70ff
Blitzsteuerung 70 ff, 78ff
Blitzsynchronisation 74f
Blooming 28f
Brennweite 88ff, 120ff
Brennweitenäquivalenz 90ff

C
CF-Karten: siehe Speicherkarten
ChARTest 13
CMOS-Sensor 10ff
Cropfaktor 90ff

D
Datenrettung 37
Datenverlust 37
Demosaicing 14f
DIGIC II Prozessor 14 f
Dioptrienausgleich 30f
DO-Objektive 113
Drucker 168ff
Dunkelstrom 26f

E
EF-Objektive 86ff
EF-S-Objektive 86ff
Empfindlichkeit: siehe Lichtempfindlichkeit
E-TTL II Blitzsteuerung 70ff
EX-Blitzgeräte 71ff, 140ff

F
Farbinterpolation 14f
Farbraum 20f
Farbtemperatur 22f, 71
Farbtiefe 21
Filter 130ff
Firmware 15
Formatieren 36f
Fototaschen 144

G
Gegenlichtblenden 146
Graukarte 48f

H
High-key-Aufnahmen 51
Histogramm 40, 51
hyperfokale Distanz 47

I
Individualfunktionen 38f
Innenfokussierung 93
Integralmessung 51
Interpolation 15
IS-Objektive 112f
ISO-Werte 24f

J
JPEG 18f
JPEG 2000 19

K
Kamerablitz 74f
KB-äquivalente Brennweite 90ff
Kompaktblitzanlage 82f
Kompressionsfehler 19
Kontrast 49
Kontrastmessung 53

L
Landschaftsaufnahmen 66f
Landschaftsprogramm 66f
LCD-Datenmonitor 31
Leitzahl 73
Lichtempfindlichkeit 24f
Lichtwert 55
Low-key-Aufnahmen 53
Low-pass-Filter, siehe Tiefpassfilter

M
Makroaufnahmen 67
Makro-Objektive 110f
Makroprogramm 67
manuelle Belichtungseinstellung 62f
manuelle Scharfeinstellung 46f
Mehrfeldmessung 50f
Menünavigation 39
Microdrive 34f
mobile Festplattenspeicher 142f
Moiré 28f
Monitor: siehe Rückseitenmonitor
Motivprogramme 64ff

N
Nachtsporträts 68f
Nahlinsen 138
Nyquist-Frequenz 12f

P
Pentaspiegelsucher 30f
Perspektive 120ff
Pixel 11
Pixel-Pitch 16f
Polfilter 136
Porträtaufnahmen 65, 150f
Porträtprogramm 64f
Programmautomatik 56f
Programm-Shift 56f

R
Rauschen 10f, 26f
Rauschunterdrückung 27
RAW 18f
Reisefotografie 152f
Rote-Augen-Effekt 76f
Rückseitenmonitor 30f, 40

S
Safety Shift 59
Selektivmessung 52f
Sensor-Reinigung 11
Schärfentiefe 60f, 62f, 67, 98f
Schärfentiefenautomatik 62f
Scharfzeichnung 13
Schnappschüsse 57
Shannon-Abtasttheorem 12f
Speicherkarten 34f, 36f
Sportfotografie 68, 156f
Sportprogramm 68
Standardgrau 48ff
Standardzooms 104f
Stative 69
stürzende Linien 115
Sucheranzeigen 30f
Sucherokular 30f

T
Tele-Extender 118f
Teleobjektive 106ff
Tiefpassfilter 12f
Tieraufnahmen 157
TS-E-Objektive 114f
TTL-Messung 48ff

U
USB 165
USM 45

V
Verlängerungsfaktor 90ff
Verschlusszeit 58f, 60f
Vignettierung 29
Vollautomatik 64f

W
Weißabgleich 22f
Weitwinkelobjektive 100ff

Z
Zeitautomatik 60f
Zerstreuungskreis 98f
Zwischenringe 138f